移动互联网开发技术丛书

高效全平台全栈开发

Node.js + Express + MongoDB +
React + Electron + React Native

微课视频版

吴晓一 编著

U0378017

清華大学出版社
北京

内容简介

本书从 HTML、CSS 和 JavaScript 三大前端基础开始，以一个电子留言板（BBS）在 Web 端、桌面端和移动端的全平台开发部署为例，全面、具体且系统地讲解了包含产品设计、数据库建模、接口开发、组件编写、多终端产品移植等全栈开发内容。全书共 13 章。除了贯穿全书的电子留言板案例外，本书最后一章还有三个扩展案例，包含 Web 端调用 Python 脚本、桌面端的本地持久化存储以及移动端实时双向通信等技术要点的详细讲解。

本书适用于有意向快速、低成本地在全平台开发部署产品的中小团队及个人，也适用于所有以应聘 Node.js 全栈工程师、React 前端工程师、React Native 工程师为目标的读者或开发人员。

本书封面贴有清华大学出版社防伪标签，无标签者不得销售。

版权所有，侵权必究。举报：010-62782989，beiqinquan@tup.tsinghua.edu.cn。

图书在版编目（CIP）数据

高效全平台全栈开发：Node.js＋Express＋MongoDB＋React＋Electron＋React Native：微课视频版/吴晓一编著．—北京：清华大学出版社，2021.1（2023.11重印）

（移动互联网开发技术丛书）

ISBN 978-7-302-56379-2

Ⅰ．①高…　Ⅱ．①吴…　Ⅲ．①移动终端－应用程序－程序设计　Ⅳ．①TN929.53

中国版本图书馆 CIP 数据核字（2020）第 166874 号

责任编辑：陈景辉　张爱华
封面设计：刘　键
责任校对：徐俊伟
责任印制：沈　露

出版发行：清华大学出版社
　网　　址：http://www.tup.com.cn，http://www.wqbook.com
　地　　址：北京清华大学学研大厦 A 座　　**邮　　编：**100084
　社 总 机：010-83470000　　**邮　　购：**010-62786544
　投稿与读者服务：010-62776969，c-service@tup.tsinghua.edu.cn
　质量反馈：010-62772015，zhiliang@tup.tsinghua.edu.cn
　课件下载：http://www.tup.com.cn，010-83470236
印 装 者：北京建宏印刷有限公司
经　　销：全国新华书店
开　　本：185mm×260mm　**印　张：**21.5　**字　　数：**522 千字
版　　次：2021 年 1 月第 1 版　**印　　次：**2023 年 11 月第 4 次印刷
印　　数：2401～2600
定　　价：79.90 元

产品编号：084641-01

前言

FOREWORD

IT 行业的发展日新月异，开发技术也在与时俱进、因势而变。

20 世纪 80 年代，个人计算机普及，桌面端开发独步天下；20 世纪 90 年代，互联网兴起，带动了 Web 端开发的高速发展，各种 Web 应用如雨后春笋，层出不穷；21 世纪初，智能手机普及，移动互联网兴起，移动端开发又逐渐成了目前的市场主流。

时至今日，当对一个互联网产品或服务进行全方位推广时，又不可能仅局限在某一个平台，往往需要在不同的平台上部署相应的版本，比如 Web 端官方网站、安卓和苹果的手机客户端，甚至 Windows 与 Mac OS 等桌面客户端。而不同的平台又需要使用不同的开发技术，这就大大提高了开发成本。

本书力求为解决全平台开发问题提出一套行之有效的方案，最大限度地做到一次学习，全平台编码。这不仅能够大大削减学习和开发成本，也方便中小型团队甚至个人在创业初期就能够实现产品的全平台部署。

本书主要内容

作为一本关于全平台应用开发的书籍，本书共有 13 章。第 1 章为全平台开发导论，包括请求/响应模型、前后端分离与全平台开发、准备工作；第 2 章为前端三大核心技术，包括 HTML、CSS、JavaScript 基础和 JavaScript 进阶；第 3 章为设计方法论，包括产品设计、原型设计；第 4 章为 Node. js，包括概述、使用方法；第 5 章为数据库开发，包括非关系型数据库 MongoDB、数据建模工具 Mongoose；第 6 章为后端接口开发，包括 HTTP 服务器 Express、用户相关接口的具体实现、帖子相关接口的具体实现；第 7 章为 Web 客户端开发入门，包括模块打包器——Webpack、前端框架——React 和 UI 组件库——React Bootstrap；第 8 章为 Web 客户端开发实战，包括表单类组件的具体实现和其他组件的具体实现；第 9 章为 Web 客户端开发进阶，包括组件的装配、路由器——React Router、React 状态管理和服务端渲染；第 10 章为桌面客户端开发，包括 Electron 和 Web 端应用的桌面端移植；第 11 章为移动客户端开发，包括 React Native 和 Web 端应用的移动端移植；第 12 章为产品部署，包括 Web 端部署、桌面端部署和移动端部署；第 13 章为扩展案例，包括

Web端案例——在线中文分词系统、桌面端案例——所见即所得的思维导图软件和移动端案例——实时通信的聊天室应用。

本书特色

（1）本书具有完整的知识体系，以项目为导向，全书架构循序渐进、环环相扣。

（2）涵盖Web端、桌面端和移动端开发及部署，一次学习，就能掌握全平台编码技能。

（3）全部案例都基于React于2019年公布的新版本（16.x）写成，涵盖其新特性和写法。

（4）以手把手教学的方式，带领读者从零开始，便于读者从根本上理解和把握整个项目，也便于读者对其中的某项技术进行更新迭代。

配套资源

为便于教与学，本书配有丰富的配套资源：900分钟微课视频、源代码、软件安装包、教学课件、教学大纲、教学进度表、教案、上机安排表、实验报告与实验指导书。

（1）获取900分钟微课视频的方式：读者可以先扫描本书封底的文泉云盘防盗码，再扫描书中相应的视频二维码，观看教学视频。

（2）获取源代码和软件安装包方式：先扫描本书封底的文泉云盘防盗码，再扫描下方二维码，即可获取。

源代码

软件安装包

（3）其他配套资源可以扫描本书封底的课件二维码下载。

读者对象

本书主要面向有意快速、低成本地在全平台开发部署产品的中小团队及个人，也适用于所有以应聘Node.js全栈工程师、React前端工程师、React Native工程师为目标的读者或开发人员。

本书的编写参考了诸多相关资料，在此表示衷心的感谢。限于个人水平和时间仓促，书中难免存在疏漏之处，欢迎读者批评指正。

吴晓一

2020年10月

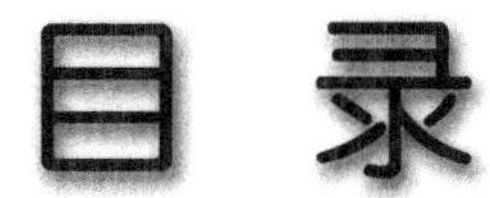

CONTENTS

第 1 章

全平台开发导论

11.1 请求/响应模型

浏览网站的步骤：打开浏览器，在地址栏输入网址，然后看到页面。在这一过程的背后所隐藏的机制就是 HTTP 请求/响应模型，简单来说，就是使用客户端(client)的浏览器向远程的服务器(server)发起一个请求(request)，服务器接收到请求后返回给客户端一个响应(response)，浏览器解析所收到的响应并将其渲染成页面，就成了实际看到的样子。这个过程如图 1.1 所示。其实不仅网站，日常所使用的绝大多数手机 App 也都是这样通过请求和响应来完成客户端与服务器之间的通信的。

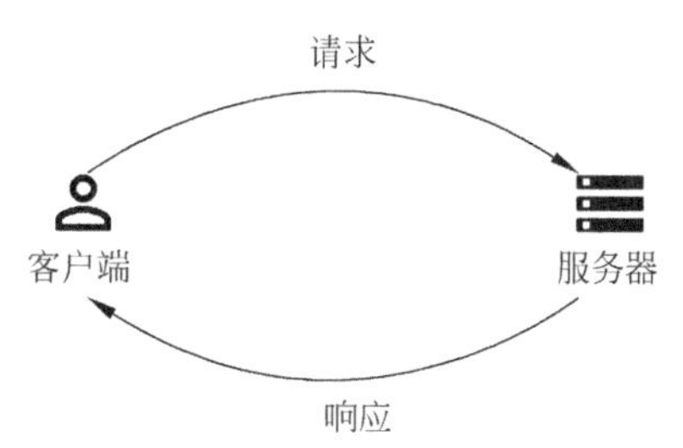

图 1.1　HTTP 请求/响应模型基本原理示意图

1.1.1 请求

在政府或银行办理业务时，都需要先填写固定的表格。请求和响应也需要按照固定的格式书写，才可以实现客户端与服务器间的数据传输。

请求的格式主要由请求 URI(告诉服务器对什么做)、请求方法(告诉服务器怎么做)、请求体(做的具体内容)和请求头(附加信息)构成。

其中，请求 URI 是资源的标志。平时上网输入的 URL 网址就可以视为 URI 的一种。

请求方法有十余种，但本书用到的请求方法只有最主要的四种：GET、POST、PATCH 和 DELETE，各方法描述如表 1.1 所示。

表 1.1　HTTP 的主要请求方法

请求方法	描　述	例　子
GET	请求获取 URI 所指定的资源	取得用户信息
POST	请求服务器处理请求体中包含的数据	新增一个用户
PATCH	请求服务器对 URI 所指定的资源进行局部更新	修改用户信息
DELETE	请求服务器删除 URI 所指定的资源	删除一个用户

一般来说，除非需要验证权限，GET 和 DELETE 方法是不需要提交请求体的，而另外两个方法 POST 和 PATCH 在指定 URI 的同时必须提交请求体，告知服务器具体要处理的内容。

所以请求体主要是在新增或修改资源时告知服务器具体的处理内容。比如，新增用户时请求体就要包含用户名、用户密码等信息，修改用户住址时就要包含新的住址信息。

请求头中可以提供的附加信息有很多，但在本书中只需要了解 Content-Type 就可以了，它指定了请求体中所包含数据的媒体类型。比如，表单数据一般使用 application/x-www-form-urlencoded，而上传文件时则使用 multipart/form-data。关于媒体类型的详情可参见相关 Wiki 页面，网址为 https://en.wikipedia.org/wiki/Media_type。

1.1.2　响应

就像政府或银行收到相关业务的申请表后不能照单全收一样，服务器也不可能对一切请求都做到有求必应。但无论接受还是拒绝，都要给客户端一个反馈，这就是响应。响应主要由状态码（告诉客户端请求结果如何）、响应体（反馈的具体内容）以及响应头（附加信息）构成。

状态码一般为三位数字，告知客户端该请求是成功还是失败，如果失败则描述具体原因。所有状态码可根据第一个数字分成五类，如表 1.2 所示。

表 1.2　HTTP 的主要状态码

状态码	描　述
1xx	收到请求，正在处理
2xx	成功，请求被接受
3xx	重定向，必须进一步动作才能够完成请求
4xx	客户端请求错误，不能接受
5xx	服务器错误，无法完成请求

每一类状态码还可继续细分，比如大家耳熟能详的 404 就是因客户端请求了无效页面而返回的状态码。更加详细的状态码列表可参见 Wiki 页面，网址为 https://en.wikipedia.org/wiki/List_of_HTTP_status_codes。

如果说状态码反馈给了客户端大致的请求结果，那么响应体则包含了反馈的具体信息。比如客户端请求了某个商品的详细页面，响应体就要包含这个商品的详细信息。

和请求头一样，响应头方面本书也只要求了解 Content-Type 即可，它指定了服务器返回的响应体中所包含的数据类型。比如平常浏览网站时从服务器接收到的网页，它的 Content-Type 就是 text/html。

服务器传递给客户端的数据形式多种多样，除了网页、图片、音频或视频之外，还包含用户列表或产品清单这种结构化的数据。而客户端向服务器提交一些复杂数据时，也需要将请求体结构化后再传给服务器。这类复杂的结构化数据一般采用 JSON 格式来承载，在请求头或响应头中，其 Content-Type 被指定为 application/json。

1.1.3 JSON 格式

曾几何时，XML（Extensible Markup Language，可扩展标记语言）格式才是这类结构化数据的传输标准。然而 XML 文件十分庞大，格式过于烦琐，服务器和客户端解析 XML 时也耗费太多资源和时间。所以在 Douglas Crockford 于 2000 年前后推广 JSON 格式之后，至少在网络数据传输方面，XML 就逐渐被取代了。

JSON 的全称为 JavaScript Object Notation，即 JavaScript 对象标记，可以看作是 JavaScript 语言的一个子集，使用 JavaScript 的部分语法来标记结构化数据。关于 JavaScript 语言的语法，将在本书第 2 章中正式学习，在本节中只需要关注 JSON 的数据格式就可以。

一个 JSON 格式的数据可以包含三种类型的值：简单值、数组和对象。

1. 简单值

简单值又包括数值、布尔值（即是或否）和用半角引号括起来的字符串，以及表示空值的 null。具体示例如表 1.3 所示。

表 1.3 JSON 格式的简单值

值	示 例
数值	23，999，-14，26.7
布尔值	true，false
字符串	"hello"，"Wu"，"人民日报"
空值	null

2. 数组

数组（array）是值的有序列表，使用中括号“[”和“]”括起列表中的所有值，值之间用逗号“，”隔开。比如，["Hello"，false，"你好"，27.9] 就是一个 JSON 格式的数组。

3. 对象

对象（object）是“键（key）”与“值（value）”的成对无序集合，使用大括号“{”和“}”括起集合中的所有键值对，键与值之间用冒号“：”隔开，且键必须使用半角引号括起来的字符串来表示，键值对之间用逗号“，”隔开。比如，{"姓名"："李小龙"，"年龄"：28，"婚否"：true} 就是一个 JSON 格式的对象。

这里需要注意的是，数组和对象中所包含的值并不局限于简单值，数组和对象自身也属于值。因此在数组和对象中可以继续嵌套数组和对象，以表现出无穷复杂的结构化数据。

比如：

```
{"姓名":"李小龙","年龄":33, "婚否":true, "子女":[{"关系":"长子", "姓名":"李国豪", "年龄":8}, {"关系":"次女", "姓名":"李香凝", "年龄":6}]}
```

就是一个嵌套的结构化数据。

也可以自己试着写一些复杂的JSON数据，并在 https://www.json.cn/ 自行验证，如果有错误的话在该页面的右方会看到错误提示。将刚才的例子在该页面输入，显示结果将如图1.2所示，嵌套结构一目了然。

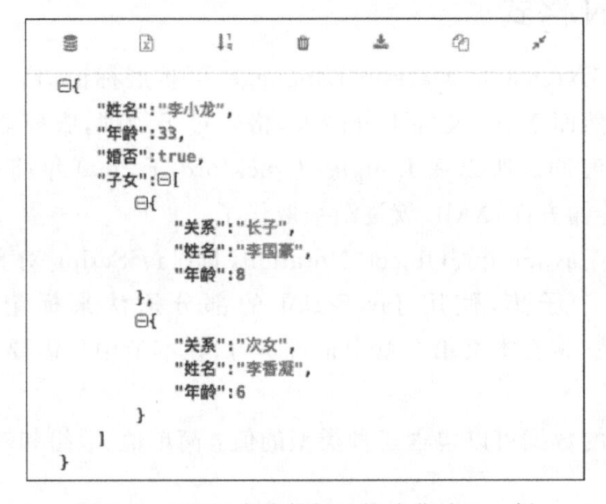

图1.2 JSON在线解析及格式化验证一例

对于初学者来说，特别需要留意的是所有符号都需要以半角状态输入（即英文输入法下的符号），而中文输入法下的符号多为全角，将会导致错误。

1.1.4 Postman

在表1.1中提到了GET、POST、PATCH和DELETE四种请求方法。一般来说，通过浏览器的地址栏，只能向服务器发送以GET为方法的请求。但在实际开发过程中，需要一款能够发送任意请求的工具。Postman就是这样一款强大的调试工具，能够向服务器发送一切HTTP请求并获取HTTP响应。

在官方网站 https://www.getpostman.com/ 主页面单击Download the App按钮，并选择对应操作系统的版本，下载后安装即可。

在第一次启动Postman后会提示注册信息，如果不想注册的话，关掉该注册页面即可，并不影响基本功能的使用。

Postman的主界面如图1.3所示。

在请求URI栏中输入 http://www.baidu.com，然后单击Send按钮，就可以在响应体处看到百度首页的HTML源代码，也可以单击响应头查看该响应的详细信息。

再试着在URI栏中输入 https://api.apiopen.top/getJoke?page=1&count=2&type=video，就会发现响应体处返回的是JSON格式的数据，单击响应头也可以确认到Content-Type是application/json。

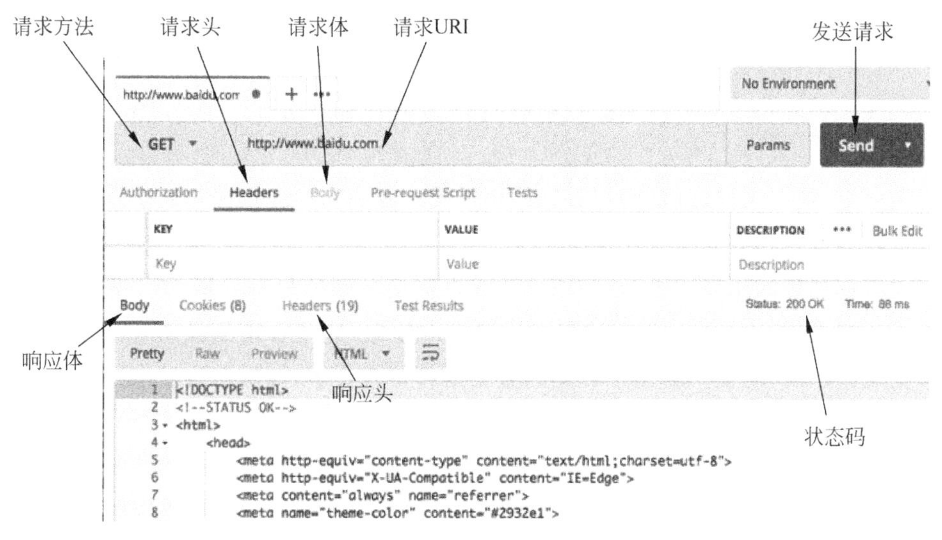

图 1.3 Postman 的主界面

在这两个例子中，使用的都是 GET 方法，在浏览器的地址栏中输入 URL 也可以实现相同的效果。但如前所述，浏览器的地址栏是无法发送 DELETE、PATCH 等其他方法的请求的。此外，也正因为使用的是 GET 方法，所以没有对请求体和请求头做任何设定。在本书的第 6 章后端接口开发中，将继续学习如何用 Postman 发送更复杂的请求。

1.1.5 小结

在本节中，学习了 HTTP 请求/响应模型的基本原理，以及请求和响应的主要构成。

简单概括起来就是，客户端通过提交请求，告诉服务器怎么做（请求方法）、对什么做（请求 URI）、具体做的内容是什么（请求体）以及所提交内容的数据格式是什么（请求头）；服务器通过返回响应告诉客户端请求的结果是什么（状态码）、请求结果的相关内容（响应体）以及该内容的数据格式是什么（响应头）。

请求体和响应体往往包含特殊的数据格式，比如上传图片时请求体中就要包含图片的数据，查看网页时响应体中就包含了网页的数据。除此之外，客户端和服务器之间有时还要传输一些结构化的数据资源，这类结构化的数据往往使用 JSON 格式来承载，在请求头或响应头中的 Content-Type 被指定为 application/json。

此外，还学习了强大的 HTTP 调试工具 Postman 的基本使用方法，可以借助它发送一切 HTTP 请求并获取 HTTP 响应。

1.2 前后端分离与全平台开发

在 1.1 节讲解了客户端与服务器之间请求/响应的基本通信机制。从这个基本机制出发，到一套互联网产品的成型，有无数种开发模式和技术路线可供开发者选择。在本节中，将以效率为主要着眼点，以中小团队为主要对象，探讨在当前技术水平下相对高效的全平台开发模式。

1.2.1 前端与后端

从软件工程的角度，整个开发工作可拆分为两种基本分工：前端（front-end）和后端（back-end）。

所谓前端，简单来说，就是用户看到的用户交互界面和各种数据的展示。而后端则是具体业务逻辑的实现和数据的持久存储。

以大家都熟悉的用户注册为例，用户能够直接接触到的只有一些可以输入用户名和密码等个人信息的输入框以及一个提交注册请求的按钮，这些看得见摸得着的就是前端；而在用户提交请求后，需要判断用户提交的数据是否符合要求，如果符合要求则将提交数据写入数据库，这些用户无法直接接触到的处理过程便是后端。

看到这里，应该不难联想到 1.1 节所述的客户端与服务器之间的关系。的确，如果单从客户端-服务器这种主从式架构（client-server model）考虑，客户端可以被宽泛地理解为与前端开发对应，而服务器也相应地与后端开发对应。

因此，理想的前后端开发理应与主从式架构保持高度的一致和统一。即前端只负责客户端的用户界面，后端只负责在服务器提供服务。客户端向服务器提交调用某种服务的请求，服务器就做出响应并将结果返回给客户端。

然而，在传统的实际开发过程中，比如经典的 MVC（模型-视图-控制器）模式，前后端的业务很难被彻底分开，其结果就造成了本该明确分工的各种业务混杂在一起，给开发带来诸多低效与不便。

1.2.2 RESTful API

2000 年，Roy Fielding 在其博士论文 *Architectural Styles and the Design of Network-based Software Architectures* 中提出了 REST（REpresentational State Transfer，表述性状态转移）的概念，为在实际开发过程中前后端分工不明、职责不清的问题给出了一个很好的解决方案。

其实大可不必纠结于“表述性状态转移”这拗口的字眼，通俗来讲，就是网络资源在某种表现形式下实现状态变化。

这里所谓的网络资源，就是存储在服务器中的信息资源，一般使用地址加复数名词的形式来表示，比如 http://api.test.com/users 就表示了该地址（http://api.test.com/）下的所有用户资源。

至于某种表现形式，无论是客户端到服务器，还是服务器到客户端，都使用前述的 JSON 格式来呈现。

而该资源的状态变化是由作为动词的请求方法（GET、POST、PATCH、DELETE）来决定的。具体例子如表 1.4 所示。

表 1.4　REST 请求例子

REST 请求	描　述
GET /users	获取所有用户
GET /users/1	获取 ID 为 1 的用户
POST /users	新增一个用户
PATCH /users/1	修改 ID 为 1 的用户的信息
DELETE /users/1	删除 ID 为 1 的用户信息

于是，在后端只需准备好各种类似设计的接口，每当客户端的请求方法和请求 URI 发过来，就调用符合该请求的接口，返回相应的状态码和以 JSON 格式承载的响应体就可以了。这类符合 REST 设计风格的程序接口就可以称为 RESTful API。

基于 RESTful API，前后端在开发过程中就可以实现彻底分离：后端只实现 API，前端只专注于设计用户界面。如此一来，不仅实现了开发者的职责分离，也实现了前后端技术上的分离，为全平台高效开发奠定了坚实的基础。

1.2.3　全平台高效开发的基本思路

在 1.2.2 节学习了 REST 风格的接口设计，但在接口的实际开发中，还需涉及数据的永久性存储。在永久性存储方面，本书将采用 MongoDB 数据库（详情参见第 5 章）。

在数据库设计过程中，往往需要先将与产品相关的、一切现实或观念上的物体通过抽象建模，化作数据库中的实体（entity），也即 RESTful API 中以名词复数表示的网络资源，例如，将用户相关信息抽象化作 users。而针对数据库实体的基本操作，又无外乎 CRUD（Create、Read、Update、Delete），即增、查、改、删四个动词，这又恰恰与前述四种 HTTP 请求方法 POST、GET、PATCH、DELETE 一一对应。这就使得数据库与 API 完美、有机地结合在一起。比如，客户端使用 POST 方法调用/api/users 接口，就在数据库中新增一个用户，使用 GET 方法调用/api/users 接口，则返回用户信息。

于是，后端方面的工作可进一步描述为：实现对数据库增、查、改、删的 RESTful API。服务器在接收用户请求时，倘若找到匹配该请求的接口，则允许客户端调用。对应不同的请求方法，针对数据库资源也采取不同的操作方式。操作过后，将响应结果以 JSON 格式返回给客户端。在本书中，将使用 Express（详情参见第 6 章）构建这种 API 服务。

得益于前后端的彻底分离，无须针对多平台开发不同版本的接口。这不仅大幅度削减了多平台开发成本，也能够保持各平台间数据的一致性。

同样得益于前后端的彻底分离，前端只需要针对不同平台，开发不同的用户界面即可。因为几乎所有的业务逻辑都被封在了接口之中，各平台的客户端本身只是一个个“没有灵魂的空壳”，通过发出请求调用接口方可获取生机与活力。

前端开发方面，本书采用的核心技术是 Facebook 发布的 React（详情参见第 7 章）。得益于 React 的组件化思想，前端开发工作被转化为组件的构建与布置，既减少了代码冗余，也方便组件复用。

选用 React 的另一个原因是，一旦掌握了基于 React 的 Web 端开发，也就等于掌握了基于 React Native(详情参见第 11 篇)的移动端开发。

桌面端方面，本书采用 GitHub 开发的 Electron(详情参见第 10 章)框架。借助 Electron，很容易就可以将开发好的 Web 应用改造并打包成跨 Windows、Mac OS 和 Linux 三个平台的桌面应用。

本书的全平台开发思路如图 1.4 所示。

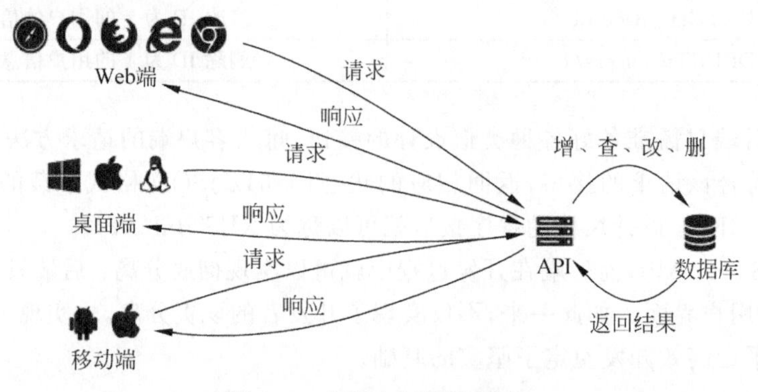

图 1.4　全平台开发示意图

1.2.4　小结

本节首先从软件工程的角度出发，介绍了前端和后端：前端就是用户看得见摸得到的用户界面(UI)，后端就是用户看不见摸不到的业务逻辑和数据存储。前端和后端在传统的 MVC 开发模式中很难被彻底分离，这不利于明确分工，影响了开发效率，也增加了开发成本。

基于 RESTful API 的基本思想，可以彻底实现前后端分离：前端只实现用户界面，向后端发出请求；后端只实现 API，根据请求方法对数据库进行增、查、改、删，再向前端返回结果。

后端的接口开发完成并部署在服务器后可多平台共享，无须根据不同平台而开发不同版本。前端只需要为不同平台开发出相应的客户端"壳"即可，React 的组件化思想为前端开发带来了极大便利，也为多平台移植节省了大量成本。

1.3　准备工作

在 1.1 节和 1.2 节中，介绍了全平台开发的基本原理、基本思路以及本书所采用的技术路线，相信读者们已经开始跃跃欲试了。工欲善其事，必先利其器。首先需要做一些软硬件上的准备工作。

1.3.1　硬件准备

本书对开发用硬件并不做特殊要求。但从开发所需的最小限来看，至少需要有一台计算机(台式机或笔记本电脑不限)和一部智能手机(安卓或 iPhone 不限)。

智能手机只在第 11 章开发移动端时才会用到，而计算机在开发全程都必不可少：一方面需要在计算机上进行开发工作；另一方面，哪怕做移动端开发时，也需要在计算机上开启相应的后端接口服务方可。

当然，如果需要在全平台上进行实机测试的话，所需设备就多了。因为需要测试产品在三个方面的实际运行情况：不同操作系统、不同分辨率和不同浏览器。

不同操作系统。桌面操作系统主要有三种：Windows、Mac OS 以及 Linux，移动操作系统主要有两种：Android 和 iOS。

Windows 自不必多说，占据绝对的市场份额。Linux 方面，笔者推荐使用 Ubuntu(官方网站为 https://www.ubuntu.com/download/desktop)，也可在 Windows 机上安装双系统，至于双系统的具体安装方法，不是本书的重点，还请自行搜索。

Mac OS 是苹果计算机的专用系统，因此无论是台式机还是笔记本电脑，至少需要购入一台(官方网站为 https://www.apple.com/cn/mac)。

手机方面，对于 Android 系统准备一部安卓机即可，对于 iOS 系统则需要购置一部 iPhone(官方网站为 https://www.apple.com/cn/iphone)。

不同分辨率。不同设备的屏幕有着不同的分辨率，为了提高用户的使用体验，必须确保产品的界面布局在不同尺寸上的屏幕都能够正常显示。即便粗略按照小、中、大来分，也至少需要一部手机、一台平板电脑和一台台式机。

移动端应用和桌面端应用本就是各为手机和台式机而开发的，布局方面不存在大的问题。但是 Web 端就需要针对不同大小的屏幕进行适配。响应式布局(responsive layout)是解决这个问题的最佳手段。在第 7 章中，将开发具备响应式布局的 Web 应用。

不同浏览器。这主要是针对 Web 应用而言的，因为不同用户使用不同的浏览器，不同的浏览器又有不同的兼容性。如果网站使用到一些新的开发技术或特性，就极有可能导致一部分用户无法正确浏览页面。

Web 开发的一个基本准则是：网站能够在主流浏览器上正常显示。主流浏览器主要有四个：Edge(微软浏览器)、Chrome(谷歌浏览器)、Firefox(火狐浏览器)和 Safari(苹果浏览器)。如果产品无须顾及某些特殊群体(比如到现在还在使用 IE 8 的人群)的话，能够满足这四个浏览器正常显示即可。

除了桌面端浏览器，也需要使用移动端浏览器。Chrome 和 Firefox 在 Android 和 iOS 两种移动系统上都可以使用。但如使用 Mobile Safari 测试的话，也还是需要购置一部 iPhone。

1.3.2 命令行工具

命令行工具(或终端)是在操作系统中，提示进行命令输入的一种工作提示符。本书中某些命令(以 $ 符号为起始标记)，比如：

```
$ 某命令
```

需要进入到命令行工具中输入并按 Enter 键执行($ 符号本身不用输入)。

打开命令行工具的方法，在不同的操作系统上也不一样。

在 Windows 10 中，右击“开始”按钮，在弹出的快捷菜单中选择 Windows PowerShell

选项。

在 Windows 10 以下的版本中，选择“开始”→“运行”选项，在输入框中输入 PowerShell，按 Enter 键。

在 Mac OS 中，单击 Launchpad 图标，在搜索输入框中输入“终端”，按 Enter 键。

在 Linux 中，按 Ctrl＋Alt＋T 组合键即可打开终端窗口。

打开命令行工具后，可以看到闪烁的光标。接下来练习命令行工具的基本操作命令。

光标前就是目前所在路径。Windows 用户可以尝试输入

```
$ D:
```

后按 Enter 键，即可看到光标前的盘符切换为 D 盘。

此时执行

```
$ mkdir test
```

后会看到 D 盘下新增了一个名为 test 的文件夹。

在命令行工具中执行

```
$ ls
```

也可以看到 D 盘下所有文件夹和文件的列表。

路径方面，本书需要掌握绝对路径和相对路径的概念。绝对路径就是从盘符（比如 C 盘、D 盘）开始的路径，就好像往国外寄信时省市前面还要加上“中国”二字一样，比如新建的 test 文件夹，它的绝对路径就是“D:\test”。而相对路径则是相对于当前所处位置（光标前的路径）的路径。同级的路径使用“./”表示，上一级的路径使用“..”表示。

因此，输入

```
$ cd ./test
```

后按 Enter 键，就会发现进入到了 test 文件夹中。

再输入

```
$ cd ..
```

就又回到了 D 盘根目录。此时执行

```
$ rm -r test
```

即可删除 test 文件夹（删除单个文件不必加上-r）。

将以上命令行工具基本操作命令总结起来，如表 1.5 所示。

表 1.5 命令行工具基本操作命令

命令	用途	实例
盘符:	切换盘符	D:
mkdir 文件夹名	新建文件夹	mkdir test
ls	查看文件夹和文件列表	ls
cd 路径	进入该路径	cd ./test
rm -r 文件夹	删除该文件夹	rm -r test

1.3.3 浏览器

浏览器主要在 Web 开发时做调试用。使用任意一款主流的浏览器,比如 Chrome(谷歌浏览器,推荐)、Edge(微软浏览器)、Safari(苹果浏览器)、Firefox(火狐浏览器)皆可。

除了显示页面外,浏览器的开发者模式也会给开发过程带来极大的便利。

各浏览器进入开发者模式的方式也略有不同。

Chrome:选择"自定义及控制 Google Chrome"→"更多工具"→"开发者工具"选项。

Edge:选择"设置及其他"→"更多工具"→"开发人员工具"选项。

Safari:选择"开发"→"显示网页检查器"选项。

Firefox:选择"工具"→"Web 开发者"→"查看器"选项。

以 Chrome 浏览器为例,打开开发者工具后,在地址栏输入任意网址,就会在 Elements(元素)面板下看到该页面的 HTML 源代码(将在 2.1 节详述)。单击其中任意元素,会在右侧看到该元素的 CSS 样式(在 2.2 节详述)。

Console(控制台)面板下,可以看到 JavaScript 程序(将在第 2.3 节详述)输出的信息,因此在程序调试时必不可少。

在 Sources(来源)面板中,可以找到网页加载的各种资源文件,也可以进行断点调试。

在 Network(网络)面板则可以查看所有网络请求的详细信息,包括状态、类型、大小和请求时间等。这也是产品优化的一个重要参照。随意单击其中一个,还可以看到请求和响应的详细信息。可参照 1.1 节和 1.2 节所学的内容巩固并加深理解。

1.3.4 编辑器

编辑器主要用来编写代码,也是真正的生产力工具。虽然这方面就连普通的记事本都可以胜任,但是选择一款功能强大的编辑器可以大大提高编写代码的效率。笔者在这里推荐三款编辑器供挑选:

VS Code:code.visualstudio.com(官方网站)。

Sublime Text:www.sublimetext.com(官方网站)。

Atom:www.atom.io(官方网站)。

这三款编辑器都具有丰富且强大的功能,免费而且跨平台。无论使用何种操作系统,都可以无限期免费使用。其中,笔者特别推荐微软出品的 VS Code。

在官方网站根据所用的系统下载并安装之后,默认是英文界面。但可按照如下步骤替换为中文界面:

(1) 按 Ctrl＋Shift＋P 组合键，调出命令面板。在命令面板中搜索 language，选择 Configure Display Language 选项。

(2) 选择 Install additional languages 选项，并 Install(安装)中文(简体)。

(3) 重启 VS Code 后，即切换为中文界面。

当然，如果有用着更顺手的编辑器，完全可以无视笔者的推荐。毕竟，选择自己使用最顺手的“兵器”才是最重要的。

在第 2 章中，将对后续章节所需要的一些基础知识加以介绍。若已经熟知相关内容，完全可以直接跳到后续章节进行学习。之后遇到不理解的概念时也可随时回到相关章节进行参照。

1.3.5 小结

在本节中，为全平台开发做了软硬件方面的准备工作。

硬件方面，只需要一台计算机和一部智能手机就足够。但如果想在全平台上做实机测试，则需要装有不同操作系统的计算机，还需要安卓手机与 iPhone 各一部，以及相应的平板电脑。

通过命令行工具可以不借助 UI(用户界面)，而直接对计算机下达相关指令。在后续章节中，凡是遇到 $ 号开始的代码，都需要在命令行工具中输入并执行。本节学习了诸如切换盘符、新建文件夹、切换路径、删除文件夹等基本操作命令。

浏览器除了实际预览 Web 产品效果外，其开发者工具功能也是调试的重要手段，特别是 Chrome 浏览器，无论页面渲染还是程序调试，各方面表现都极为优秀。

编辑器是用来编写代码的重要生产力工具，微软的 VS Code 编辑器功能强大、免费且跨平台，对各种语言的扩展支持也都非常好，可以大大提高书写代码的效率。

当然，无论是浏览器还是编辑器，选择自己最喜欢、最称手的就好，本书并不强制。

第 2 章

前端三大核心技术

视频讲解

2.1 HTML

HTML(Hyper-Text Markup Language,超文本标记语言)是 Web 开发的基础中的基础,主要用来描述网站页面的整体骨架和各构成元素。

如第 1 章所述,每当使用浏览器输入网址打开网站页面时,实际是向该网站的服务器使用 GET 方法请求相应地址的 HTML 文档,服务器将该文档作为响应体返回给浏览器后,浏览器再将其渲染出来,才成为实际看到的样子。

随意打开一个网页,按照 1.3.3 节所述的方法启动浏览器的开发者模式,在 Elements(元素)面板中就可一览当前页面的 HTML 源代码,这也是页面的本来姿态。

2.1.1 元素及元素结构

一个标准的 HTML 文档由若干元素构成,每个元素又由起始标签、结束标签以及内容三部分构成。

其中,标签是由尖括号包起来的关键词,比如一号标题标签<h1>。一般来说,标签都要成对出现,也就是有起始标签和结束标签,所以此例要写作<h1></h1>。需要注意,结束标签要加上"/"以示闭合。

内容为元素的实际文本内容,用起始标签和结束标签包起来。比如:

```
<h1>Hello World</h1>
```

就是一个完整的页面元素。

标签的关键词决定了内容的语义,所以在上例中,Hello World 是一号标题。

内容同样还是 Hello World,当标签换作

```
<button>Hello World</button>
```

时则表示 Hello World 是一个按钮。

元素可以拥有属性。属性是添加于开始标签中的元素附加信息。拿页面超链接来说，仅仅用<a>标签表示它是个超链接还不够，还需借助属性进一步描述它具体要超链接到哪里。

属性必须以

```
属性名 = "属性值"
```

的格式添加在开始标签中。

比如上面举的例子就可以写作：

```
<a href = "https://www.baidu.com">百度</a>
```

这表示它是一个通往百度首页的超链接。其中，href 是表示超链接地址的属性名，其属性值就是百度首页的 URL。元素的基本结构如图 2.1 所示。

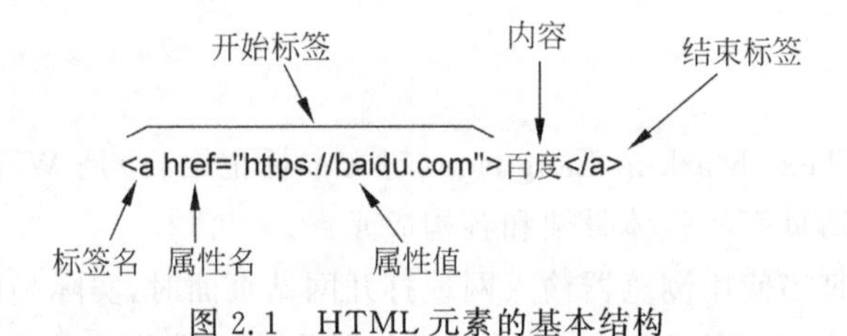

图 2.1　HTML 元素的基本结构

一个开始标签中可以设置多个属性，还是上面的例子，如果想在单击该超链接后，在新窗口打开百度的首页，就需要增添一个 target 属性，写作：

```
<a href = "https://www.baidu.com" target = "_blank">百度</a>
```

上面的 href 和 target 都是超链接元素<a>的固有属性。除了元素自身所特有的固有属性外，所有元素还有几个通用属性，其中最基本的就是 id、class 和 style，分别规定了一个元素的唯一 id、所属类别以及内联样式。在下一节讲解 CSS 时再详细讨论。

此外，需要注意的是，不是所有的元素都有结束标签。换句话说，当一个元素不需要“内容”的时候，只留一个开始标签就足够了。这类没有“内容”、只用开始标签标记的元素称为空元素。最具代表性的空元素有显示图片用的<img>标签和表单输入用的<input>标签。

虽然这类元素只写一个开始标签也能够正常被浏览器渲染，但是出于规范化考虑，强烈建议在右侧尖括号前加入斜杠，以示元素的闭合，这一习惯的及早养成对于本书后续章节(第 7 章 React)的学习尤为重要。

比如：

```
<img src = "./dog.jpeg"/>
```

是一个表示图像的元素，所显示图片的具体地址由 src 属性来定义。

再比如：

```
<input type="password"/>
```

就是一个密码的输入框，其输入类型由 type 属性所定义。

2.1.2　元素的层级化与 HTML 文档

上述例子中，元素的"内容"都是以字符串的形式出现，但在 HTML 文档中，元素的"内容"其实是可以继续嵌套标签的，即层级化，这也成了 HTML 文档的基础。

比如：

```
<h1>电影的具体上映时间请参见详细页面</h1>
```

仅仅是一个用<h1>标签表示的一号标题元素，标题的内容就是开始标签和结束标签相夹的文本。为了方便用户进一步查看，可以为"详细页面"加上一个超链接，就成了：

```
<h1>
    电影的具体上映时间请参见
    <a href="./detail.html">详细页面</a>
</h1>
```

如此一来，用户单击"详细页面"后，就会链接到一个新页面，可以具体查阅上映时间。

一个普通的 HTML 文档就是由无数个复杂的嵌套元素所构成的。所以把握了页面的骨架结构，就把握了元素间的层级关系；反过来，设计好元素间的层级关系，也就设计好了页面的骨架结构。

一个最小限的 HTML 文档如下所示：

```
<!DOCTYPE html>
<html>
        <head>
                <meta charset="utf-8"/>
                <title>Hello</title>
        </head>
        <body>
                <h1>Hello World!</h1>
        </body>
</html>
```

其中，第一行的<!DOCTYPE>并不属于<html>标签的范畴，只是为了让浏览器识别文档类型为 html。

紧随其后的<html>标签才是 HTML 文档的实体。内部由两个部分构成：一是<head>，表示 html 头，用来存放文档的基本信息；二是<body>，表示 html 体，用来存放文档的实际展现内容。

在< head >中，最重要的是< title >标签，它将成为该页面在浏览器中所显示的标题。除了< title >之外，还可以添加脚本、样式文件以及各种 meta 信息（比如上例规定了页面编码为 utf-8）。

而< body >将决定 HTML 页面的实质内容，body 中的嵌套结构就定义了整个页面的骨架。

可使用任意编辑器（甚至记事本也可以）将上述 HTML 代码保存为名为 index. html 的文件。双击该文件，借助浏览器查看其渲染效果，如图 2.2 所示。这里需要注意的是，Windows 系统默认状态下是会隐藏已知文件扩展名. html 的，需要在“文件夹选项”→“查看”中开启后方可显示。

图 2.2　最小限的 HTML 文档渲染效果

以上其实也是 Web 开发的基本过程，即用编辑器编写代码，然后用浏览器观察渲染结果，使用开发者工具进行调试，再回到编辑器中修正，如此反复。

2.1.3　表单相关

所谓表单，就相当于政府或银行部门办理业务时让申请人或客户填写的表格，用来采集信息以便集中处理。

表单一般使用< form >标签，在< form >标签内再具体提供各种可供用户录入信息的表单项。无论是表单本身还是表单项，都需要添加一个 id 属性，以方便事后定位并采集信息，比如：

```
< input id = "realname"/>
```

是一个最基本的文本输入框。

输入框可以通过改变其 type 属性展现出不同的渲染效果以达到不同的录入目的，比如：

```
< input id = "child" type = "checkbox"/>
```

是一个复选框。再比如：

```
<input id="tickets" type="number"/>
```

则是一个数字输入框。

下拉选择框的写法稍微特殊，需要使用<select>标签内嵌<option>标签，每个<option>代表了一个选择项，除了id属性外，还要使用value属性给每个选择项都赋予一个代表值。比如：

```
<select id="gender">
        <option value=1>男</option>
        <option value=0>女</option>
</select>
```

这意味着，如果用户选择“男”，则gender取值为1；如果用户选择“女”，则gender取值为0。

一般来说，表单最后还要提供一个type为submit的按钮以便用户填写好后提交数据：

```
<button type="submit">提交</button>
```

把这几个表单项组合起来，就成了下面的完整例子：

```
...
    <body>
        <h1>入场券订单信息</h1>
        <ol>
            <li>儿童票 50 元/张,成人票 100 元/张</li>
            <li>成人女性一次性购买两张及两张以上打九折</li>
        </ol>
        <form id="info">
            <table border=1>
                <tr>
                    <th>姓名</th>
                    <th>性别</th>
                    <th>儿童</th>
                    <th>数量</th>
                </tr>
                <tr>
                    <td>
                        <input id="realname" />
                    </td>
                    <td>
                        <select id="gender">
                            <option value=1>男</option>
                            <option value=0>女</option>
                        </select>
                    </td>
                    <td>
```

```
                    <input id = "child" type = "checkbox" />
                </td>
                <td>
                    <input id = "tickets" type = "number" />
                </td>
            </tr>
        </table>
        <button type = "submit">提交</button>
    </form>
</body>
...
```

可以将这段代码(不包含省略号)替换掉上节最小 HTML 文档 index.html 中的< body >部分，再用浏览器打开并查看，效果如图 2.3 所示。

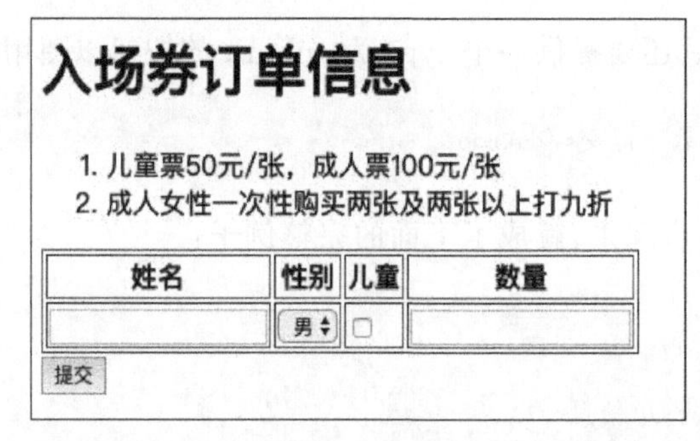

图 2.3　入场券订单信息页面的 HTML 渲染效果

在这段代码中，既使用了有序列表标签< ol >来表示票价信息，也使用了表格标签< table >来组织各表单项的布局。像< ol >和< table >这样的常用 HTML 标签请参见本书附录 A，更详细的标签及属性用法也可参照 W3school 的 HTML 参考手册，网址为 http://www.w3school.com.cn/tags/index.asp。可根据参考手册在 index.html 的< body >中自行做标签替换练习，并刷新浏览器查看替换后的渲染结果。

2.1.4　小结

在本节中，学习了 Web 开发的基础——HTML。HTML 不是编程语言，而仅仅是一种标记语言。

一个 HTML 页面主要由元素构成。元素又由开始标签、内容和结束标签构成。

在开始标签中可以通过添加各种属性来定义元素的附加信息。

如果一个元素没有"内容"，则不需要结束标签，这种元素称为空元素，空元素的代表有< img >、< input >等标签。

元素的"内容"部分可以继续嵌套标签，这也是 HTML 层级化的基础。元素的层级结构决定了网页的基本骨骼。

表单使用< form >标签，需要结合各种表单项采集用户的输入信息。

2.2 CSS

通过 2.1 节的学习，不难发现，无论在< body >里放什么标签，浏览器渲染出的视觉效果都非常简陋，这与平时上网看到的绚丽多彩的页面效果大相径庭，其根本差距就在于 CSS 的运用。

所谓 CSS，指的是层叠样式表（Cascading Style Sheets）。顾名思义，它用来定义 HTML 元素的样式，而且可以将多个样式层叠为一。如果说 HTML 决定了页面的骨架，那么 CSS 就为骨架添附了皮肉。

2.2.1 CSS 格式与盒子模型

CSS 的格式非常简单，就是由选择器和声明块构成。以下面代码为例：

```
h1{
    color:red;
    font-size:18px;
}
```

其中，h1 是选择器，它将选择到 HTML 页面中所有标签为< h1 >的元素。换言之，选择器解决的是“在哪儿”的问题。

在大括号内包着的部分是声明块，它将实际定义所有< h1 >元素的样式。换言之，声明块解决的是“什么样”的问题。

在声明块中，每一行都是一条 CSS 声明，每一条 CSS 声明都由属性和属性值构成，属性和属性值之间用冒号“:”隔开，各条 CSS 声明之间用分号“; ”隔开。需要注意，此处的属性为 CSS 属性，初学者切忌将其与此前的 HTML 属性相混淆。

CSS 属性中，需要特别说明的就是盒子相关样式。盒子模型（box model）可以说是页面布局的一个重要概念。每一个元素都占据了一定页面空间，这个占据的区域就可以视为一个“盒子”。盒子也即元素所占据的空间，从外向内共分四个层次：外间距（margin）、边框（border）、内间距（padding）和内容（content）。

外间距即围绕在盒子外围的区域，这部分区域默认为透明区域，也决定了一个元素与其他元素之间的间隙。

边框紧挨着外边距，相当于元素的真正骨架部分，可以设置样式、颜色和粗细。

内间距紧挨着边框部分，相当于边框与内容之间的距离。

内容就是元素的实际内容，可以是文本，也可以是嵌套元素。

盒子模型如图 2.4 所示。

CSS 的其他常用属性请参见附录 B。同样地，更加详细的属性用法也可参见 W3school 的 CSS 参考手册，网址为 http://www.w3school.com.cn/cssref/index.asp。

图 2.4　盒子模型

2.2.2　选择器

除了上述 h1 这种直接以 HTML 标签为选择器的标签选择器之外，主要的选择器还包括 ID 选择器、类选择器以及后代选择器。

在 2.1 节中提及了 HTML 标签的 id 属性和 class 属性。id 属性对于页面元素来说是唯一的标识符，一个 id 值在一个 HTML 文档中只能出现一次，代表对应元素在 HTML 文档中的唯一身份。因此，当针对某个特定元素进行样式定义时，首先需要为该元素添加 id 属性，这样就可以通过 CSS 的 ID 选择器定位到这个元素了。

ID 选择器的使用方法为"#号加上元素的 id 值"，比如，要定制 HTML 文档中的

```
<p id = "para1">你好</p>
```

元素的样式，在 CSS 中就要写作：

```
#para1{
    background-color:red;
}
```

这意味着将 id 值为 para1 的元素的背景色设为红色。

类似地，当要对几个元素进行同样的样式操作的时候，可以为这些元素都添加 class 属性并将其属性值设为同一个名称，作为一组或同一个类别来处理。如此一来，就可以用 CSS 的类选择器为该组统一定义样式。类选择器使用". 号加上类名"，比如，当 HTML 文档里包含如下元素时：

```
<p id = "para1" class = "para">你好</p>
<p id = "para2" class = "para">谢谢</p>
<p id = "para3" class = "para">再见</p>
```

CSS 中只需要写上

```
.para{
    background - color:red;
}
```

就可以将所有被定义为 para 类的元素的背景色都设为红色。

后代选择器是由多个选择器构成的选择器，多个选择器之间用空格隔开，从左至右表示逐级的从属关系。

比如，HTML 文档中使用如下代码：

```
<div id = "group1">
    <p>你好</p>
</div>
<div id = "group2">
    <p>谢谢</p>
</div>
```

如果使用标签选择器 p，就会将所有< p >标签选中，而如果换用如下代码：

```
#group2 p{
    background - color:red;
}
```

则只会将 group2 内的< p >标签的背景色设为红色。

2.2.3 插入样式

上面讲解了 CSS 样式表的基本写法，但是仅仅写出来还无法实际发挥作用。为了将这些“皮肉”实际附着在“骨架”上，还需要将写好的 CSS 样式插入到 HTML 文档中。有三种方式可以实现这一目标，分别是内联样式、内部书写和外部引用。

1. 内联样式

内联样式是利用 HTML 元素的 style 属性，直接、一次性地为该元素添加样式。比如：

```
<p style = "color:red;background - color:black;">你好</p>
```

意味着将该段落元素的文本颜色改为红色，背景色改为黑色。但是内联方式导致样式与元素混杂不清。单一样式还好说，一旦增添的样式过多，将导致可读性大大下降，增加维护的难度。因此一般不采用此方式。

2. 内部书写

内部书写是利用 HTML 的< style >标签(注意，此处的 style 是 HTML 标签，而非方法一中的 HTML 属性)，将样式表集中地书写在 HTML 文档的< head >标签中。比如在 2.1 节完成的 HTML 文档的基础上，将< head >部分替换为如下代码：

```
...
<head>
    <meta charset = "utf - 8">
```

```
    <title> CSS example </title>
    <style>
            h1{
                color:orange;
                background-color: black;
            }
            li{
                color:red;
            }
            button{
                background-color: lightblue;
            }
            #info table{
                background-color: lightgreen;
        }
    <style>
</head>
...
```

如图 2.5 所示，刷新页面后标题、列表项、表格和按钮都有了色彩，说明上述 CSS 样式已经应用在了 HTML 元素上。

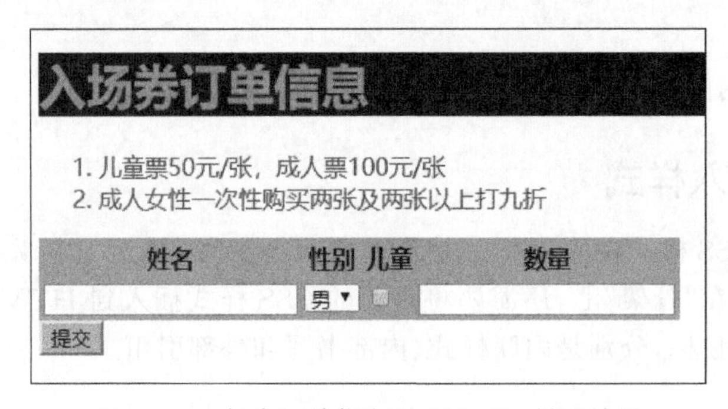

图 2.5 入场券订单信息页面的 CSS 样式效果

3. 外部引用

外部引用是将 CSS 样式表，比如上例<style>内的部分（不包含<style>标签本身），单独存为一个扩展名为.css 的文件，比如命名为 style.css，并在 HTML 文档中通过<link>标签引用。出于易于维护的考虑，在项目根目录新建一个名为 css 的文件夹，并将 style.css 放入其中。如此一来，<head>部分就可以替换为如下代码：

```
...
<head>
        <meta charset = "utf-8">
        <title> CSS example </title>
        <link rel = "stylesheet" href = "./css/style.css"/>
</head>
...
```

刷新页面后会发现效果与前面方法完全等价。然而，通过这种方法，可以将 CSS 样式表与 HTML 文档彻底分离，为开发维护带来更大便利。因此，在实际开发中，推荐使用外部引用的方式以实现 CSS 样式导入。

需要注意的是，初学者在使用外部引用的时候，往往会遇到诸如定义好的样式在页面上没有任何体现的问题。一旦出现这种情况，请务必打开浏览器的开发者工具，在 Sources 面板下检查 css 文件是否被引用到，如果没有，请检查 HTML 文档里< link >标签中的 href 属性是否正确反映了被引用 css 文件的相对路径。

2.2.4 组件库 Bootstrap

Bootstrap 是 Twitter 公司出品的前端组件库。截至本书成稿，Bootstrap 在 GitHub 的星数高达 13 万，是当之无愧的最受欢迎的前端库。

Bootstrap 的运作机制很简单：其本体的核心部分就是一个样式表，内部预先定义好了无数个样式类。所以只要给 HTML 元素附上相应的 class 属性，即可轻松为页面添加美观大方的“类推特”UI 样式。

在官方网站下载 bootstrap-4.3.1-dist.zip 并解压，只选择其中的 bootstrap.min.css，将其复制到 css 文件夹下，并修改 index.html 追加引用该样式表文件：

```
...
<head>
    <meta charset = "utf - 8">
    <title> CSS example </title>
    <link rel = "stylesheet" href = "./css/bootstrap.min.css" />
    <link rel = "stylesheet" href = "./css/style.css" />
</head>
...
```

如此一来，就可以使用 Bootstrap 了。比如，给 table 增加一些 Bootstrap 预定义类：

```
...
<form id = "info">
    <table class = "table table - bordered table - hover table - sm">
        <tr>
...
```

其中，table-bordered 类使表格有边框，table-hover 类使表格支持鼠标指针悬停，而 table-sm 类让表格看起来更紧凑。不仅如此，由于增加了 table 类，表格具备了响应式性质，无论怎样缩放浏览器窗口的大小，表格内容都能够实现自适应，这可以大大提高用户体验。也可以进一步美化按钮，如改为如下代码：

```
...
    <button type = "submit" class = "btn btn - primary">提交</button>
...
```

刷新页面后，最终效果如图 2.6 所示。

入场券订单信息

1. 儿童票50元/张，成人票100元/张
2. 成人女性一次性购买两张及两张以上打九折

姓名 性别 儿童 数量

男

提交

图 2.6 应用 Bootstrap 类后的 CSS 样式效果

可以发现，仅通过给元素添加 Bootstrap 预定义样式类，就可以在一定程度上实现美化页面的目的。Bootstrap 的其他常用预定义样式类请参见附录 C。

2.2.5 小结

本节学习了 CSS 的用法。CSS 用来在 HTML 元素的基础上添加样式。

CSS 的格式由选择器和声明块构成，选择器决定“在哪儿”，声明块中的属性和属性值决定“什么样”。

除了标签选择器外，ID 选择器、类选择器和后代选择器有助于更加精准地选择到特定的一个或几个元素。

有三种方式可以插入样式表到 HTML 文档：内联样式、内部书写和外部引用。其中外部引用方式能够实现“皮肉”与“骨骼”的彻底分离，更利于开发与维护。

除此之外，还学习了全世界最受欢迎的前端组件库 Bootstrap 的基本使用方法，Bootstrap 已经预定义好了无数样式类，因此只要给 HTML 元素附上相应的 class 属性，就可以高效地完成页面美化。

视频讲解

2.3 JavaScript 基础

在 2.1 节和 2.2 节中，学习了 HTML 和 CSS，可即便完美掌握了这两样技能，最多也只能做出个漂亮的静态网页。然而平常浏览的网站还有着丰富多彩的互动效果，这是如何实现的？其奥妙就在于 JavaScript。

JavaScript 与 HTML、CSS 同列 Web 前端开发三大基础技术，但与 HTML 和 CSS 不同的是，JavaScript 是真正的编程语言。如果说 HTML 是网页的“骨骼”、CSS 是网页的“皮肉”，那么 JavaScript 就是网页的“灵魂”，能够让网页拥有“行为”。

2.3.1 使用方法

与 CSS 类似，在页面上使用 JavaScript 程序，也有内部书写和外部引用两种方式。

1. 内部书写

内部书写就是使用 HTML 的< script >标签，在其“内容”里书写 JavaScript 语句。比如：

```
<script>
    alert('Hello World');
</script>
```

需要注意的是，和 CSS 样式不同，JavaScript 语句最好书写在< body >标签内的最下方。原因在于 JavaScript 涉及对页面元素的操作，如果写在页面元素之前，很可能因找不到处理目标而失败。因此最好写在如下位置：

```
...
<body>
    ...
    ...
    <script>
        alert('Hello World');
    </script>
</body>
...
```

其中，alert()是 JavaScript 的一个内置函数，作用是在浏览器中弹出对话框。如果用浏览器打开该 HTML 文档后看到弹出的 Hello World 字样，就说明上述 JavaScript 语句被浏览器正确执行了。效果如图 2.7 所示。

图 2.7　执行 JavaScript 内置函数 alert()后的效果

2. 外部引用

外部引用的方式也可以实现 HTML 与 JavaScript 的代码分离。只需要将上例< script >标签内的代码（不包含< script >标签本身）另存为一个以.js 为扩展名的文件，比如 script.js，放在项目根目录下的 js 文件夹中，并在 index.js 中通过标签< script >的 src 属性来引用即可。引用的方法如下：

```
...
<body>
    ...
    ...
    <script src="./js/script.js"></script>
</body>
...
```

与 CSS 样式文件同理，一旦发现 js 脚本没有被执行，也要打开浏览器的开发者工具，在 Sources 面板下看看该 js 脚本文件是否被引用到，如果没有，则需要检查 src 中所写的文件路径是否正确。

2.3.2 功用与流程

和其他编程语言一样，JavaScript 的主要功用也是通过逐步执行人的指令，对信息做一些有目的性的处理。但 JavaScript 也有其无可替代的特殊性，那就是作为浏览器“唯一指定官方语言”，具备获取并操作任意页面元素的能力。

在前面的章节中完成了一个“入场券订单信息”的静态页面，接下来将继续在此基础上添加 JavaScript 程序，使其能够根据用户的实际输入信息计算出入场券总价。

一般来说，一段 JavaScript 程序的流程往往由输入、处理和输出三个阶段构成。

输入可以是页面元素的属性值、内容或者样式。想要计算出入场券订单的总价，就要先获取用户在表单中输入的信息。

处理就是针对输入值进行有步骤的操作。拿上面的例子来说，就是对输入信息做一些加法、乘法和折扣判断，以得到总价。

输出就是在对输入值进行一系列操作后，将处理结果实际反映在页面上。比如刚才得到的总价，就可以通过弹出对话框或在某个页面元素中显示出来。

JavaScript 程序的执行往往还需要一个契机，这个契机叫作事件（event）。事件可以是用户单击了某个按钮，也可以是移动了滚动条；可以是鼠标指针滑过某个页面元素，也可以是在下拉列表中做了某项选择。在浏览器监听到用户触发了某个事件后，就可以获取输入、执行处理并将最终结果输出，以此作为对用户行为的反馈。这就是基于 JavaScript 的页面互动机制，如图 2.8 所示。

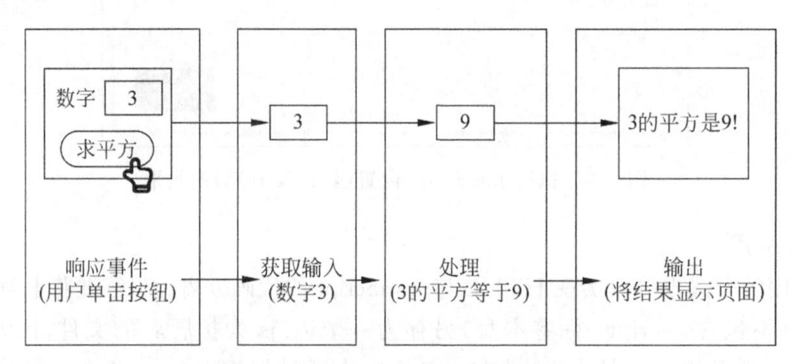

图 2.8　JavaScript 程序的基本流程

接下来，将在完善“入场券订单信息”页面的同时，以实现动态计算总价为目标导向，逐步地学习 JavaScript 的使用。具体来说，在 2.3.3 节学习如何获取输入，从 2.3.4～2.3.7 节学习 JavaScript 的基本语法，也就是对输入进行处理的方法，在 2.3.8 节中学习输出方法，最后在 2.3.9 节学习响应事件。

2.3.3 获取页面元素信息

在 2.3.2 节说道，JavaScript 处理流程的第一步就是获取页面元素信息。具体做法就是使用以下代码：

```
document.querySelector("选择器")
```

其引号内的选择器写法与 2.2.2 节所述 CSS 选择器写法几乎一模一样。比如,将 2.3.1 节的 script.js 的内容改写为如下语句:

```
alert(document.querySelector("h1"));
```

刷新页面,会弹出“[object HTMLHeadingElement]”字样,说明成功获取到了该页面标题的相应元素对象。

在获取到元素对象的基础上,可以用.innerHTML 继续获取该元素的内容。比如:

```
alert(document.querySelector("h1").innerHTML);
```

刷新页面,弹出对话框就会显示“入场券订单信息”,也就是在< h1 >标题中所写的内容。

获取表单有比使用选择器更简便的方法,只需要写作:

```
document.forms.表单的 id 名
```

在本例中,就是:

```
alert(document.forms.info);
```

如果想获取某个表单项的输入值,就继续加上“.表单项 id 名.value”,比如获取用户输入的真实姓名,需要写作:

```
alert(document.forms.info.realname.value);
```

刷新后显示结果为空,这是因为输入框的初始状态为空。改写为:

```
alert(document.forms.info.gender.value);
```

则显示为 1,因为“性别”栏默认状态为“男”,取值就是 1。

复选框的取值有些特殊,不用 value 而用 checked:

```
alert(document.forms.info.child.checked);
```

弹出结果为 false,说明表单中的“儿童”一栏并没有被选中。

2.3.4 变量赋值与数据类型

在做化学实验时,需要将不同物质置放于不同的容器中,并给容器贴上标签,以方便日后做进一步处理。

编程也是一样,信息就是“物质”,数据类型就是“容器”,当初始化一个值的时候,比如

2，就相当于将 2 这个数放到了数字类“容器”中。为了日后方便对“容器”中的“物质”继续处理，需要给这个“容器”贴个“标签”，这就是变量赋值。

在 JavaScript 中，变量以如下形式进行赋值：

```
var 变量名 = 变量值;
```

比如上节例子中的表单，就可以存到一个名为 form 的变量中：

```
var form = document.forms.info;
```

变量在声明后就可以直接使用变量名对数据做进一步的处理。比如想查看表单中儿童栏有没有被选中时，可以写作：

```
var form = document.forms.info;
alert(form.child.checked);
```

如同化学实验针对不同的物质需要使用不同的容器一样，在编程语言中，存储不同的信息也需要使用不同的数据类型。关于 JavaScript 的数据类型，其实早在 1.1.3 节 JSON 格式中就已经详细说明过了，这里不再赘述。本节将结合实例重点讲解字符串、数字、对象和数组的基本处理方法。

为了讲解方便，先通过代码赋值的方式修改各表单项的初始 value，模拟出一个用户已经输入完表单的状态，修改 script.js 内容如下：

```
var form = document.forms.info;              //获取表单
form.realname.value = "张小丽";              //设置真实姓名的初始值
form.gender.value = 0;                       //设置性别的初始值
form.tickets.value = 13;                     //设置票数的初始值
```

刷新页面后会发现表单已经按照上述数据预先输入好了，如图 2.9 所示。

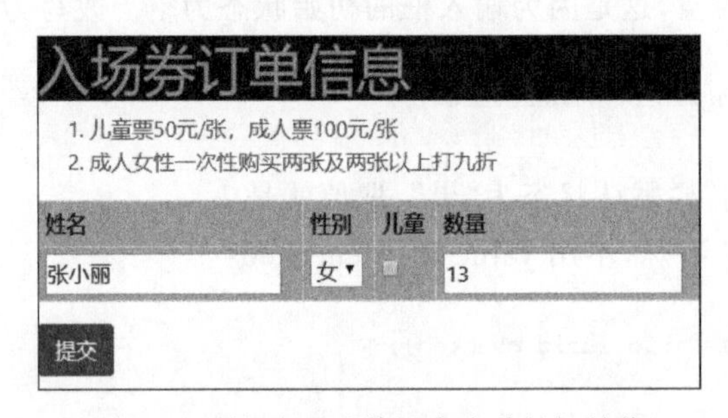

图 2.9 利用变量赋值设定表单的初始值

1. 字符串

那么先获取用户的真实姓名：

```
form.tickets.value = 13;
var realname = form.realname.value;          //将真实姓名赋值给变量 realname
```

此时，变量 realname 应该等于"张小丽"。

两个或两个以上的字符串可以通过"+"号拼接成一个字符串：

```
...
var title = realname + "女士";
alert(title);                                    //"张小丽女士"
```

字符串也可以通过.length 获取字符数目：

```
alert(title.length);                             //等于 5
```

既然目的是计算总价，那么购票数信息才是最重要的，将其存储在变量 tickets 中：

```
...
var tickets = form.tickets.value;
```

2. 数字

然而，与真实姓名一样，从表单中获取过来的购票数其实是个字符串。因此，此刻的 tickets 变量实际上是字符串"13"而非数字 13，无法进行加、减、乘、除运算。若想将字符串转换为整数，需要用到 parseInt()函数：

```
...
var tickets = parseInt(form.tickets.value);
```

经过处理后的变量 tickets 已经转换为一个数字，就可以使用算术运算符做处理。+、-、*、/、%分别代表加法、减法、乘法、除法和取余。比如：

```
alert(tickets + 2);                              //等于 15
alert(tickets - 3);                              //等于 10
alert(tickets * 10);                             //等于 130
alert(tickets / 2);                              //等于 6.5
alert(tickets % 2);                              //等于 1
```

3. 对象

目前收集到的"张小丽"相关信息杂乱无章，如果将这些信息统一关联到一个变量中就会方便许多，这种情况可以使用对象。

在 JavaScript 中，对象是"键"与"值"的成对无序集合，如果已经忘记对象的书写格式，可重新回到 1.1.3 节复习。通过初始化一个"张小丽"的对象变量，可将"张小丽"的相关信息集中地组织起来：

```
...
var xiaoli = {
    "realname": form.realname.value,
    "gender": form.gender.value,
    "child": form.child.checked,
    "tickets": parseInt(form.tickets.value)
}
```

一旦初始化了对象，就可以像“某个事物的某个方面”一样，使用“对象.键名”获取到相应的值（倘若键名不存在，将返回 undefined，即未定义）：

```
alert(xiaoli.realname);              //等于"张小丽"
alert(xiaoli.child);                 //等于 false
alert(xiaoli.tickets);               //等于 13
```

4. 数组

现在只有“张小丽”一个对象，如果订单中包含多名购票人，就需要使用数组，并将其作为一个集合看待。

数组是值的有序列表，可以看作多个数据的集合，现在表单里只有一行，所以首先要修改 index.html，为 HTML 文档增添一个新行，以便获取第二个人的购票信息，代码如下：

```
...
    </tr>
    <tr>
        <td>
            <input id="realname_1" />
        </td>
        <td>
            <select id="gender_1">
                <option value=1>男</option>
                <option value=0>女</option>
            </select>
        </td>
        <td>
            <input id="child_1" type="checkbox" />
        </td>
        <td>
            <input id="tickets_1" type="number" />
        </td>
    </tr>
</table>
```

为了和第一行数据区分开来，在新行中的 id 属性值后面都加了“_1”。

同样地，在 script.js 中，紧随张小丽的假数据，追加如下代码：

```
...
form.tickets.value = 13;
form.realname_1.value = "李小明";
form.gender_1.value = 1;
form.child_1.checked = true;
form.tickets_1.value = 3;
...
```

再模拟出一条李小明的假数据，并用如下代码将其对象化：

```
...
var xiaoming = {
    "realname": form.realname_1.value,
    "gender": form.gender_1.value,
    "child": form.child_1.checked,
    "tickets": parseInt(form.tickets_1.value)
}
...
```

接着，使用下方语句初始化一个空数组 arr：

```
...
var arr = [];
```

使用数组的方法 push()可以在数组 arr 中追加新值。比如，想追加 xiaoli 和 xiaoming 两个人，就写作：

```
...
var arr = [];
arr.push(xiaoli);          //此时只有张小丽
arr.push(xiaoming);        //此时又多了李小明
```

现在，数组 arr 中就包含张小丽和李小明两个人了。

若要获取数组中特定位置的值，则需在数组后使用下标，也就是“[数组索引]”的形式。但需要注意的是，数组下标是从 0 开始计算的，而不是 1。因此下标为 1 时，实际获取到的是数组中第二个值：

```
alert(arr[1].realname); //弹出对话框"李小明"
```

换用如下语句打印 arr：

```
console.log(arr);
```

在刷新页面后，开启开发者工具的 Console 面板，可看到数组 arr 的整个结构，如图 2.10 所示。

```
▼(2) [{…}, {…}]
  ▼0:
     realname: "张小丽"
     gender: "0"
     child: false
     tickets: 13
   ▶__proto__: Object
  ▼1:
     realname: "李小明"
     gender: "1"
     child: true
     tickets: 3
   ▶__proto__: Object
   length: 2
  ▶__proto__: Array(0)
```

图 2.10　借助开发者工具观测到的数组结果

2.3.5　条件

现在有了表单中所有用户的输入信息，执行下面的代码，已经可以用乘法配合加法计算出总票价了：

```
alert(xiaoli.tickets * 100 + xiaoming.tickets * 100); //等于 1600
```

然而，在票价信息中还有这样一条规定：“成人女性一次性购买两张及两张以上打九折。”所以九折优惠需要满足几个条件呢？

答案是三个条件：①不是儿童；②性别为女；③购票数量为两张或两张以上。让计算机做这类条件判断，就需要进行比较运算。

比较两个量的运算符叫作比较运算符。比较运算符通过比较左右两值，返回一个布尔值(即 true 或者 false)。

判断两个量是否相等的比较运算符有==、===、!=和!==。前两个表示等于，后两个表示不等于。==和===的区别就在于后者既要判断值也要判断类型。比如：

```
var a = 5;
a == 5;                                  //等于 true
a == "5";                                //等于 true
a === 5;                                 //等于 true
a === "5";                               //等于 false
```

此外，还有<、<=、>和>=四个运算符，分别代表小于、小于或等于、大于和大于或等于。比如：

```
var b = 6;
a > b;                                   //等于 false
a <= b;                                  //等于 true
```

所以回到这三个条件的具体写法，以判断张小丽的个人信息为例，就成了：

张小丽不是儿童：

```
arr[0].child != true;                    //结果等于 true
```

也可以写作：

```
!arr[0].child;                           //结果等于 true
```

张小丽性别为女：

```
arr[0].gender == 0;                      //结果等于 true
```

张小丽购票数量为两张或两张以上：

```
arr[0].tickets >= 2;                     //结果等于 true
```

现在需要判断这三个条件是否同时符合，就要用到逻辑运算符，逻辑运算符有 &&、||和!三个，分别代表和(AND)、或(OR)、非(NOT)。其中的非运算能够逆转布尔值，因此 !true 等于 false，!false 就等于 true。而 && 与||的两边都需要布尔值或能够返回布尔值的表达式。具体运算如表 2.1 所示。

表 2.1　和与或的逻辑运算结果

左侧值	右侧值	&&(和运算)	||(或运算)
true	true	true	true
true	false	false	true
false	true	false	true
false	false	false	false

简单来说,和运算要求两边都为真,结果才为真;而或运算只要有一边为真,结果就为真。比如,“明天晴天 && 我有空”就表示两个条件都要符合才行,而改为“明天晴天 || 我有空”就意味着只要其中有一个条件符合即可。

所以判断是否符合九折优惠的条件就需要使用 && 将三个条件连接起来,写作:

```
!arr[0].child && arr[0].gender == 0 && arr[0].tickets >= 2;
```

结果为 true,说明张小丽符合九折优惠条件。因为使用了 && 进行和运算,三个条件只要有一样返回 false,就不能打九折。

因此,目前面临着一个处理上的分支:符合九折优惠条件就打九折,不符合九折条件但却是儿童,则半价收费。如果全都不满足,就按照原价收费。实现这样的判断就需要用到条件语句。

条件语句可以基于条件判断执行不同的动作。基本书写格式为:

```
if(判断条件 1){
    执行方案 1;
}else if(判断条件 2){
    执行方案 2;
}else{
    前面条件全都不符合时执行的方案;
}
```

该条件判断的流程与伪代码如图 2.11 所示。

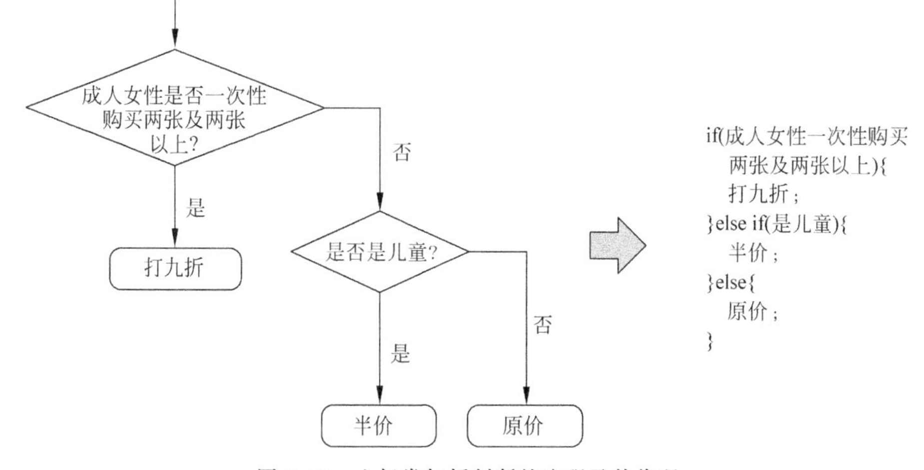

图 2.11　入场券打折判断的流程及伪代码

根据该图，继续修改 script. js，入场券单价的收费判断代码可写作：

```
…
var person = arr[0];                        //张小丽
var price = 0;                              //单价初始化为 0
if (!person.child && person.gender == 0 && person.tickets >= 2){
                                            //成人女性购买两张或两张以上，满足九折优惠
    price = 90;
}else if (person.child){                    //不满足九折优惠，但却是个孩子，按儿童票收费
    price = 50;
}else{                                      //不满足九折优惠，也不是孩子，按成人票原价收费
    price = 100;
}
alert(price);
```

刷新页面，将弹出单价为 90，如果把 arr[0]替换成 arr[1]，重新刷新页面，将弹出单价为 50，因为李小明只是个孩子。

顺便补充下，如果判断流程中只包含一个条件，即 if...else...，也可以用三元运算符改写成一行，书写格式为：

```
条件 ? 条件为 true 的处理 : 条件为 false 的处理;
```

比如：

```
var a = 30;
var b = 10;
a < 30 ? b = b - 5 : b = b + 10;     //b = 20
```

三元运算符的写法将在第 7 章学习 React 时多次用到。

2.3.6 循环

在 2.3.5 节中，从数组取出张小丽的相关信息后做了打折条件判断，但为了计算总价，还需要继续判断李小明的打折情况。当然，取出李小明的信息后将 2.3.5 节的条件判断再写一遍也是可以的。不过，倘若一个订单里有几十人甚至几百几千人，就不可能针对每个人都把条件判断写一遍了。

当需要反复进行同一处理时，就可以通过循环语句来实现。同大多其他编程语言一样，JavaScript 也有 for 循环语句和 while 循环语句。因为 while 循环语句在绝大多数情况下都可以转换为 for 循环语句，本书只要求了解 for 循环语句即可。

for 循环语句是按照规定次数进行的循环。其书写格式为：

```
for(循环开始前执行语句;循环执行条件;每次循环后执行语句){
    每次循环语句执行的代码块
}
```

例如：

```
var sum = 0;                          //初始值为 0
for(var i = 1;i <= 100;i++){          //从 1 开始,到 100 结束,每次加 1
    sum += i;                         //累计相加
}
alert(sum)                            //sum 等于 5050
```

但如果仅仅是为了将数组内所有元素依次取出来,其实有更加便利的方式。继续按照如下代码修改 script. js：

```
...
for (var p of arr){                   //取出 arr 中的每个对象,每次取出都赋值给变量 p
    alert(p.realname);                //每次循环都显示 p 的姓名
}
</script>
```

刷新页面,将会先后弹出“张小丽”和“李小明”。

再与此前的打折判断相整合,就成了如下代码：

```
...
for (var person of arr){
    var price = 0;                    //票价初始值为 0
    if (!person.child && person.gender == 0 && person.tickets >= 2) {//如果满足九折条件
        price = 90;
    } else if (person.child) {        //如果是儿童,则半价
        price = 50;
    } else {                          //否则,按照原价收费
        price = 100;
    }
    alert([person.realname,price]);   //打印由姓名和票价所构成的数组
}
```

刷新页面,可以看到“张小丽”和“李小明”各自应该支付的单价。有了循环语句,哪怕一张订单里有 10 万人都不怕了。

2.3.7　函数

除了单价之外,还要继续求得订单的总票价。所有的处理语句都这样放在一起,不仅看起来杂乱无章,也不利于功能复用,更不利于代码维护。使用函数就可以将多条处理过程封装为一体,以达到快速复用的目的。JavaScript 的函数格式如下：

```
function 函数名(参数){
    处理过程
    return 返回值
}
```

举个例子：

```
function sayHello(name){                    //接收一个实际名字,将其赋值给变量 name
    var msg = "Hello " + name + "!";        //将传入的名字进行字符串拼接
    return msg;                             //返回拼接好的字符串
}
```

调用函数时，只需要使用函数名，并将实际参数传过去，比如：

```
sayHello("Wu");                             //该表达式返回字符串"Hello Wu!"
```

或者：

```
sayHello("Lee");                            //该表达式返回字符串"Hello Lee!"
```

换言之，封装成的函数就好像一个工具，使用时不必再关心其内部结构，只需知道怎么用就可以了。这也是函数的英文叫作 function（功能）的原因。

传入多个参数也可以：

```
function add(a, b){                         //接收两个值,分别赋值给变量 a 和变量 b
    var sum = a + b;                        //变量 a 和 b 相加
    return sum;                             //返回相加值
}
```

调用这个函数求和：

```
add(1, 2);                                  //该表达式返回数字 3
```

有了函数，就可以将单价判断的逻辑从数组的迭代中独立出来封装为函数。在 script.js 中，将刚才的代码改写为：

```
...
function getPrice(person){                  //输入 person
    var price = 0;
    if (!person.child && person.gender == 0 && person.tickets >= 2) {
        price = 90;
    } else if (person.child) {
        price = 50;
    } else {
        price = 100;
    }
    return price;                           //输出单价
}
...
```

之后，只需要在数组迭代中调用该函数即可：

```
...
function getPrice(person) {                 //输入 person
    ...
```

```
    return price;                              //输出单价
}

for (var person of arr){                       //迭代出数组中每一个人
    var price = getPrice(person)               //将这个人传给函数获取单价
    alert([person.realname,price]);            //通过弹出的对话框输出
}
```

这与之前的代码效果等价，但逻辑上清晰了许多，为日后的维护带来了极大的便利。

2.3.8 输出

迄今为止，输出主要是通过 JavaScript 内置的弹出框函数来实现的。除了 alert()函数之外，还有两种主要的输出方式：控制台输出和页面元素输出。

控制台输出使用 console.log()，因为不会影响到正常的页面活动，主要用作开发调试。可以将 2.3.7 节的代码替换为：

```
...
for (var person of arr){
    var price = getPrice(person);              //调用函数求得单价
    console.log([person.realname,price]);      //控制台输出
}
```

刷新页面后，什么也不会发生。但是打开开发者工具的 Console 面板，就会看到输出结果。

最后一种输出方法也是最常见的，那就是将输出结果注入到页面元素中。先将刚才的代码替换为：

```
...
var total = 0;                                 //初始化总价
for (var person of arr){                       //循环出每一个人
    var price = getPrice(person);              //获取这个人的单价
    total += person.tickets * price;           //乘以票数，累积到 total
}
```

以计算出总价，再通过 document.createElement()制作一个<p>元素并将其内容改为总价，然后用 append()将其插入到<body>中：

```
...
var p = document.createElement('p');              //创建<p>元素
p.innerText = "总票价为：" + total + "元"; //修改<p>元素内容为总价
document.body.append(p);                          //插入到<body>中
```

刷新页面后，会发现表单下方多出了“总票价为：1320 元”的字样。效果如图 2.12 所示。

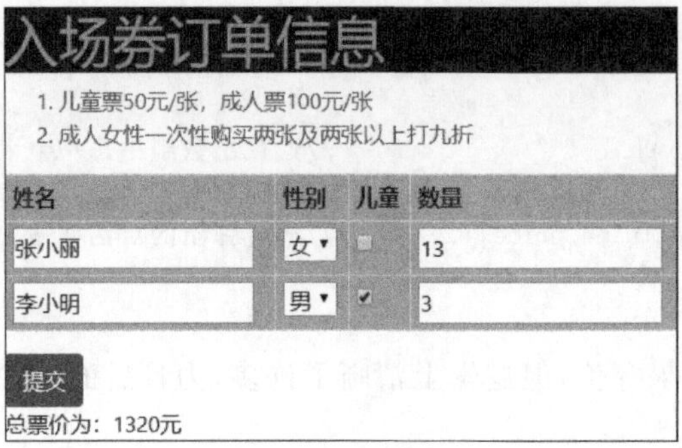

图 2.12　JavaScript 动态输出处理结果至页面

2.3.9　响应事件

到目前为止，都是通过刷新页面来执行处理流程。但在实际项目中，这类流程往往需要用户在执行某个操作后才能够触发。

就拿之前的例子来说，计算总票价的流程理应在用户单击表单中的“提交”按钮之后开始执行。因此，首先要做的就是将用户单击“提交”按钮后的一切处理封装为一个函数。将2.3.8 节的代码部分替换为：

```
...
function getTotal(){
    var e = window.event;                        //获取 event 对象
    e.preventDefault();                          //阻止页面刷新
    var total = 0;
    for (var person of arr) {
        var price = getPrice(person);
        total += person.tickets * price;
    }
    var text = "总票价为：" + total + "元";
    document.querySelector("#total").innerText = text;
}
...
```

其中，函数体的前两句是为了阻止单击表单按钮后造成的页面刷新，以达到无刷新实时更新总价的目的。在计算总价并将结果字符串存储为变量 text 后，用选择器找到 id 属性为 total 的页面元素，将其内容替换为总价。

因此，还需要在页面上创建一个空的元素并将其 id 属性设为 total，以便用户单击按钮后加载总价结果。在 script.js 的末尾加上：

```
...
var p = document.createElement('p');         //创建<p>元素
p.innerText = "";                            //元素内容为空字符串
p.id = "total";                              //元素的 id 为 total
document.body.append(p);                     //将该元素插入 HTML 文档的 body 中
```

最后，在 index. html 中找到< button >元素，将刚刚封装好的 getTotal()函数绑定到其响应事件 onclick(即鼠标单击事件)上：

```
...
    </table>
    <button type="submit" class="btn btn-primary" onclick=getTotal()>提交</button>
</form>
...
```

刷新页面，无事发生，单击“提交”按钮，页面出现计算好的总票价。

最后，可以删除掉此前“张小丽”和“李小明”的预录入信息，将获取表单信息的处理也封装为 getPerson()函数，并在 getTotal()函数中调用。代码如下：

```
var form = document.forms.info;

function getPerson(){
    var arr = [];                           //初始化空数组
    var p1 = {                              //获取第一行录入数据
        "realname": form.realname.value,
        "gender": form.gender.value,
        "child": form.child.checked,
        "tickets": parseInt(form.tickets.value)
    }

    var p2 = {                              //获取第二行录入数据
        "realname": form.realname_1.value,
        "gender": form.gender_1.value,
        "child": form.child_1.checked,
        "tickets": parseInt(form.tickets_1.value)
    }
    arr.push(p1);                           //第一行数据插入数组
    arr.push(p2);                           //第二行数据插入数组
    return arr;                             //返回该数组
}

function getPrice(person) {
...
}

function getTotal() {
...
    var total = 0;
    var arr = getPerson()                   //调用 getPerson()函数
    for (var person of arr) {
...
}
...
```

刷新页面。随意输入两组数据并单击“提交”按钮，就会在页面上实时显示出计算结果，效果如图 2.13 所示。

图 2.13 “入场券订单信息”页面的 JavaScript 执行效果

2.3.10 小结

在本节中，借助一个“入场券订单信息”的例子，在不断完善的过程中，逐步学习了 JavaScript 的基本语法。和 HTML 与 CSS 相比，JavaScript 是真正的编程语言，能够为网页注入灵魂，让网页真正“行动”起来。

JavaScript 脚本既可以通过 HTML 的< script >标签直接书写在文档中，也可以单独保存为.js 文件供 HTML 文档引用。

在声明变量时，使用关键字 var，声明后的变量可以做进一步处理。变量方面，既学习了数字、字符串等基本变量类型，也学习了数组、对象这样的复杂变量。

之后，还学习了比较运算符与逻辑运算符，以及基于比较和逻辑运算的条件判断和循环控制。

此外，还学习了 JavaScript 函数的写法，使用函数，可以将复杂的程序模块化，以达到复用目的。

JavaScript 与其他编程语言最大的不同之处就在于它能够操作任意页面元素。既能够获取元素信息，也能够将处理结果注入到页面元素内。

获取元素信息、进行处理、将处理结果输出到页面，这是 JavaScript 程序的基本流程，也是实现动态网页的基本机制。

视频讲解

2.4 JavaScript 进阶

所谓 ES，指的是 ECMAScript，是 JavaScript 语言所基于的标准。反过来说，JavaScript 语言是基于 ECMAScript 的实现。ES 后的数字可以看作 ES 的版本，每次版本的升级都会伴随着一些新的语法特性的出现，这些新的语法特性让 JavaScript 的语法功能更加强大、简洁、优雅，可以大大提升代码书写效率和可读性，也更利于开发和维护。就目前来说，ES 5 已经得到了浏览器的广泛支持。版本越高，浏览器的支持也就越差，但同时又代表着 JavaScript 语言的未来。本节所述特性在各浏览器上的支持情况都可以在 caniuse.com 上查询。

2.4.1 ES 5

ES 5 新增了多个迭代数组、处理元素的便捷方法。在讲解这些迭代方法之前，非常有必要理解一个在后续章节中也非常重要的概念——回调函数(callback function)。

在 2.3.7 节已经学过了函数，函数可以简单看作是一系列操作的封装。函数被封装后就不必关注其内部操作流程，只需关注其输入和输出即可。

现在假设有这样一个场景：你和你的男(女)朋友道别，你告诉对方，到家之后给你打电话，告诉你他(她)在回家路上吃了什么。

这个场景可以看作让你的男(女)朋友执行两个函数：一个是“回家”；另一个是“打电话”。打电话这个函数需要一个参数，也就是“回家路上吃的东西”，确定了之后，才能在电话里输出“吃了什么”：

```
function 打电话(回家路上吃的东西){
    return "我吃了" + 回家路上吃的东西;
}
```

然而，在分别的时候，他(她)还没有确定回家路上会吃什么，只有在回家的途中才能够把这个变量彻底确定下来并传给“打电话”。因此，就需要把整个“打电话”函数也作为一个参数传给“回家”函数，写作：

```
function 回家(打电话){
    吃饭;                                          //同时得到了"食物"这个变量
    到家;
    打电话(食物);                                   //把具体的"食物"传给"打电话"函数
}
```

如此一来，“打电话”就成了“回家”的回调函数(回头再调用的函数)。

ES 5 新增的一系列数组迭代方法也是同理，目的是用一个函数对数组中的每个元素都进行操作，然而这个函数声明的时候并不知道自己将要处理什么，所以作为回调函数传给数组的迭代方法，以便在数组的迭代过程中获取到实际要操作的元素值。

这些数组迭代方法的普遍格式是：

```
数组.迭代方法(回调函数(元素值,元素索引,数组本身){具体处理语句})
```

其中，回调函数的“元素索引”和“数组本身”参数是可以省略的，只在具体处理语句要用到的时候再加上。

在这些迭代方法中，.every()可以判断数组内所有元素是否全都符合回调函数中定义的判定条件，只要有一个元素不符合，就会返回 false。比如：

```
var a = [1,2,3,2,1];
a.every(function(ele){return ele === 1});  //返回 false
```

与此相对，.some()只需要数组中一个元素符合条件即可：

```
var a = [1,2,3,2,1];
a.some(function(ele){return ele === 1});    //返回 true
```

.filter()对数组内元素进行过滤，只返回符合回调函数判断条件的元素：

```
var a = [1,2,3,2,1];
a.filter(function(ele){return ele === 1}); //返回[1, 1]
```

.map()将元素按照指定的规则进行映射，比如将数组内每个元素都乘以 2：

```
var a = [1,2,3,2,1];
a.map(function(ele){return ele = ele * 2});  //返回[2, 4, 6, 4, 2]
```

.forEach()可以视作 for 循环语句迭代数组的替代品：

```
var a = [1,2,3,2,1];
a.forEach(function(ele,idx){
    if(ele === 2){                          //如果值为 2
        a[idx] = a[idx] * 2                 //则将该值替换为其 2 倍的值
    }
});                                         //返回[1, 4, 3, 4, 1]
```

.reduce(回调函数，初始值)用作累积，和其他迭代方法相比，该回调函数接收的参数方面也特殊一些，有四个，分别是累积值(如果不提供初始值则为数组第一个值)、当前值、索引和数组：

```
var a = [];                                 //创建空数组
for(var i = 1;i <= 100;i++){
    a[i - 1] = i;
}                                           //用 for 循环创建出包含 1～100 的数组
a.reduce(function(total,cur,idx,arr){return cur + total}) //返回 5050
```

在 2.3 节为了计算总票价，写法是：

```
...
var total = 0;
for (var person of arr) {
    var price = getPrice(person);
    total += person.tickets * price;
}
...
```

使用方法.reduce()，只需改写为如下代码：

```
var total = arr.reduce(function (acc, person) {
    return acc + person.tickets * getPrice(person)
}, 0)
...
```

就可以了。. reduce()的第二个参数 0 是总票价 total 的初始值。

2.4.2 ES 6

ES 6 增加了大量新的语法特性，其中常用的主要特性如下：

1. let 和 const

ES 6 以后，可以用 let 和 const 取代原来的 var。其中，变量使用 let，常量使用 const。常量一经声明，则不可再次更改。比如：

```
let a = 0;
a = 1;                                          //可以赋新值
const b = 0;
b = 1;                                          //会报错
```

在第 2 章完成的 script. js 中，所有写作 var 的地方都可以改为 const，除了 getPrice()函数中的 price 变量要用 let：

```
let price = 0;
```

因为要通过条件判断，为 price 带入新的值。

2. 箭头函数

箭头函数相当于其他编程语言中的匿名函数(即无须函数名的函数)，可以看作是普通函数的简化写法。在 2.3.7 节中学习了函数的基本格式：

```
function 函数名(参数){
    处理过程
    return 返回值
}
```

用箭头函数的话，只需要写作：

```
(参数) => {
    处理过程
    return 返回值
}
```

如果处理后的返回值一行就可以写下的话，甚至 return 和大括号都可以省略：

```
(参数) => 处理后的返回值
```

比如 2.4.1 节的 reduce 迭代：

```
var total = arr.reduce(function (acc, person) {
   return acc + person.tickets * getPrice(person)
}, 0)
```

在使用箭头函数就可以改写为：

```
const total = arr.reduce(
    (acc, person) => acc + person.tickets * getPrice(person)
, 0);
```

如此一来，函数更加简洁清晰了，大大提高了易读性。

3. 模板字符串

在 2.3.4 节中讲过字符串的拼接需要使用+号，比如之前的例子里：

```
const text = "总票价为：" + total + "元";
```

有了模板字符串的功能后，只需要写一个模板就可以了，模板使用反单引号`(数字 1 左面、Esc 键下面的键)包住，字符串变量使用 ${} 表示：

```
const text = `总票价为：${total}元`;
```

4. 解构

解构可以自动解析数组和对象的值。在解构用法出现之前，做变量赋值只能一个个直接指定，比如：

```
const arr = [1,3];
const a = arr[0];
const b = arr[1];
```

现在就可以写作：

```
const arr = [1,3];
const [a,b] = arr;                          //a 等于 1,b 等于 3
```

对象也同理：

```
const obj = {"a":1, "b":3};
const {a,b} = obj;                          //a 等于 1,b 等于 3
```

于是，此前完成的 getPrice()函数：

```
function getPrice(person){
    let price = 0;
    if (!person.child && person.gender == 0 && person.tickets >= 2) {
        price = 90;
    } else if (person.child) {
        price = 50;
    } else {
        price = 100;
    }
    return price;
}
```

现在就可以改写为如下代码：

```
function getPrice(person) {
    let price = 0;
    const {child,gender,tickets} = person; //对象解构
    if (!child && gender == 0 && tickets >= 2) {
        price = 90;
    } else if (child) {
        price = 50;
    } else {
        price = 100;
    }
    return price;
}
```

通过解构赋值，让判断条件明晰了许多。

2.4.3 ES 7 和 ES 8

ES 7 只加了两个特性：includes()函数和指数运算符。

includes()函数用来判断数组中是否存在某元素：

```
const arr = [1, 2, 3]
arr.includes(2);                          //等于 true
```

指数运算符是一个其他语言普遍实现的运算符，现在 JavaScript 也可以用了：

```
2 ** 10;                                  //等于 1024
```

在 2.4.1 节中学习了把函数作为参数传递给其他函数的回调函数。回调函数的出现为异步处理带来了极大便利，然而进行复杂处理的时候，回调函数里面又要套一个回调函数，这导致函数一层套一层，代码逐渐往横向发展，大大降低了可读性。也就是所谓的“回调地狱(callback hell)”。

在 ES 6 以后，可以使用新特性 Promises，这使得越来越往横向发展的“回调地狱”式代码变成了用“.”连接起来的链式，很大程度上缓解了“回调地狱”问题。

ES 8 中，又在 Promises 基础上新增了 async/await 特性，可以看作是对“回调地狱”问题的更好解决方式。本书并不打算对 Promises 和 async/await 的内部运作机制做过深的探讨，只需了解其用法即可。

首先要在一个函数(箭头函数也可)前加上 async 关键字，声明这个函数是异步处理的，比如此前所举例子里的“回家”函数。但因为其中的“打电话”函数需将“吃饭”过程中获取的具体食物作为参数，所以得在“吃饭”前加上一个 await 关键字，以确保在“打电话”之前先将“吃饭”执行完毕。

async/await 的基本写法如下：

```
async function 函数名(){                          //声明函数异步处理
    const 变量名 = await 函数 1();                //等待函数 1()执行完毕后获取变量
    函数 2(变量名);                               //再将该变量传入函数 2()
}
```

异步请求有可能会出现失败的情况，为了保证代码的健壮性，需要将处理过程套在 try...catch...中以捕获错误，代码如下：

```
async function 函数名(){
    try{                                         //尝试执行
        const 变量名 = await 函数 1();
        函数 2(变量名);
    }catch(err){                                 //如果异步处理过程中出错
        console.log(err.message);                //输出错误信息
    }
}
```

在后续章节中将大量使用 async/await，请读者务必牢牢记住这个基本格式。

2.4.4 小结

在本节中，学习了 JavaScript 的一些高级语法特性。

这些语法特性大多属于语法糖（syntactic sugar）范畴，即便不使用，也对基本功能的实现没有什么影响，可是如果用了的话，就能够大大提高代码的可读性和书写效率。

其中对于后续章节来说，特别重要的特性有数组的迭代方法、箭头函数和模板字符串等，这些要求牢固掌握。

此外，还了解了回调函数，以及复杂回调函数所引发的“回调地狱”问题，在经历了 Promises 的链式写法后，ES 8 中又加入了 async/await，被看作是现阶段针对“回调地狱”问题的最佳解决方案。async/await 在后续章节会被反复用到，需要将其基本书写格式牢记于心。

第 3 章

设计方法论

3.1 产品设计

在经过了两章的准备活动后，终于可以开始着手产品的开发工作了。但在正式进入开发阶段之前，还有一个重要的步骤，那就是产品设计。一幢大厦，不能在未绘制蓝图的情况下就开始施工。软件工程，也绝不可在毫无计划的状态下直接编写代码。正所谓“磨刀不误砍柴工”，一个详尽且完善的产品设计过程能够让开发事半功倍。

在一个公司内，设计产品的工作往往由专职的产品经理负责，但也不意味着个人或中小团队就无法完成这部分工作。本章试图以一个电子留言板(BBS)项目为导向，以中小开发团队甚至个人开发者为前提，探讨如何相对高效地完成产品设计流程。

3.1.1 需求分析与用例图

产品的核心价值就是满足人的需求。因此产品从立项伊始就要将需求置于首位，并且贯穿整个项目的始终。需要反复思考这个产品为了什么？产品的定位是什么？主要面向社会上的哪些人群？具体能够解决他们什么样的问题？在什么场景下能够解决这些问题？现有的解决方法是什么？

需求不是空中楼阁，而是社会上个体内心的真实想法和呼声。平时不关注生活、不与人交流，仅凭想当然地闭门造车是无法设计出真正有价值的产品的。因此，在实际的操作中，需求分析前往往还有一个需求采集的过程。

因为本书只做技术讲授，并不涉及产品创意，所以仅以一个简单的 BBS 为例，解决用户在线上围绕某个话题的基本沟通需求。

在确立了产品需求后，可以着手画出产品的用例图(use case diagram)。用例图主要以图示的手段来描述用户、需求以及系统功能之间的关系，是用户所能观察和使用到的系统功能的模型图。

用例图由四部分构成：参与者、用例、系统边界和关系。

参与者主要代表使用系统的用户身份。可以是人，图形上用一个小人儿表示；也可以是其他系统或硬件之类。

用例是参与者能够感知到的系统服务和功能。用椭圆表示，描述功能或服务的文字写在椭圆内部，而且务必使用动词或者动词＋名词。

系统边界通过一个大方框包住内部的所有用例，确定与其他系统之间的边界。系统名称写在方框内部。

使用箭头表示用例与参与者或用例与用例之间的关系。主要用到的关系有三种：关联、包含和扩展。

关联使用实箭头，用来连接参与者和用例。

包含和扩展都使用虚箭头，用来连接用例与用例。其区别在于：包含相当于将一个大的功能分解为几个小功能，箭头指向小功能；而扩展相当于在一个主要功能的基础上扩展出一个附属功能，箭头指向主要功能。

根据上述规则将 BBS 产品用例图描绘出来，如图 3.1 所示。

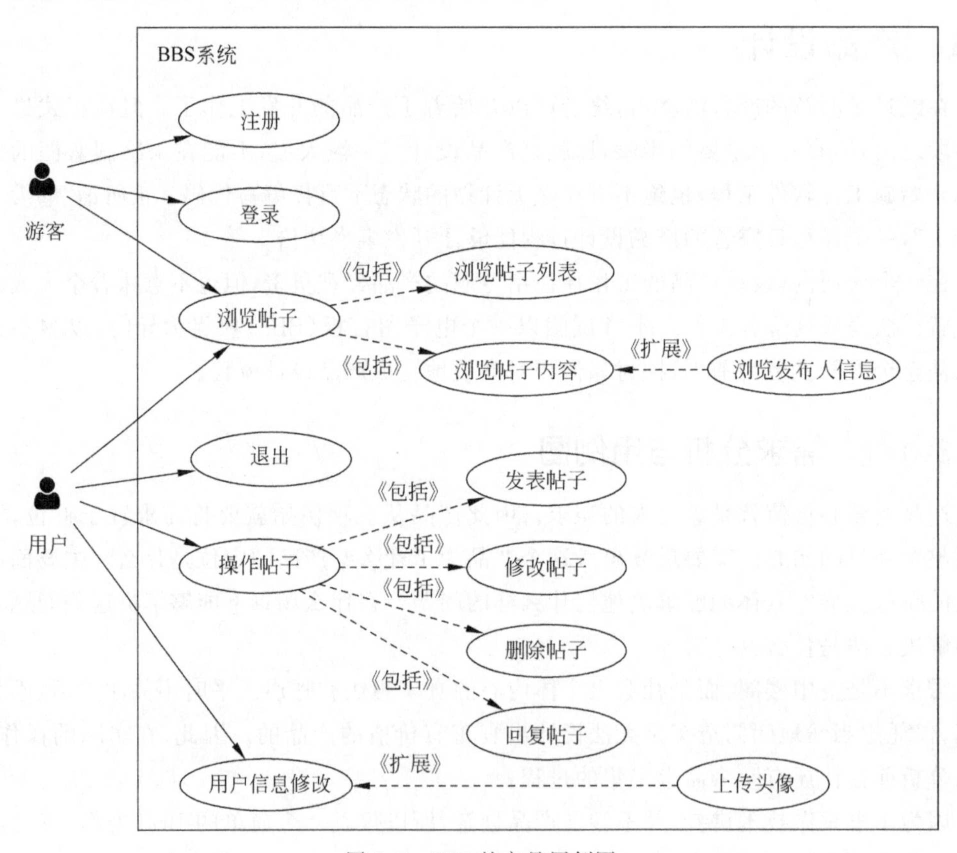

图 3.1　BBS 的产品用例图

用例图根据用户想做什么而描述了利用产品能做什么，作为结果，也就初步规定了产品在功能上会有什么。

3.1.2 DASP 设计模式

一般来说，在基本梳理了用户需求后，实际绘制产品原型前，作为产品经理，需要依次完成功能结构图、信息结构图以及产品结构图。在本书中，笔者并不打算完全遵循这个流程，而是试图结合本书所采用的开发技术与架构，探讨一种更能让前期设计与后期开发直接挂钩的、从项目宏观上更高效的设计模式。

在 1.2 节曾经讲到，本书的基本开发架构就是：①用数据库对现实问题建模，以实现信息持久化存储；②实现对①的增、查、改、删的 RESTful API，以实现全部功能；③在不同客户端上做出不同的 UI 壳，调用②实现的功能，以满足用户需求。

因此，高效的设计过程理应与此基本架构达到高度的统一。①对现实问题建模，完成数据库(database)的设计；②基于①，完成接口(API)的设计；③基于②，完成产品结构(structure)设计；④基于③，完成原型(prototype)设计，将产品结构视觉化为 UI。笔者将这种设计模式称为 DASP 设计模式。

接下来三节将结合 BBS 项目，具体讲解①～③的设计方法。④将单独另开一节详细说明。

3.1.3 数据化设计

所谓数据化设计就是基于用例图，从中提炼出数据实体、相关属性以及相互关系。这可以通过 E-R 图(entity-relationship diagram)，即实体-联系图来实现。

E-R 图由三个要素构成，分别是实体、属性和联系。

实体就是在人的认知上能够相互区分的事物，这个事物可以是现实中的具体事物，也可以是抽象的概念。在 E-R 图中使用矩形框表示。拿 BBS 例子来说，用户、帖子和回复就可以看作是实体，在数据库中将对应一个个表。

属性是实体的特性，也是实体所具备的、可以用数据进行刻画的方面。在 E-R 图中使用椭圆形表示，主属性名下还需要加上下画线。比如，用户的 ID、帖子的内容、回复的发表时间都是属性，在数据库中将对应表的列，也就是“字段”。

联系表示实体之间的关系，也就是以何种方式关联在一起。在 E-R 图中用菱形表示，菱形两边需要通过连线将相关实体连接起来。除此之外，连线上还要标注出实体关联的模式：一对一(1∶1)、一对多(1∶N)还是多对多(M∶N)。在 BBS 例子里，一个帖子会有多个回复，这就是 1∶N 的模式。

综合以上规则将 BBS 项目数据化并用 E-R 图表现出来，效果如图 3.2 所示。同时，也用英文标出将来在数据库建模中会实际使用的实体名和属性名，其中，实体名首字母要大写，属性名保持小写。

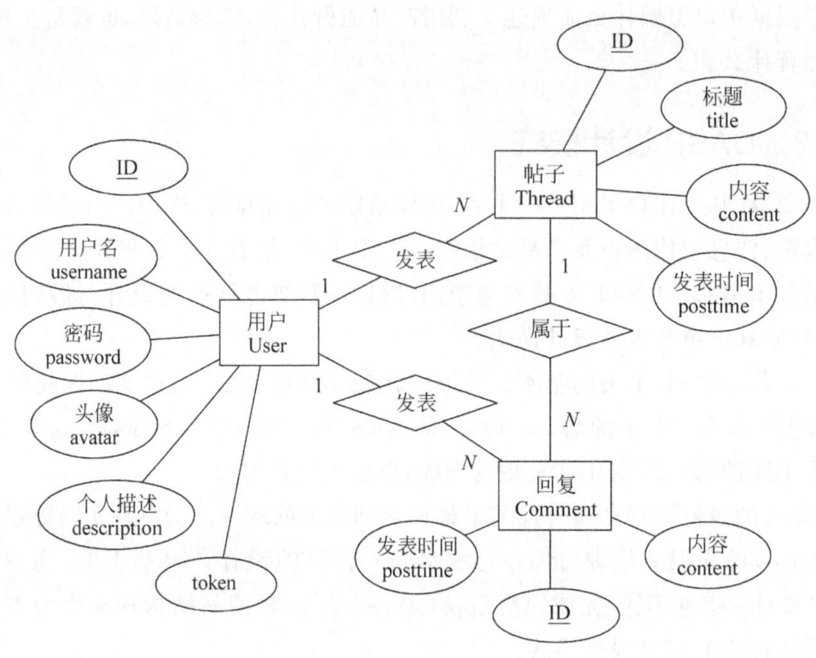

图 3.2 BBS 的 E-R 图

3.1.4 接口化设计

在完成 E-R 图后，就可以进行接口化设计了，目的是结合用例图中的用例以及 E-R 图中的实体与属性设计出清晰合理的 RESTful API。API 将用户的一次次请求尽数化作对数据库的增、查、改、删，是连接需求与信息之间的桥梁。

基于 RESTful API 标准(其具体写法请参见 1.2.2 节)，根据产品用例图(见图 3.1)，将系统框架内的每个用例都封装成一个 API，规定请求方法和请求 URI：请求方法为 POST、GET、PATCH、DELETE 其中之一，分别对应对数据的增、查、改、删；请求 URI 对应数据库中的实体，像用户 ID、帖子 ID 这样的变量则需要在前面加上一个“:”号。

至于 API 的实际业务逻辑，在现阶段尚无须考虑其具体实现，只需要设计好输入与输出就可以了。对 API 来说，输入就是用户从客户端向服务器发出的请求，输出就是服务器向客户端返回的响应。其中，无论请求体还是响应体都以 JSON 格式承载(参见 1.1.3 节)。

根据 3.1.3 节设计的 E-R 图(见图 3.2)中的三个实体——用户、帖子和回复进行整理分类，就分别成了表 3.1～表 3.3。

表 3.1 BBS 的用户相关接口设计

注册 POST/users				
	字　段	**必　选**	**类　型**	**说　明**
请求体	username	true	string	用户名
	password	true	string	密码
	confirmpass	true	string	确认密码

续表

登录 POST/users/login				
	字　段	必　选	类　型	说　明
请求体	username	true	string	用户名
	password	true	string	密码
响应体	username		string	用户名
	token		string	身份凭证
验证 POST/users/auth				
	字　段	必　选	类　型	说　明
请求体	username	true	string	用户名
	token	true	string	身份凭证
响应体	user		object	用户对象
退出 POST/users/logout				
	字　段	必　选	类　型	说　明
请求体	username	true	string	用户名
	token	true	string	身份凭证
用户信息修改 PATCH/users				
	字　段	必　选	类　型	说　明
请求体	username	true	string	用户名
	token	true	string	身份凭证
	avatar	false		头像图片
	description	false	string	个人描述
浏览发布人信息 GET/users/:username				
	字　段	必　选	类　型	说　明
响应体	username		string	用户名
	avatar		string	头像地址
	description		string	个人描述
	threads		array	帖子列表

表 3.2　BBS 的帖子相关接口设计

浏览帖子列表 GET/threads				
	字　段	必　选	类　型	说　明
响应体	threads		array	帖子列表
浏览帖子内容 GET/threads/:tid				
	字　段	必　选	类　型	说　明
响应体	thread		object	帖子对象

续表

	字　段	必　选	类　型	说　明
发表帖子 POST/threads				
请求体	username	true	string	用户名
	token	true	string	身份凭证
	title	true	string	帖子标题
	content	true	string	帖子内容
修改帖子 PATCH/threads/:tid				
	字　段	必　选	类　型	说　明
请求体	username	true	string	用户名
	token	true	string	身份凭证
	title	true	string	帖子标题
	content	true	string	帖子内容
删除帖子 DELETE/threads/:tid				
	字　段	必　选	类　型	说　明
请求体	username	true	string	用户名
	token	true	string	身份凭证

表 3.3　BBS 的回复相关接口设计

回复帖子 POST/comments/:tid				
	字　段	必　选	类　型	说　明
请求体	username	true	string	用户名
	token	true	string	身份凭证
	content	true	string	回复内容

这三个表都规范了前后端交互将会使用到的字段名（与 E-R 图中的实体属性一致）以及相应的数据类型。为日后的 API 实际开发打下了坚实的基础、提供了可靠的依据。

3.1.5　结构化设计

结构化设计就是以产品的视觉结构为导向，将产品的构造逐级逐层细分，并确定 UI 要素与 API 的对应关系，以实现视觉要素与产品功能的协调统一。

设计结构图首先要从产品的基本模块（或频道）出发，比如 BBS 系统，可以大体分为三个模块：首页、帖子和个人中心，在导航栏中自由切换。

一个模块可能由多个页面构成。所以在第二层，就要具体设计出每个模块所包含的页面，比如帖子模块，就需要一个浏览帖子列表的页面，单击其中的某个帖子后，再进到该帖子内容的页面。这两个页面都和帖子相关，所以归在同一个模块里。

到了第三层，需要将页面再细分为构成元素，这也是日后进行 UI 组件化开发的基础。比如刚才提到的帖子列表页面中，既要包含一个用来浏览的列表，也要包含一个发布帖子的表单。这个列表和表单可以作为组件任务分派给不同的人去实现，最后由项目的负责人组装到一个页面中。

第四层是调用层，这是连接 UI 与 API 的层，也是真正实现产品功能，即用户需求的层。在这一层中所调用的 API 一定要严格遵循 3.1.4 节的接口设计，并确保无遗漏。

最后完成的产品结构图如图 3.3 所示。

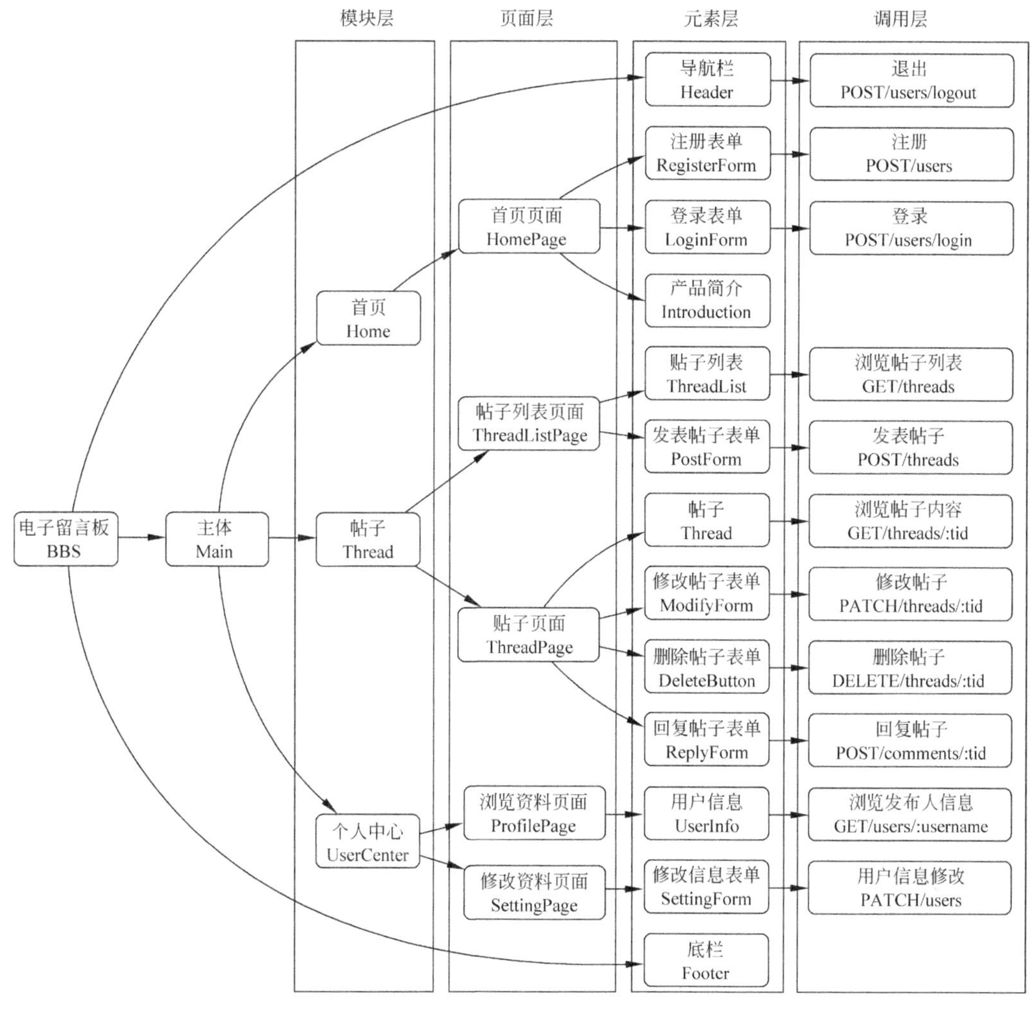

图 3.3 BBS 的产品结构图

为了日后开发方便，每个模块、页面乃至元素都附上了对应的英文名称，将成为日后开发过程中的实际参照，产品结构图中的结构要与日后的实际项目结构保持高度统一。

3.1.6 小结

在本节中，学习了产品设计的基本流程。

产品是为了满足人的需求，所以产品设计也要以实际需求为导向，从需求分析着手。通过绘制用例图梳理出了用户需求，也就完成了产品基本功能的设计。

为了让前期设计与后期开发直接挂钩，从项目宏观上提高效率，笔者提出了一种新的设计模式——DASP。即从数据化设计(D)、接口化设计(A)、结构化设计(S)再到原型设计(P)的流程。

数据化设计中，基于用例图，提炼出实体、属性和关系，完成 E-R 图，成为日后数据库开发的依据。

接口化设计中，基于用例图以及 E-R 图中所确定的实体和属性，设计符合 RESTful API 规范的接口，这成为日后接口开发的参照基准。

结构化设计中，以视觉化为导向将产品构造逐级细分，并在颗粒化到组件级的时候与设计好的接口挂钩，完成视觉要素与产品功能的对接。此处设计好的结构也将与日后的实际项目结构高度统一。

因为结构化的过程完全以视觉化为导向，所以也就成了视觉化设计，即原型设计的重要参照。

3.2 原型设计

所谓原型，就是以图形化的方式表现的产品框架。它可以以一种极为直观的方式展现出成品的样态，既能够在实际投入开发前得到客户的意见反馈、降低返工风险，又是连接产品设计和实际开发的过渡阶段，起到重要的承上启下的作用。

在 3.1.5 节中，完成了产品结构图，这是原型设计的重要参照依据。原型设计的过程也可以看作是将产品结构图彻底视觉化的过程。

3.2.1 原型设计工具

原型设计可以通过手绘，也可以使用现成的原型设计工具。其中，使用范围最广的也是最受产品经理所青睐的工具是 Axure（官方网站是 https://www.axure.com/），这是一款收费软件。要找免费替代品的话，有国产的墨刀（官方网站是 https://modao.cc/）和摹客（官方网站是 https://www.mockplus.cn/）。"墨刀"（Modao）一般使用网页版，属于在线原型设计工具；而摹客（Mockplus）则是离线的桌面端软件。两者都是基础功能免费，高级功能收费。原型设计工具的使用方法大同小异。在本节中，将以摹客为例，讲解原型设计的基本方法。

在官方网站下载并安装后，打开摹客并新建项目，选择项目类型后进入工作界面，其基本区划如图 3.4 所示。

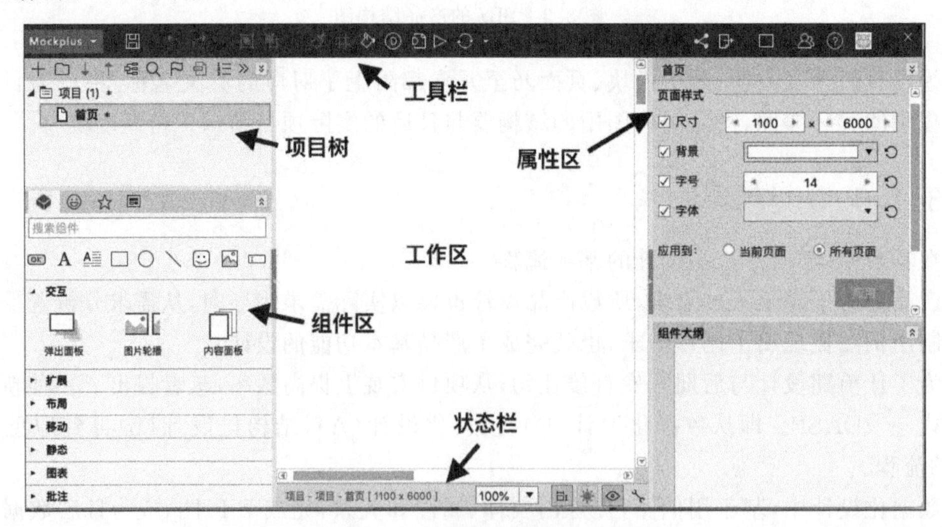

图 3.4 摹客的基本区划

接下来，用一个简单例子介绍墨客的基本使用方法：

(1) 拖动组件。从组件区分别拖动一个“按钮”和一个“单行文字”到工作区。并调整位置。

(2) 调整样式和内容。单击拖入的“单行文字”→在属性区单击“属性”面板→调整字号为24→双击“单行文字”→将其内容改为“你好”→双击拖入的按钮→将其内容改为“切换”。这样就完成了样式与内容的定制。

(3) 添加交互效果。单击“切换”按钮→按钮右上角出现一个小圆圈→拖动小圆圈到“你好”文本框上→弹出“交互选择”对话框→选中“显示/隐藏”复选框→单击“确定”按钮。

(4) 运行原型。单击工具栏的“演示”按钮→进入到原型的实际运行模式→单击“切换”按钮→“你好”文本框消失→再次单击“切换”按钮→“你好”文本框再次出现。这说明交互效果设置成功。

(5) 页面链接。如果要切换页面，可在项目树新建个页面，按照(3)的做法拖动任意组件的小圆圈到这个页面即可。

基本操作只有这些。通过拖组件、改样式和加交互这三步组合，再复杂的产品结构图也能够轻松转化为产品原型。

3.2.2 产品原型

在3.1.5节中完成的产品结构图是以视觉结构为导向，将产品构造逐级细分得到的。因此，产品结构图天然蕴含着原型化的因素。在原型设计过程中，也要严格遵循结构图中所确定的组件结构乃至命名规范，为日后无缝过渡到UI开发打好基础。

依据产品结构图，模块应该分成Home、Thread和UserCenter。在项目树中新建三个分组，分别按照这三个模块命名。此为第一层。

在各分组中，继续按照产品结构图添加页面。比如，在UseCenter分组中添加ProfilePage和SettingPage这两个页面，此为第二层。单击左上树状图中的“脑图编辑模式”按钮，可显示脑图，如图3.5所示。其构造与结构图完全一致。

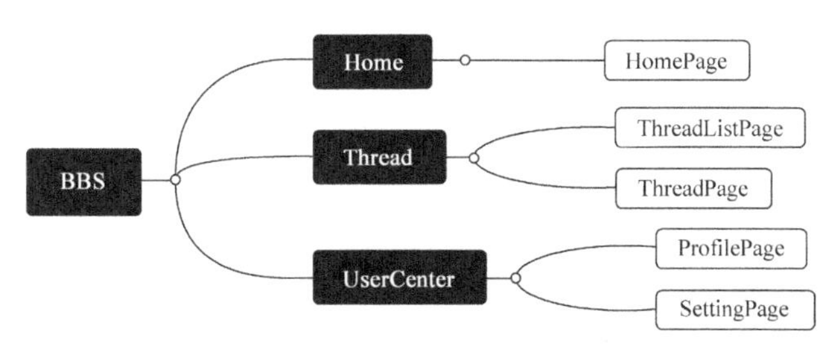

图3.5　基于墨客的脑图结构

到了第三层，也就是元素/组件层，就需要在各页面中添加元素/组件了。在墨客界面左下角的组件区所给的可拖动组件都是简单的零散组件，而在结构图第三层中所规定的组件都是非常复杂的复合组件。要建立复合组件，只需将墨客所给的简单组件组合起来就可以了。

以登录表单为例：

(1) 确定基底组件。先从组件区的“交互”里拖动一个“面板”组件到工作区。

（2）追加内部元素。双击“面板”组件→进入“编辑”模式→从组件区拖入两个“输入框”、两个“单行文字”，以及一个“按钮”→将两个“单行文字”的内容分别改为“用户名”和“密码”、“按钮”的内容改为“登录”→拖动这几个组件以调整其相对位置。

（3）添加调用 API 的备注。按照结构图中的设计，单击“登录”按钮的时候，应该调用对应登录的 API。因此，右击“登录”按钮→选择“备注”选项→输入 POST /users/login→单击“确定”按钮。

（4）重命名。单击“面板”外的工作区→退出“面板”的“编辑”模式→拖动“面板”到任意位置→确认“面板”内的全部组件也随之移动→在右下角的“组件大纲”中将其重命名为 LoginForm，就完成了一个完全符合结构图规定的复合组件。

（5）添加到组件库。右击该组件→选择“添加到我的组件库”选项，以后就可以将刚才做好的 LoginForm 拖动到任意页面的工作区了。特别是对导航栏 Header 和底栏 Footer 这种每个页面都会出现的组件来说，尤为方便。

3.2.3 页面状态切换

一个页面很可能需要根据当前所处状态来显示不同的组件。就拿首页来说，初始状态是待注册状态，显示注册表单；注册新用户或单击“登录”链接后则进入待登录状态，隐藏注册表单，并显示登录表单；此时单击“登录”链接则转为登录后状态，显示产品介绍，并在导航栏右侧显示用户头像和注销链接；在待登录状态下，单击“注册”链接则返回注册表单，隐藏登录表单；在登录后状态下，单击“退出”链接，则隐藏产品介绍表单，显示登录表单，返回待登录状态。以上文字描述用状态迁移图表示出来如图 3.6 所示。

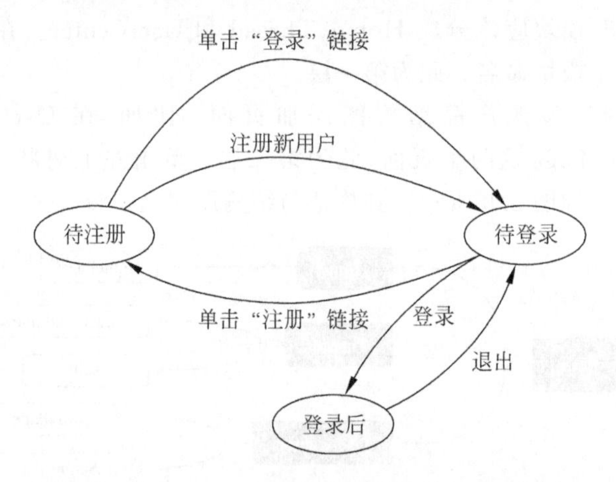

状态	注册表单	登录表单	产品介绍	退出链接
待注册	on	off	off	off
待登录	off	on	off	off
登录后	off	off	on	on

图 3.6　首页的状态迁移图

根据图 3.6 中所示的组件显示/隐藏情况，在摹客中添加组件之间的交互效果即可，这意味着实现了同一页面内的状态切换。单击工具栏的“演示”按钮，实际测试一下原型页面的状态迁移，看看是否如你所愿，如果有错误的话可退出演示模式重新修正。

其他页面也如法炮制，很快就可以完成整个产品原型。如果还需要在样式上进一步美化，也可以将原型交给专门的设计师继续打磨。

在本节中所完成的原型文件与其他章节的源代码一样，可在 https://github.com/aichatbot/all-plat-dev 下载。下载后的.mp 文件用摹客打开即可。

3.2.4 小结

原型是用图形化方式展现的产品框架，既可以降低返工风险，也是连接产品设计和实际开发的过渡阶段。

根据设计好的产品结构图，可以进一步将其视觉化为产品原型。

设计产品原型时一般使用原型设计工具，Axure 是最受欢迎的原型设计工具，但是免费的墨刀和摹客也能完成绝大多数功能，是非常好的替代品。

在本节中，通过实际的例子，一起学习了包含页面状态切换在内的摹客的基本使用方法，并将在 3.1.5 节所完成的产品结构图彻底转化为了产品原型。至此，设计工作宣告结束。

第4章 Node.js

4.1 概述

如前所述，JavaScript 是浏览器，即前端开发的“唯一官方指定语言”。反过来，JavaScript 语言也只能在浏览器中被解释并运行，若想在后端开发中也使用 JavaScript 语言，就需要借助 Node.js 的力量。

所谓 Node.js，一言以蔽之，就是服务器的 JavaScript 语言运行环境，也是在本书中所采用技术栈的核心基础。Node.js 的出现，标志着 JavaScript 语言把疆域扩展到后端，也由此带动了大批前端开发人员投入到后端开发中来，转为全栈工程师。不仅如此，和其他编程语言相比，Node.js 在处理高并发场景时有着极为出众的负载能力。

4.1.1 安装

在浏览器中打开官方网站 https://nodejs.org/en/download，选择与自己所使用系统对应的版本，下载并安装。安装结束后，按照 1.3.2 节的说明打开命令行工具并执行如下命令查看 Node.js 的版本：

```
$ node -v
```

如果版本信息正常显示，则说明安装成功。

在安装 Node.js 的同时，也就安装上了 NPM(Node Package Manager，Node 包管理器)。同样地，可在命令行工具输入如下命令查看其版本：

```
$ npm -v
```

利用 NPM,不仅可以非常方便地安装基于 Node.js 的第三方库(详见 4.2.3 节),也可以轻松管理库与库之间的依存关系。

本书所需的大多技术及工具都需要借助 NPM 实现安装和管理。

4.1.2 REPL

REPL(Read Eval Print Loop)是 Node.js 自带的交互解释器。在 REPL 模式下,每输入一条 JavaScript 语句,就会在后端被解释并执行,这非常方便初学者练习并巩固在 2.3 节和 2.4 节学过的 JavaScript 语法。

开启 REPL 模式很简单,只需打开命令行工具执行如下命令:

```
$ node
```

会发现光标前出现了一个“>”号,说明成功进入了 REPL 模式。

如果需要从 REPL 模式返回到普通的命令行工具模式,执行如下命令即可:

```
> .exit
```

在 REPL 模式下输入如下 JavaScript 语句:

```
> console.log("Hello")
```

会看到屏幕输出 Hello 字样,说明该语句成功执行。与此前在浏览器控制台中执行该语句的不同之处在于,这个字符串是在后端输出的,这也将成为后端开发的重要调试方式。

可以尝试在 REPL 模式下做一些简单的变量赋值和数学运算:

```
> const x = 1
> const y = 2
> x + y                                   //返回结果 3
```

也可以写一些多行处理语句,比如 for 循环:

```
> let counter = 0
> for(let i = 1;i <= 100;i++){
... counter += i
... }
```

执行后返回结果为 5050。

4.1.3 执行脚本

Node.js 执行 JavaScript 脚本需要在普通的命令行工具模式下输入如下命令:

```
$ node 脚本名
```

比如，在D盘的根目录下新建一个名为test.js的文件，编辑其内容为：

```
console.log("Hello")
```

打开命令行工具后，先执行如下命令切换到D盘根目录路径：

```
$ d:
```

再执行如下命令即可看到“Hello”字样：

```
$ node test.js
```

也可以在执行脚本的同时传递参数。修改test.js内容为：

```
const name = process.argv[2];
console.log(name);
```

其中，process.argv返回所有命令行参数构成的数组。第一项为node.exe所处路径，第二项为当前执行脚本所在路径，第三项则为第一个命令行参数。因此在本脚本中，使用下标2以获取第三项。在命令行工具中输入带参数的脚本执行命令，比如：

```
$ node test.js Wu
```

就会看到输出“Wu”字样，说明脚本获取命令行参数成功。

可以进一步利用该参数完善脚本，修改test.js内容为：

```
sayHello = (name) =>{                    //箭头函数
    const greeting = `你好，${name}!`;    //字符串模板
    console.log(greeting);               //输出
}
const name = process.argv[2];            //获取命令行参数
sayHello(name);                          //调用函数
```

重新执行该脚本可见“你好，Wu!”字样。

需要注意的是，基于Node.js的JavaScript脚本不是在浏览器而是在后端执行的，因此诸如alert()、document.querySelector()等文档对象操作类语句都会报错，切忌在后端脚本中使用。

4.1.4 小结

Node.js是服务器的JavaScript语言运行环境，它使得在后端解释运行JavaScript语句成为可能。不仅如此，它还具备模块化、NPM管理包以及高并发处理等优势。

Node.js自带了一个交互解释器——REPL。在交互解释器中，每输入一条JavaScript语句，该语句就会以交互的方式执行并输出结果，非常方便初学者练习巩固JavaScript语法。

也可以将所有语句写在一个脚本当中，并在命令行工具中执行。执行 JavaScript 脚本的同时还可以传递参数做进一步处理。但是不可以在 Node.js 中使用任何文档对象操作类语句。

4.2 使用方法

作为 JavaScript 的后端运行环境，Node.js 区别于前端 JavaScript 最重要的三大特性就是模块系统、文件系统以及对 HTTP 服务的支持。其中，HTTP 服务功能已被封装为 Express 框架，执行上更高效，使用上也更加便捷，将于第 6 章做详细讲解。本节将主要学习 Node.js 的模块系统和文件系统。

4.2.1 项目的初始化

所谓模块(module)就是对软件项目进行代码拆分后独立出的程序单位。如果一个项目较大，就可依据功能将项目拆分为一个个模块，以达到提高项目可维护性及局部复用性的目的。为了讲解模块系统，首先需要创建一个 Node.js 项目。

在硬盘上新建一个文件夹，文件夹名就相当于项目名。在命令行工具中执行如下命令进入到刚才创建的项目文件夹下：

```
$ cd 文件夹路径
```

比如，在 D 盘的根目录下建了一个名为 test 的项目文件夹。打开命令行工具后，就要先执行如下命令切换到 D 盘：

```
$ d:
```

再用如下命令进入该文件夹：

```
$ cd ./test
```

在这个状态下继续执行：

```
$ npm init
```

在此过程中会遇到一系列关于项目基本设置的问题，按照默认设置按 Enter 键即可。完成后会在项目文件夹下生成一个名为 package.json 的文件，文件内容就是以 JSON 格式存储的项目基本信息。

4.2.2 模块系统

在根目录下新建一个名为 index.js 的文件，写入 4.1.3 节完成的代码，即：

```
sayHello = (name) =>{                          //箭头函数
    const greeting = `你好, ${name}!`;          //字符串模板
    console.log(greeting);                     //输出
}
const name = process.argv[2];                  //获取命令行参数
sayHello(name);                                //调用函数
```

假设项目代码越来越多，单凭 index.js 这一个文件无法承载其重，就可利用模块系统将函数分离出去作为一个单独文件。在根目录下再新建一个名为 func.js 的文件，将 sayHello()函数由 index.js 挪入其中：

```
const sayHello = (name) =>{                    //箭头函数
    ...
}
module.exports.sayHello = sayHello;
```

最后一行语句是供外部文件引用的接口，需以

```
module.exports.引用名 = 变量或函数名;
```

的格式书写。若要导出多个变量或函数，再按照同样格式一行行添加即可。

回到 index.js，在首行引用 sayHello()函数，代码如下：

```
const {sayHello} = require('./func');          //引用函数
const name = process.argv[2];                  //获取命令行参数
sayHello(name);                                //调用函数
```

require('./func.js')即引用同级目录的文件 func.js，返回值为该文件内使用 module.exports 定义的 Object 对象。因此，在本例中，引用后返回的对象为{sayHello:sayHello}，等号左侧利用解构写法（详见 2.4.2 节）将该函数赋值给常量 sayHello。

在命令行工具中执行如下命令：

```
$ node test.js Wu
```

后依旧输出“你好，Wu!”字样，但现在借助模块系统实现了代码分离，大大提高了项目的可维护性。

4.2.3 安装第三方库

利用 Node.js 的模块系统，除了可以像 4.2.2 节一样，使用自定义的模块，也可以使用他人开发好的模块（或由模块组成的包），即第三方库。NPM 作为 Node.js 的包管理工具，有着丰富的第三方库支持。这些第三方库对 Node.js 做出了各个方面的功能扩展。在本节中，将通过一个 Excel 处理库来讲解库的基本安装方法。

这个库的名字为 node-xlsx，一旦知道了库的名称，就可以在命令行工具中通过如下命令安装：

```
$ npm install node-xlsx --save
```

安装时请务必确保命令行工具的当前路径是在项目根目录下，也即 package.json 所处的位置。

如果嫌安装速度太慢，也可以使用淘宝 NPM 镜像(https://npm.taobao.org/)，首先需要在命令行工具中执行如下命令：

```
$ npm install -g cnpm --registry=https://registry.npm.taobao.org
```

以后再安装第三方库的时候，就可以使用淘宝的 cnpm 命令取代 npm 命令了。试着执行：

```
$ cnpm install node-xlsx --save
```

会发现安装速度快了许多。

安装好后，项目文件夹下多出了一个名为 node_modules 的文件夹，里面就是刚才安装的 node-xlsx 库文件及其依存文件。

再用编辑器打开 package.json，多出了如下内容：

```
"dependencies": {
    "node-xlsx": "^0.15.0"
}
```

这表示项目依赖，记录的就是刚刚安装的 Excel 处理库及其相应版本号。

因为 node_modules 中的文件过多过大，在项目上传或分发给他人的时候，可先将整个 node_modules 文件夹删掉，待传递完毕后，接收方只需在项目根目录下执行如下命令：

```
$ cnpm install
```

即可根据 package.json 中所记录的项目依赖将所需库尽数安装。在 GitHub 下载本书配套源代码后也需做此操作方可执行。

安装好 node-xlsx 后，就可以在 index.js 中通过如下语句引用并使用了：

```
const xlsx = require('node-xlsx');
```

在项目根目录下创建一个名为 test.xlsx 的 Excel 表，并随意录入一些数据。然后将 index.js 的内容改为如下语句：

```
const file = xlsx.parse("test.xlsx");
console.log(file[0]);
```

并在命令行工具中执行，就可以看到刚才录入的数据，说明 node-xlsx 成功解析了 Excel 文件。

修改文件 func.js 的内容为：

```
const printTable = (file) =>{
    for(var sheet of file){                    //迭代所有工作表
        console.log(sheet.name);               //打印工作表名
        for(var row of sheet.data){            //迭代每个工作表的行
            console.log(row);                  //打印行的内容
        }
    }
}

module.exports.printTable = printTable;
```

其中，printTable 就是定义好的打印 Excel 表内容的函数，其输入是经过 node-xlsx 库解析过的 Excel 文件，通过嵌套迭代，在命令行工具中打印出所有工作表的所有数据。

重新回到 index.js，就可以追加引用写好的 printTable()函数了：

```
const {printTable} = require('./func.js');
```

注意，与第三方库不同的是，在引用自定义模块时 require()内一定要正确书写相对路径（详见 1.3.2 节），本例中的“./”就表示“同目录下”的意思。

引用成功后，实际调用 printTable()函数：

```
const file = xlsx.parse("./test.xlsx");
printTable(file);
```

在命令行工具中再次运行 index.js，就可以看到所有工作表中的所有数据都被逐行打印了出来，说明第三方库与自定义模块皆引用成功，效果如图 4.1 所示。

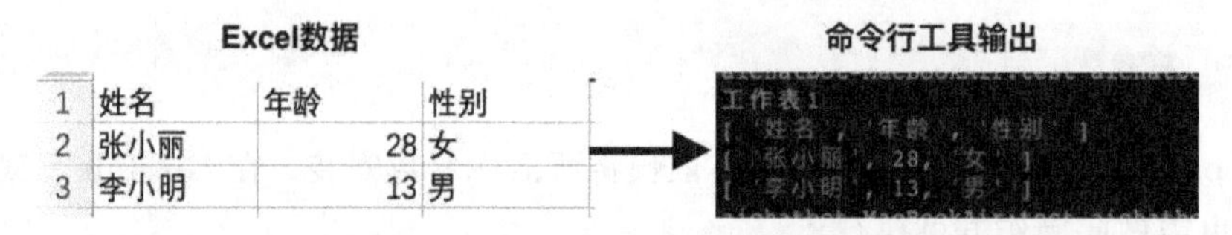

图 4.1 Node.js 脚本读取 Excel 数据执行效果

4.2.4 文件系统

Node.js 还可以借助内置模块 fs(即文件系统 file system 的缩写)针对本地文件夹及文件进行操作。首先，新建一个名为 create.js 的文件，具体内容如下：

```
const fs = require('fs');                      //引用内置模块 fs

fs.mkdir('greetings', (err) => {              //新建目录 greetings
    if (err) {
        throw err;                             //如果发生错误，则抛出
```

```
        } else {
            console.log('目录创建成功');        //否则打印
        }
    })
```

其中,模块 fs 的 mkdir()函数用来新建文件夹。它需要两个参数:文件夹名称和一个回调函数。在回调函数中,判断新建文件夹时是否发生错误,如果是则抛出错误,否则打印字符串。在命令行工具执行如下命令:

```
$ node create.js
```

会看到"目录创建成功"字样,同级目录下也出现了文件夹 greetings。

如果再次执行这个脚本就会因文件夹 greetings 已经存在而报错"file already exists",即变量 err 所截获的部分。因此,可以增加一条判断文件夹是否存在的 if...else...语句,代码如下:

```
const fs = require('fs');                    //引用内置模块 fs

fs.exists('greetings',(exist) =>{            //判断文件夹 greetings 是否存在
    if(exist){                               //如果存在
        console.log('文件夹已经存在');
    }else{                                   //执行刚才的代码
        fs.mkdir('greetings', (err) => {
            ...
        })
    }
})
```

其中,exists()函数同样是模块 fs 的函数,用来判断文件夹是否存在,回调函数中的参数 exist 是一个布尔值,如果存在则为 true,不存在则为 false。

在引用 fs 模块后新建一个名单,以数组类型存储:

```
const fs = require('fs');                    //引用内置模块 fs

const group = ['张小丽','王小明','李小龙'];
...
```

并修改判断文件夹是否已存在,代码为:

```
fs.exists('greetings',(exist) =>{            //判断文件夹 greetings 是否存在
    if(exist){                               //如果存在
        for(name of group){                  //迭代人物名单
            fs.writeFile(`greetings/${name}.txt`,`你好,${name}!`,(err) =>{
                if(err){
                    throw err;
                }else{
                    console.log('成功写入文件');
```

```
                }
            })
        }
    }else{
        ...
    }
})
```

先使用 for...of...语句将名单中所有名字循环出来，并利用模块 fs 的 writeFile()函数写入文件。writeFile()函数需要三个参数：第一个参数是文件路径，使用字符串模板拼接起文件夹 greetings 和人名，并加上了.txt 扩展名表示这是文本文件；第二个参数是写入数据，也是使用字符串模板拼接起的问候语和人名；最后一个参数是回调函数，在回调函数中尝试捕获错误，如果无误，则输出字符串。

再次执行脚本后，可见“成功写入文件”字样，而且在文件夹 greetings 下出现了三个以名单中人名命名的文本文件，用记事本打开其中任意一个即可看到写入的字符串，如图 4.2 所示。

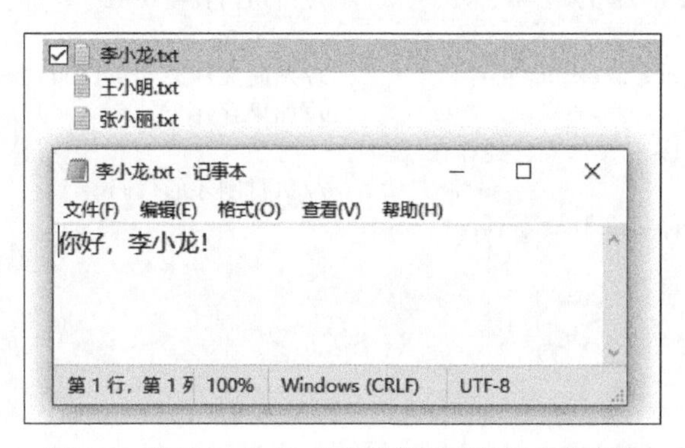

图 4.2 基于 Node.js 文件系统创建并写入的文本

4.2.5 小结

在本节中，学习了本书所用技术栈的核心基础——Node.js 及 NPM（即 Node.js 的包管理器）的使用方法。

首先，初始化了一个项目。千里之行，始于足下。即便再复杂、再庞大的项目也是从这样的模板一点一滴开始的。

此外，还学习了 Node.js 的模块系统，这为项目的工程化提供了基本保障。不仅可以使用自定义模块，也可以使用 NPM 安装他人开发的模块——第三方库，以实现一些 Node.js 本身所不具备的功能扩展，比如解析 Excel 文档。为了提高日后的安装速度，也可以用 NPM 的淘宝镜像 cnpm 替代原来的 npm 命令。

除了模块系统外，也学习了如何利用 Node.js 的文件系统批量操作文件以及文件夹。

使用 Node.js 还可以提供 HTTP 服务，但该功能已被封装为更加高效且方便的 Express 框架，这部分内容将于第 6 章详细讲解。

第 5 章

数据库开发

5.1 非关系型数据库 MongoDB

伴随着设计工作和开发环境设置的完成，就可以正式进入开发阶段了。好的开始是成功的一半，只要严格遵循此前设计好的“图纸”，中小团队甚至个人也可以以极快的速度完成整个项目开发工作。

正式开发的第一步就是解决数据的持久化存储问题，即数据库问题。数据库开发的过程也就是将第 3.1.3 节设计好的 E-R 图实际转化为数据库的过程。

数据库方面有很多选择，既有以 Oracle、MySQL 为代表的关系型数据库，也有以 MongoDB 为代表的非关系型数据库。本书将基于整个技术栈的全面考虑，选用后者作为项目数据持久化的解决方案。

5.1.1 优势与基本概念

MongoDB 作为非关系型数据库的代表，其主要优势也就在于“非关系型”：

(1) NoSQL。意味着去掉了传统 SQL 数据库的“关系型”特性，数据之间并无关系。这非常有利于多服务器分布式存储，对大数据场景极为适用。

(2) 高性能。MongoDB 和传统 SQL 数据库相比，特别在读写方面，具有极高的性能。这也是得益于其“非关系型”的特性。

(3) 可扩展性。还是得益于 NoSQL 的特性，MongoDB 不必事先为数据建立字段，而是可随时扩充。与此相比，在传统 SQL 数据库中增、删字段是一件非常麻烦的事情。

(4) 基于 JavaScript。比起传统的 SQL 语句，MongoDB 完全通过操作 JSON 对象实现增、查、改、删，数据本身也完全以 JSON 格式存储；不仅易于编程控制，也与本书所使用的技术栈浑然相成。

在学习 MongoDB 之前，非常有必要掌握 MongoDB 的几个基本概念。

文档（document）。类似一个 JSON 对象（object），相当于关系型数据库中的“行（row）”。

字段（field）。类似 JSON 对象中的各个键（key），相当于关系型数据库中的“列（column）”。

集合（collection）。多个文档构成一个集合，相当于关系型数据库中的“表（table）”。

数据库（database）。多个集合构成一个数据库。一般来说，一个项目使用一个数据库。

参照此前设计好的 E-R 图（见图 3.2）：用户（user）、帖子（thread）和回复（comment）这三个实体在 MongoDB 中就是集合；而实体的属性，比如用户名（username）、密码（password）等就对应字段；如果将实体具体化，比如一条用户名为“Wu”、密码为“123456”的数据就可以看作一个文档；三个集合放在同一个数据库 BBS 之中。

可用图表示出来，如图 5.1 所示。

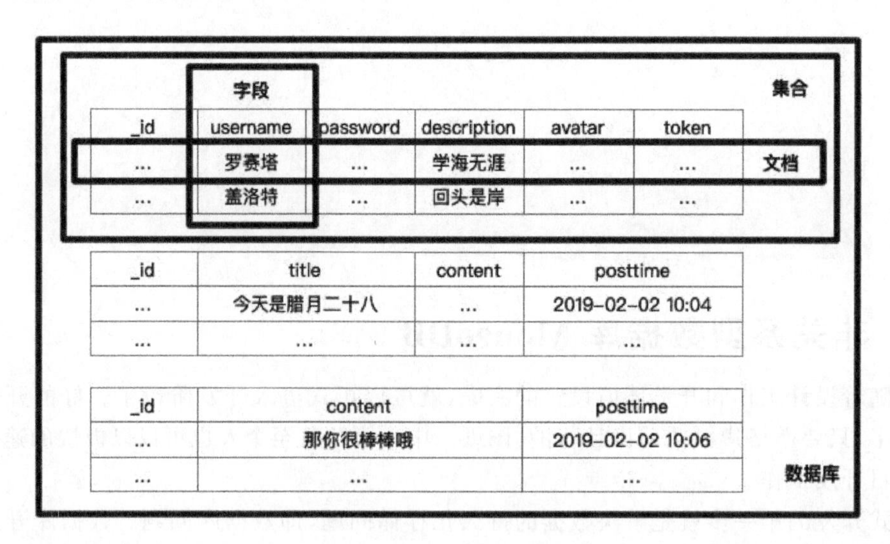

图 5.1　MongoDB 的示例

5.1.2　安装

在使用 MongoDB 之前，需要先安装。在各操作系统上的安装方法也有所不同。

1. Windows

在 https://www.mongodb.com/download-center/community 的 Server 标签处下载 MongoDB 的 Windows 版软件，进行安装。

注意，在安装过程中，需取消选中 Install MongoDB Compass 的复选框，否则极有可能在最后一步卡住。

安装完成后右击“计算机”，选择“属性”→“高级”→“环境变量”选项，在弹出的“环境变量”对话框中的“系统变量”中选择 path→“编辑”，在弹出的“编辑环境变量”对话框中添加刚才 MongoDB 的安装路径。比如，按照默认路径安装的话，就是 C:\Program Files\MongoDB\Server\4.2\bin，如图 5.2 所示。

此外，还要在 C 盘新建用来存储数据的文件夹 C:\data\db\，即在 C 盘根目录下新建文件夹 data，并在 data 下新建子文件夹 db。

完成后打开命令行工具，输入

图 5.2 为 MongoDB 添加环境变量

```
$ mongo -- version
```

显示版本号,说明安装成功。

2. Mac OS

根据 https://brew.sh/index_zh-cn 的指示在终端安装 brew 后,执行如下命令即可:

```
$ brew install mongodb
```

3. Linux

在 Ubuntu 系统下可用如下命令直接安装:

```
$ apt - get install mongodb
```

在 CentOS 系统下则用如下命令安装:

```
$ yum install - y mongodb - org
```

5.1.3 基本操作

在命令行工具中输入如下命令可启动 MongoDB 的服务,默认占用 27017 号端口:

```
$ mongod
```

在保持该窗口启动 MongoDB 服务的前提下，不要关闭，再另开一个命令行工具的新窗口，执行如下命令：

```
$ mongo
```

即可启动 MongoDB Shell 交互界面，接下来的所有以>为起始的命令都要在 MongoDB Shell 交互界面下输入。比如：

```
> show dbs
```

是显示所有数据库。新安装 MongoDB 后的默认数据库只有 admin、config 和 local 三个。

```
> use test
```

则是使用名为 test 的数据库。这里请注意，虽然 test 数据库目前还不存在，但在插入记录后 MongoDB 就会自动创建。

显示该数据库下所有集合（表）：

```
> show collections
```

或

```
> show tables
```

返回结果都是空的，因为目前 test 数据库下还没有任何集合，那么接下来就添加一些数据。

5.1.4 MongoDB 的 CRUD

所谓 CRUD，就是指对数据进行创建、读取、更新、删除四种基本操作。

1. 创建

MongoDB 使用 insert()创建文档，其语法为：

```
db.集合名.insert(文档)
```

因为在上节使用了“use test”，所以现在 db 指代的就是 test 数据库（虽然还没有正式创建）；集合名和数据库一样，也是“先上车后补票”，先使用不存在的集合，等实际插入了数据再自动创建；至于文档，则完全以 JSON 格式定义，比如，在 MongoDB Shell 中插入这样两个文档（即关系型数据库中的“行”）：

```
> db.users.insert({"name":"Lee","age":18})
> db.users.insert({"name":"Wu","age":38})
```

分别返回 WriteResult({"nInserted":1})字样,说明各成功插入了一条数据。

2. 读取

MongoDB 使用 find()读取文档,其语法为:

```
db.集合名.find(查询条件)
```

查询条件也是以 JSON 的形式规定,如果不设置查询条件,find()就会返回该集合下的所有文档。比如:

```
> db.users.find()
```

会返回刚才插入的两条数据。此外还会发现,在返回的 JSON 数据中,除了刚才插入的 name 和 age 字段外,多出了一个_id 字段,这是 MongoDB 为每一个文档自动加上的独一无二的标志。换句话说,在实际数据库开发过程中,除非特殊需要,并不需要手动加入 ID 字段。

输入如下命令则只返回名字为"Lee"的数据:

```
> db.users.find({"name":"Lee"})
```

当需要通过比较来获取数据时,就需要使用条件操作符。MongoDB 的条件操作符如表 5.1 所示。

表 5.1　MongoDB 的条件操作符

操　作　符	英　　文	语　　义	符　　号
$gt	greater than	大于	>
$lt	less than	小于	<
$gte	greater than equal	大于或等于	>=
$lte	less than equal	小于或等于	<=

这样,就可以用年龄条件来查询刚才插入的文档,比如:

```
> db.users.find({"age":{$gt:30}})
```

只会返回年龄在 30 岁以上的用户数据。

3. 更新

MongoDB 使用 update()更新文档,其语法为:

```
db.集合名.update(查询条件,更新对象)
```

其中,无论查询条件还是更新对象都以 JSON 格式定义。比如:

```
> db.users.update({"name":"Lee"},{"age":16})
```

就是将名为 Lee 的用户的年龄更新为 16。

更新完成后，再重新执行如下命令：

```
> db.users.find({"name":"Lee"})
```

查找 Lee 的数据，会发现什么都没有返回。但是执行

```
> db.users.find()
```

却发现两条数据都还在。这是为什么？

原因在于，这种更新方式会将原对象彻底更新为新对象。也就是说，更新对象中只有年龄信息的话，原对象的名字信息会彻底消失。如果只需要更新原对象的一个或几个字段，就得使用更新操作符。MongoDB 的更新操作符如表 5.2 所示。

表 5.2 MongoDB 的更新操作符

操作符	语义
$ set	设置
$ push	插入
$ pull	抽出

使用如下命令将 Lee 的数据恢复原状：

```
> db.users.update({"age":16}, {"name":"Lee","age":18})
```

用更新操作符 $ set 修改 Lee 的年龄：

```
> db.users.update({"name":"Lee"}, { $ set:{"age":16}})
```

再次查询 Lee 的数据，会看到只有年龄信息做了改动。

另两个操作符 $ push 和 $ pull 都是对数组类数据做出修改。比如，随着产品需求发生变化，现在要给某个用户增添一个新字段——children，用来存放他/她的孩子们：

```
> db.users.update({"name":"Wu"}, { $ set:{"children":[]}})
```

此时的 children 字段为一个空的数组。另外，在用如下命令查询时，会发现 Lee 并没有 children 字段：

```
> db.users.find()
```

这是因为与 SQL 数据库不同，MongoDB 每条数据都是独立存储的，这也正是"行"被称作"文档"的原因所在。执行如下命令：

```
> db.users.update({"name":"Wu"}, { $ push:{"children":"Loli"}})
```

再次查询用户 Wu 的数据时，其 children 数组中多了一个 Loli，说明追加孩子成功。

在执行如下命令后重新查询，会发现孩子数据又消失了：

```
> db.users.update({"name":"Wu"}, { $ pull:{"children":"Loli"}})
```

4. 删除

MongoDB 使用 remove()删除文档,其语法为:

```
db.集合名.remove(查询条件)
```

比如,使用如下命令删掉姓名为 Lee 的文档:

```
> db.users.remove({"name":"Lee"})
```

再用 find()查询,会发现只剩下一条数据了。

5.1.5 数据库可视化

如 5.1.4 节所示,通过 MongoDB Shell 交互界面也可以查看或修改数据。但毕竟命令行的方式使用起来不是那么直观。如果想用更方便、更直观的方式来操作 MongoDB,就要用到数据库可视化工具。

MongoDB 的可视化工具有很多,在这里笔者推荐使用 Robo 3T(官方网站为 https://robomongo.org/)。

在官方网站首页单击 Download Robo 3T 后,选择对应自己操作系统的版本并安装。

启动 Robo 3T,会弹出对话框让用户选择 MongoDB 服务。单击 create 按钮新建一个连接,默认状态下的地址就是 localhost:27017 号端口,单击 Save 按钮保存即可。

在命令行工具中输入

```
$ mongod
```

启动 MongoDB 的服务,不要关闭该窗口。在保持该服务开启的状态下,在 Robo 3T 中单击 Connect 按钮连接到刚才创建的连接。在左侧的树结构中找到 test→Collections→users,双击打开,就可以看到刚才插入的数据了。如图 5.3 所示,共有三种数据显示模式:树模式、表模式和文本(JSON)模式,这样可以让数据一览无余、一目了然。

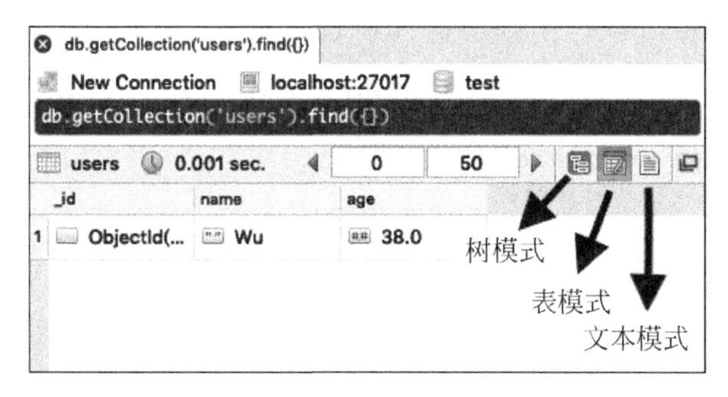

图 5.3 Robo 3T 显示数据的三种模式

5.1.6 小结

和传统的 SQL 关系型数据库相比，MongoDB 作为非关系型数据库的代表，具有其独到的优势。

也正因为 MongoDB 属于非关系型数据库，使其在概念上与传统的关系型数据库略有不同：传统数据库中的表在 MongoDB 中被称为集合，行则被称为文档。

此外，还学习了使用 mongod 命令开启数据库服务，以及用 mongo 命令开启 MongoDB Shell 交互界面。在交互界面中，又学习了如何使用各种命令操控数据的增、查、改、删。

用一条条命令修改、查询数据毕竟不够直观，可以换用数据库可视化工具 Robo 3T 对 MongoDB 进行更直观的查询和操作。

视频讲解

5.2 数据建模工具 Mongoose

在 5.1 节学习的 MongoDB，也是在本书中，为了实现数据的持久化存储，所采用的数据库技术。在此基础上，本节将学习 Mongoose。所谓 Mongoose，是一个在 Node.js 环境下针对 MongoDB 进行便捷操作的模型工具。使用 Mongoose，就可以像操作 JavaScript 对象一样对数据进行创建、读取、更新、删除。

5.2.1 简介与安装

如前所述，MongoDB 是一个非关系型数据库。但在很多建模场合，用关系型数据库的思想进行设计更符合人的认知模式。通过使用 Mongoose，就可以以关系型的方式建模，同时又保留 MongoDB 非关系型的优点，可谓取长补短、珠联璧合。

另外，Mongoose 还封装了很多方法，大大简化了对 MongoDB 的操作。比如在 5.1.4 节所学的创建、读取、更新、删除的方法，在使用 Mongoose 后，就可以变得更加便捷、更加易操作。

使用 Mongoose 的两个基本前提是已经安装好了 Node.js 环境（包含 NPM，参见 4.1.1 节）和 MongoDB（参见 5.1.2 节）。

接下来按照 4.2.1 节所述的方法初始化一个名为 BBS 的项目，这也将成为贯穿本书所有后续章节的项目。

初始化完成后，在命令行工具中进入项目根目录，并执行如下命令安装第三方库 Mongoose：

```
$ cnpm install mongoose --save
```

打开 package.json 会发现 dependencies 下多了 Mongoose，说明安装成功。

接下来，结合 BBS 项目一起了解几个 Mongoose 的基本概念。

5.2.2 图式

Mongoose 的一个基本概念就是图式。所谓图式（schema），就是通过规定实体属性及其对应数据类型，创建出数据库模型的基本骨架。图式本身并不具备操作数据库的能力，仅仅是定义被操作集合字段的步骤。

Mongoose 图式可以简单书写为：

```
new mongoose.Schema({
    字段: 数据类型,
    字段: 数据类型,
    ...
})
```

也可以写作：

```
new mongoose.Schema({
    字段: 数据类型,
    字段: {type:数据类型, 其他选项},
    ...
})
```

对字段做进一步规定，常用的选项有 required(是否强制用户输入)、unique(是否不允许重复)、default(用户不输入时的默认值是什么)和 trim(要不要去掉两头的空格)。

图式中可使用的数据类型主要有 String(字符串)、Number(数字)、Date(日期)、Boolean(布尔值)、ObjectId(文档 ID)和 Array(数组)，更详细的类型可参考官方文档 https://mongoosejs.com/docs/schematypes.html。

在 3.1.3 节设计的 E-R 图实际上已经规定好了全部字段。在项目根目录下新建一个名为 model 的文件夹，并根据 E-R 图，在 model 中新建三个文件：User.js、Thread.js 和 Comment.js。

分别书写三个实体的图式，编辑 User.js 为如下内容：

```
const mongoose = require('mongoose');
const UserSchema = new mongoose.Schema({
    username: {                                //用户名
        type: String,
        unique: true,
        required: true,
        trim: true,
    },
    password: {                                //密码
        type: String,
        required: true,
        trim: true,
    },
    avatar: String,                            //头像
    description: {                             //个人描述
        type: String,
        trim: true,
    },
    token: String,                             //身份凭证
});
```

类似地，在 Thread.js 中写入如下代码：

```
const mongoose = require('mongoose');

const ThreadSchema = new mongoose.Schema({
    title: {                                    //帖子标题
        type: String,
        required: true,
        trim: true,
    },
    content: {                                  //帖子内容
        type: String,
        required: true,
        trim: true,
    },
    posttime: {                                 //帖子发布时间
        type: Date,
        default: Date.now(),                    //发布时间默认为用户提交时的当前时间
    },
});
```

同样，在 Comment.js 中写入：

```
const mongoose = require('mongoose');

const CommentSchema = new mongoose.Schema({
    content: {                                  //回复内容
        type: String,
        required: true,
        trim: true,
    },
    posttime: {                                 //回复时间
        type: Date,
        default: Date.now(),                    //回复时间默认为用户提交时的当前时间
    },
});
```

在 E-R 图中，除了每个实体的固有属性，还包括了实体之间的 1 : N 关系，为了体现出这些关系，还需要在图式中添加数据类型为 ObjectId 的字段，用来存储其他实体的 ID。在三个图式中分别追加如下代码：

```
const Thread = require('./Thread');

const UserSchema = new mongoose.Schema({
    ...
    threads: [{                                 //该用户发布过的帖子
        type: mongoose.SchemaTypes.ObjectId,
        ref: 'Thread',                          //关联到 Thread 模型
    }],
});
```

```
const User = require('./User');

const ThreadSchema = new mongoose.Schema({
    ...
    author: {                                   //该帖子的发布者
        type: mongoose.SchemaTypes.ObjectId,
        required: true,
        ref: 'User',                            //关联到 User 模型
    },
});
```

```
const User = require('./User');

const CommentSchema = new mongoose.Schema({
    ...
    author: {                                   //该回复的发布者
        type: mongoose.SchemaTypes.ObjectId,
        required: true,
        ref: 'User',                            //关联到 User 模型
    },
    target: {                                   //该回复的目标帖子
        type: mongoose.SchemaTypes.ObjectId,
        required: true,
        ref: 'Thread',                          //关联到 Thread 模型
    },
});
```

其中，threads(用户发布过的帖子)之所以要用中括号[]括起来，是因为一个"用户"对应多个"发布过的帖子"，即一对多关系，需要使用数组来表示。如此一来，图式与图式之间建立起了关系，也就完成了三个图式的全部声明工作。

5.2.3　模型

Mongoose 的另一个重要概念是模型(model)，它是连接图式与 MongoDB 集合的纽带，负责实际对数据库进行读写操作。

具体的书写格式为：

```
mongoose.model(模型名, 图式);
```

在 User.js、Thread.js 和 Comment.js 的图式下面分别追加各自的模型，并提供导出接口以供其他文件引用，代码如下：

```
...
const User = mongoose.model('User', UserSchema);
module.exports = User;
```

```
...
const Thread = mongoose.model('Thread', ThreadSchema);
module.exports = Thread;
```

```
...
const Comment = mongoose.model('Comment', CommentSchema);
module.exports = Comment;
```

在模型被实际引用并使用后，Mongoose会根据模型名自动创建相应的数据集合，非常省心。这也是使用Mongoose的主要原因之一：从对数据库的繁重操作中解脱出来，转而集中精力在数据模型本身上。

关于Mongoose的这个集合自动创建机制也有必要补充一下。以存储用户信息的模型为例，刚才将其命名为User（即mongoose.model的第一个参数），在日后实际使用该模型插入数据时，Mongoose就会根据这个模型名（User）自动在数据库中建立相关集合：首先会将模型名转为小写；其次，还会给模型名加上s表示复数。于是，User模型也就对应了数据库中的users集合。该机制如图5.4所示。

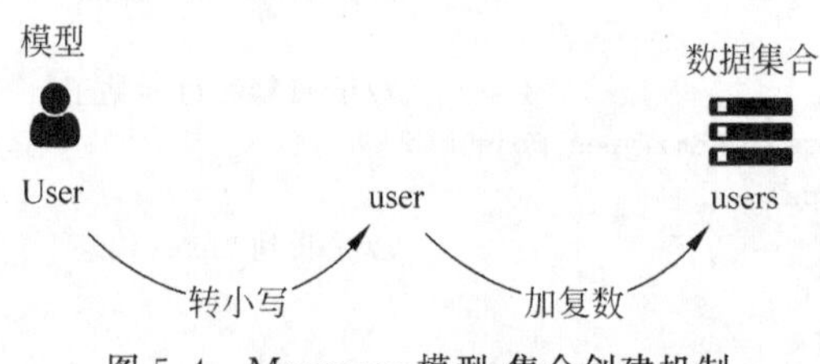

图5.4 Mongoose模型-集合创建机制

5.2.4 连接

与面向对象编程（Object Oriented Programming，OOP）的思想一样，Mongoose的模型也是为了趋近人对世界的认知方式而设计出的更便于操作数据的中介手段。因此，在实际使用这些Mongoose模型之前，还需要先连接到数据库。

在项目根目录（即BBS文件夹）下创建一个名为index.js的文件，其内容如下：

```
const mongoose = require('mongoose');

const DB = 'mongodb://localhost:27017/bbs'; //定义数据库地址

mongoose.connect(DB, (err) => {
    if (err) throw err;
    console.log('已连接到数据库...');
});
```

代码中(err) => {...}是一个回调函数（请参见2.4.1节中对回调函数的说明），Mongoose首先尝试连接给定的数据库地址DB，然后执行这个回调函数。在回调函数中先加了一句判断语句：如果在连接时出现错误（即err），则用throw抛出，终止程序运行；否则往下继续执行，显示成功连接数据库。

在命令行工具下先用如下命令开启 MongoDB 服务：

```
$ mongod
```

不关闭窗口，保持服务开启的状态下新开一个命令行工具窗口，在项目根目录 BBS 下执行：

```
$ node index.js
```

如果显示“已连接到数据库...”字样，则说明数据库连接成功。

虽然数据库连接成功，但同时也会如下看到三条警告：

```
DeprecationWarning: current URL string parser is deprecated, and will be removed in a future
version. To use the new parser, pass option { useNewUrlParser: true } to MongoClient.connect.
DeprecationWarning: current Server Discovery and Monitoring engine is deprecated, and will be
removed in a future version. To use the new Server Discover and Monitoring engine, pass option {
useUnifiedTopology: true } to the MongoClient constructor.
DeprecationWarning: collection.ensureIndex is deprecated. Use createIndexes instead.
```

这说明目前的写法将不再适用于未来版本。要消除这三条警告，可将原来的代码：

```
mongoose.connect(DB, (err) => {
    if (err) throw err;
    console.log('已连接到数据库...');
});
```

改为

```
mongoose.connect(DB,
    { useNewUrlParser: true, useCreateIndex:true, useUnifiedTopology:true },
    (err) => {
        if (err) throw err;
        console.log('已连接到数据库...');
    }
);
```

如此一来，即便日后 MongoDB 更新到新版本，也不必担心数据库连接会失效。

5.2.5 Mongoose 的 CRUD

在 5.1.4 节中，学习了 MongoDB 的 CRUD，接下来，将学习基于 Mongoose 的 CRUD。借助于 Mongoose 的模型机制，可以让数据库操作变得更加便捷、更加直观。

1. 创建

继续编辑 5.2.4 节的 index.js 文件，在顶部新增如下代码，引用此前定义的三个模型：User(用户)、Thread(帖子)和 Comment(回复)。

```
…
const User = require('./model/User');
const Thread = require('./model/Thread');
const Comment = require('./model/Comment');
…
```

在回调函数中添加如下语句：

```
…
    console.log('已连接到数据库...');
    const user = new User({
        username: 'Test',
        password: '123456',
    });                                           //将 User 模型实例化
    user.save();                                  //保存数据
…
```

在命令行工具中执行 index.js。再用 Robo 3T 打开 bbs 数据库，双击 users 表(集合)，就可以看到刚才新增的数据。实例化与.save()的并用让操作更加直观且符合人的认知，即先将模型 User 具体化为一个实际用户，再将这个实际用户的数据存储到数据库。

如果新增帖子时还要记录用户的 ID，可将上面代码修改为：

```
…
    console.log('已连接到数据库...');
    const user = new User({
        username: 'Wu',
        password: '123456',
    });                                           //将 User 模型实例化，同时 user 也有了_id 属性
    const thread = new Thread({
        title: '新年快乐',
        content: '祝大家新年快乐!',
        author: user,                             //将 user 的_id 作为帖子的 author 字段
    });                                           //将 Thread 模型实例化
    user.threads.push(thread);                    //将 thread 的_id 写入到用户发帖字段的数组中
    user.save();                                  //保存该用户到数据库
    thread.save();                                //保存该帖子到数据库
…
```

后再执行，在 Robo 3T 左侧树状图中的 bbs 数据库上右击，选择 Refresh 刷新数据，就会发现多出了 threads 集合，可双击打开查看。其中，author 字段存储的就是新用户 Wu 的 ID，而 posttime 因为在声明模型时就设了 default，显示的是插入数据时的格林威治时间(中国时区需要加 8 小时)。另外，users 集合中的 threads 数组也多出了新增的帖子。

2. 读取

读取方面，只需要用

```
模型名.findOne(检索条件).exec(回调函数)
```

就可以。比如将上节代码修改为如下代码后执行：

```
...
    console.log('已连接到数据库...');
    User.findOne({
        username: 'Wu',
    }).exec((err, user) => {
        console.log(user);
    });
...
```

可以看到刚才插入的用户名为 Wu 的这条数据。若想获取多条数据，也可以用 find() 取代 findOne()，返回所有符合条件的数据的数组。

通过 user.threads 的确可以获取该用户的所有发帖，但只可见帖子的 ID。若要在查询一个用户的同时，也获取其所有发帖的实际内容，可以先用迭代出数组中每个帖子的 ID，然后再用 findOne()一条条查询，但这样写的话，不仅麻烦，还大大降低查询效率。其实更简便的做法是插入一个 populate()，写法如下：

```
...
    console.log('已连接到数据库...');
    User.findOne({
        username: 'Wu',
    })
    .populate('threads', 'title posttime')
    .exec((err, user) => {
        console.log(user);
    });
...
```

.populate()中第一个参数表示查询 User 模型的 threads 字段，第二个参数表示只需获取关联帖子的 title 和 posttime 信息。早在定义用户图式(UserSchema)的 threads 字段时，就已经将其 ref 设置为了"Thread"，因此 Mongoose 会自动到相对应集合(threads)去提取信息。

也可以用同样的方法获取某条帖子的作者信息。

3. 更新

基于 Mongoose 的数据更新非常直观，根据条件找到数据后，一一修改其属性值并使用.save()方法保存即可。比如修改用户 Wu 的个人描述为：

```
...
    console.log('已连接到数据库...');
    User.findOne({
        username: 'Wu',
    }).exec((err, user) => {
        const wu = user;                          //将找到的 user 对象设为 wu
        wu.description = 'Happy new year!!';      //修改 wu 的个人描述
        wu.save();                                //将修改后的 user 对象保存到数据库
    });
...
```

在 Robo 3T 中刷新并查看，发现 Wu 的个人描述变成了“Happy new year!!”。

4. 删除

删除也很简单，使用.remove()就可以了。但如果被删除数据和其他集合有关联，则需要考虑周全才可以将数据彻底删除干净，比如：

```
...
    console.log('已连接到数据库...');
    Thread.findOne({ title: '新年快乐' }).exec((err, thread) => {
        const thd = thread;
        User.findById(thd.author).exec((err, user) => {
            const wu = user;
            wu.threads.remove(thd);                  //从用户帖子列表中移除该帖 ID
            thd.remove();                            //从数据库中删除该帖
            wu.save();                               //保存用户删除该帖后的状态
        });
    });
...
```

5.2.6 小结

本节在 MongoDB 的基础上，进一步学习了 Mongoose。Mongoose 是在 Node.js 环境下对 MongoDB 进行便捷操作的模型工具。

Mongoose 不仅大大简化了对 MongoDB 的操作，还能够用关系型数据库的思想对数据进行建模，这样既保留了非关系型数据库的优点，又吸收了关系型数据库的长处。

Mongoose 有两个重要概念：图式(schema)和模型(model)。图式规定字段及其数据类型，模型则是图式与数据库之间的桥梁。

模型可被其他文件引用，在实例化之后可以以非常方便且直观的方式对数据对象进行创建、读取、更新、删除。

第 6 章

后端接口开发

6.1 HTTP 服务器 Express

在成功使用 Mongoose 为数据建模后，接下来就要实现 API，架起用户界面与数据模型之间的桥梁。

在 3.1.4 节中，已经基于 RESTful API 标准设计出了完整的接口列表。接口设计不仅规定了请求方法和请求 URI，也规定了详细的请求体和响应体内容（详见 1.1 节）。只要严格按照设计要求，一条条地将其具体实现就可以了。

如前所述，API 的本质就是：接收来自客户端的请求，对数据库进行操作，再将响应返回给客户端。这个过程的具体实现需要基于 HTTP 服务，也就轮到 Express 登场了。

6.1.1 安装与基本用法

Express 是一个基于 Node.js 的 Web 开发框架，提供了十分丰富且强大的特性。在本书中，将使用 Express 提供 HTTP 服务以响应用户请求。

Express 的安装与其他第三方库无异，随便建一个项目，并在命令行工具中进入项目根目录，执行如下命令即可：

```
$ cnpm install express --save
```

打开 package.json 会发现 dependencies 下多了 express，说明安装成功。

在项目根目录下，新建一个 index.js 文件，写入如下代码并保存：

```
const express = require('express');              //引用 express 库
const app = express();                           //用 express 实例化出应用
app.listen(3000);                                //用应用监听 3000 号端口
```

在命令行工具中用如下命令执行该文件。

```
node index.js
```

不要关闭命令行工具的窗口，打开浏览器，在地址栏中输入 http://localhost:3000 并按 Enter 键。可以看到“Cannot GET /”字样，说明 HTTP 服务已经成功开启了。

6.1.2 静态文件的托管

早在 1.1.4 节中曾经提到过，在浏览器的地址栏中输入网址并按 Enter 键就相当于使用 GET 方法发出请求。因此，开启 HTTP 服务后，在浏览器的地址栏中输入 http://localhost:3000，就相当于使用 GET 方法请求项目的根目录“/”。因为尚未在根目录提供任何服务，所以才会出现“Cannot GET /”字样。

如果只是想做个纯展示性质的网站，只要让 Express 托管 HTML、CSS 和 JavaScript 等静态文件就可以了。

在根目录下新建一个名为 static 的文件夹，专门用来存放静态文件。编辑 index.js，加入如下语句：

```
...
app.use(express.static('static'));
app.listen(3000);
```

express.static()是一个 Express 的内置函数，其参数表示置放静态文件的目录，在使用 app.use()后，静态文件将对外开放。这意味着当客户端向服务器发起请求时，可以下载到 static 文件夹中的任意文件，这也是浏览器渲染页面的基础。可将此前在第 2 章完成的整个项目放入 static 文件夹里，在命令行工具中执行如下命令重新启动 HTTP 服务。

```
$ node index.js
```

再次浏览 http://localhost:3000，就会发现项目和第 2 章时一样完整地显示出来。不同的是，此前只是以本地文件的方式用浏览器打开并执行，而现在则是以 HTTP 响应的方式呈现给用户，就像平常浏览网站一样。

6.1.3 路由

在 6.1.2 节，以开放访问静态文件的方式实现了响应，用户可以发出 GET 请求，访问 .html、.css 和.js 等静态文件的地址并下载至浏览器，以达到渲染页面的目的。但是 API 无法以此种方式实现，而需要借助路由(routing)。

所谓路由指的是针对用户发过来的请求，让应用决定使用什么处理脚本做出响应。

Express 路由的基本书写格式为：

```
app.请求方法(请求路径,(req,res) =>{
    具体处理语句;
})
```

比如，继续在 index.js 中插入如下代码：

```
...
app.get('/api/sayhello', (req, res) => {
    res.send('Hello Express!');
});

app.listen(3000);
```

重启 HTTP 服务，用浏览器打开 http://localhost:3000/api/sayhello，就会看到“Hello Express!”字样。

在上面的代码中，get 意味着用户使用 GET 方法，/api/sayhello 表示用户的请求 URI。当在 3000 号端口监听到用户发出符合二者的请求时，就会执行后面的回调函数。其中，参数 req 用来获取用户请求的一些具体信息；参数 res 则用来发送响应。刚才就是通过 res.send()向客户端发送了一个字符串作为响应。如果响应以 JSON 格式承载，也可以换用 res.json()。

本书中，只使用 app 的四种请求方法：POST、GET、PATCH 和 DELETE，分别对应对数据的增、查、改、删。如此一来，就彻底实现了前端 HTTP 请求、API 和数据库操作三者的高度统一，如表 6.1 所示。

表 6.1　请求、接口与数据库操作的统一

目　　的	HTTP 请求	API(Express)	数据库操作(Mongoose)
增	POST	app.post()	对象 = new 模型(属性)
查	GET	app.get()	对象 = 模型.find(条件)
改	PATCH	app.patch()	对象.属性 = 新值
删	DELETE	app.delete()	对象.remove()

6.1.4　请求体与响应体

在 6.1.3 节的例子中，无论请求还是响应都相对简单。可如果涉及客户端与服务器之间的复杂数据交互，就需要以 JSON 格式来承载请求体和响应体(请参见 1.1 节)。

假设需要实现一个名为 POST /api/saytitle 的接口，用来接收用户输入的姓名和性别信息，如果性别为男，则返回用户的姓加上“先生”；如果为女，则加上“女士”。

因为这个接口的方法为 POST，无法直接通过在浏览器地址栏中输入 URI 并按 Enter 键的方式发出请求。要模拟非 GET 方法的请求，就需要用到 1.1.4 节介绍过的 HTTP 请求工具 Postman。

打开 Postman，参照图 6.1，在请求方法处选择 POST，在请求 URI 处输入 localhost:3000/api/saytitle，在 Body(请求体)标签下将右侧的 Text 改为 JSON(applications/json)，并选中 raw(即用生字符串表示 JSON 格式数据)，在输入框中输入{"name":"吴晓一","gender":"男"}，需要注意的是，此处对象键的双引号不可以省略。单击 Send 按钮发送请求，会在响应体中看到 Cannot POST /api/saytitle 字样，因为还没有在服务器具体实现这条接口。

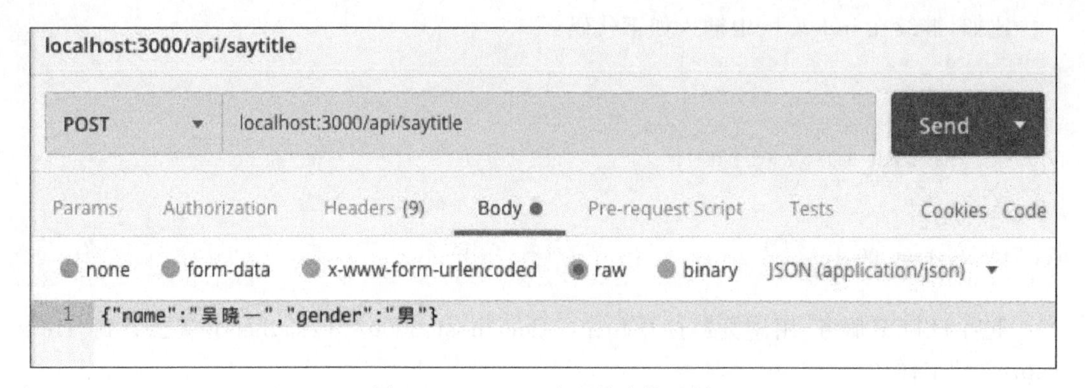

图 6.1　Postman 发送请求体示例

回到服务器来，首先要做的就是接收并解析请求体中的数据。让 Express 解析请求体需要安装一个解析器 body-parser。

在命令行工具的项目根目录下，执行如下命令即可安装：

```
$ cnpm install body-parser --save
```

在 index.js 中引用 body-parser 并使用 JSON 格式的解析器：

```
const express = require('express');
const bodyParser = require('body-parser');  //引用 body-parser

const app = express();
app.use(bodyParser.json());                 //使用 body-parser
...
```

继续在 index.js 中实现 POST /api/saytitle 接口，代码如下：

```
...
app.post('/api/saytitle', (req, res) => {
    const data = req.body;                    //获取请求体
    let title;                                //声明称谓变量
    if (data.gender === '男') {               //如果性别为男
        title = `${data.name[0]}先生`;        //姓后面加上"先生"字样
    } else if (data.gender === '女') {        //如果性别为女
        title = `${data.name[0]}女士`;        //姓后面加上"女士"字样
    } else {                                  //否则显示全姓名
        title = data.name;
    }
    res.json({
        title:title,
    });
});

app.listen(3000);
```

在 Postman 中重新单击 Send 按钮发出请求，会在响应体中看到如下信息：

```
{
    "title": "吴先生"
}
```

这说明成功地发送了 POST 请求并获取到了响应体，也就意味着客户端与服务器成功实现了数据交互。

6.1.5 与 Mongoose 结合

绝大多数的 API 都涉及对数据库的增、查、改、删操作，因此需要将 Express 与 Mongoose 结合起来使用。在 5.2.4 节和 6.1.1 节中分别学习了基于 Mongoose 的数据库连接方法和 Express 的基本用法。将这两部分内容组合起来，就成了如下代码，将其写入 index.js 并保存：

```
const mongoose = require('mongoose');
const express = require('express');
const bodyParser = require('body-parser');

const DB = 'mongodb://localhost:27017/bbs';

mongoose.connect(
      DB,
      { useNewUrlParser: true, useCreateIndex: true,useUnifiedTopology:true },
      (err) => {
        if (err) throw err;
        console.log('已连接到数据库...');

        const app = express();
        app.use(bodyParser.json());
        app.use(express.static('static'));

        app.listen(3000);
      },
);
```

接下来实现一个返回数据库中所有用户的 API。先在 index.js 中引用用户模型 User：

```
...
const User = require('./model/User');
...
```

再加入一个路由来操作模型：

```
...
    app.get('/api/users', (req, res) => {
      User.find().exec((e, users) => {        //查询所有用户数据
        if (e) {                              //如果查询过程出错
          res.status(400).json({              //返回 400 响应码
            message: e.message,               //和具体错误信息
          });
        } else {                              //如果顺利查询到结果
          res.json({
            data: users,                      //返回所有用户数据
          });
        }
      });
    });

    app.listen(3000);
});
```

在浏览器地址栏中打开 http://localhost:3000/api/users 或者使用 Postman 发出 GET 请求，就会看到当前数据库中的所有用户。

然而这种回调函数套回调函数的写法可读性太差，也不好维护。在 2.4.3 节中学过的 async/await 是现阶段对“回调地狱”问题的最好解决方式。因此，不妨用 async/await 将上面内容改写为如下代码：

```
...
    app.get('/api/users', async (req, res) => {
      try {
        const users = await User.find();      //查询所有用户数据
        return res.json({
          data: users,                        //返回所有用户数据
        });
      } catch (e) {                           //如果查询过程出错
        return res.status(400).json({         //返回 400 响应码
          message: e.message,                 //和具体错误信息
        });
      }
    });

    app.listen(3000);
});
```

重启服务，刷新页面。显示结果与之前一样，但伴随着“回调地狱”问题的缓解，代码的可读性和可维护性大大地提高了。

6.1.6 小结

API接收来自客户端的请求，对数据库进行操作，再将响应返回给客户端，是连接用户界面和数据模型之间的桥梁。HTTP服务是架桥的根基，本书使用Web开发框架Express提供HTTP服务。

Express的安装和使用都非常方便，也可以托管静态文件对外开放访问。

API需用使用路由来实现，即针对用户发过来的请求，让应用决定用什么处理语句来做出响应。如果涉及复杂的数据交互，还需要用JSON格式来承载请求体和响应体。

GET方法以外的API调试需要借助HTTP请求工具Postman。

绝大多数的API都涉及对数据库的操作，因此需要将Express与Mongoose结合起来。结合之后的代码很容易陷入“回调地狱”，为了缓解这个问题，提高代码的可读性和可维护性，可使用ES 8的async/await语法改写。

6.2 用户相关接口的具体实现

视频讲解

在6.1.5节中，学习了RESTful API的实现方法。接下来的工作就是依照此法将此前设计好的接口一条条具体实现了。

如果将所有接口全都一并写到系统的入口文件index.js里的话，代码的可读性会变差，也不利于后期维护。因此有必要将所有接口从index.js中分离出去，并在入口文件中引用，以实现接口的模块化。

6.2.1 接口的模块化

接着6.1.5节完成的项目，先尝试将GET /api/users这个接口从index.js中移出去。

在项目的根目录下新建一个名为api的子文件夹，专门用来存放API。并在api子文件夹下新建一个名为users.js的文件，用来存储一切和用户相关的接口。

可以用一个名为apis()的函数包住所有接口，如此一来，在index.js中调用这个函数就意味着开启apis()函数包住的所有接口服务。此外，由于接口路由还要用到在入口文件中实例化出的常量app，调用的同时需将常量app也传过来作为apis()函数的参数。综上，users.js内容如下：

```
const User = require('../model/User');

const apis = (app) => {                          //包住所有接口的函数,app作为参数
    app.get('/api/users', async (req, res) => {
      try {
        const users = await User.find();
        return res.json({
          data: users,
        });
```

```
        } catch (e) {
          return res.status(400).json({
            message: e.message,
          });
        }
      });
};
module.exports.apis = apis;                        //为外部引用函数 apis()提供接口
```

然后在 index.js 中引用：

```
...
const users = require('./api/users');
...
```

连接数据库后的内容也就简化为如下代码：

```
...
    app.use(express.static('static'));
    users.apis(app);                               //开启所有 users 相关接口服务
    app.listen(3000);
...
```

重启服务器，在浏览器中打开 http://localhost:3000/api/users，发现和此前效果等价。但却完成了接口与入口文件的分离，使代码更易于维护。

6.2.2 身份认证机制

对于绝大多数应用来说，都少不了用户的身份认证。因为身份认证往往是与授权相联系的，它决定了什么样的资源用户可以访问，什么样的操作用户可以做出。

一般来说，身份认证的机制包含注册、登录、认证和退出四项。

注册：用户提供用户名和登录密码，调用注册 API 将用户的登录密码加密，连同用户名存储在数据库里；

登录：用户提供注册时使用的用户名和登录密码，调用登录 API 后将输入密码加密，并和数据库中该用户的加密密码进行比对，如果一致，则生成一个身份凭证(token)，存储在数据库中，同时也将用户名和 token 信息存储在该用户正在使用的客户端/浏览器里；

认证：从该用户正在使用的客户端/浏览器中默默地(即不被用户察觉地)提取出此前存储的用户名和 token，与数据库中存储的该用户 token 进行比对，如果一致，则认定该用户此刻为已登录状态，同时确定该用户的身份；

退出：在数据库中将该用户的 token 清空即可。

该机制如图 6.2 所示。

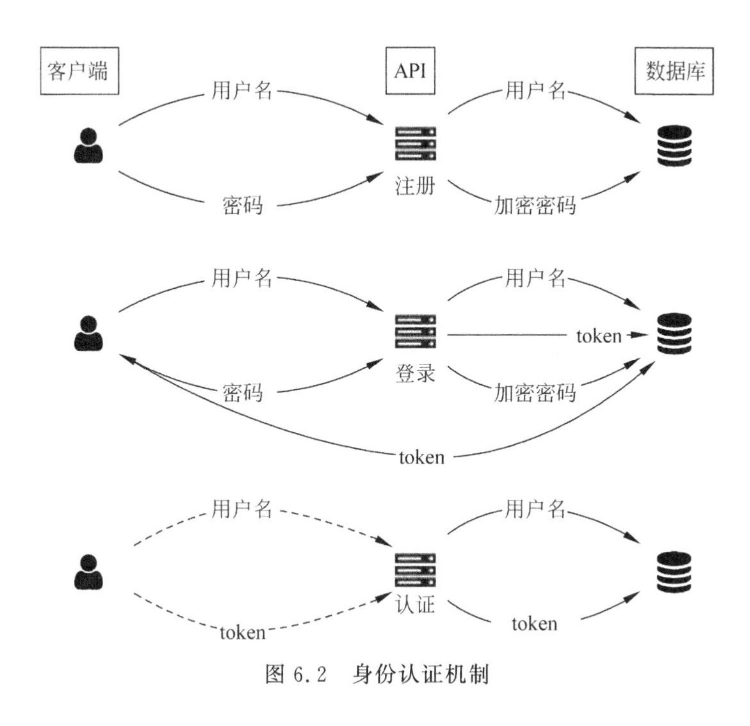

图 6.2　身份认证机制

6.2.3　注册接口

先从注册接口开始实现，编辑 users.js，在此前写的 apis()函数内新增一个接口，具体实现如下：

```
...
app.post(
    '/api/users',
        async (req, res) => {
          try {
            const {
              username,
              password,
              confirmpass,
            } = req.body;                    //从请求体中解构出用户名、密码和确认密码
            return res.json({
              message: '新增用户成功',
            });                              //没有错误，返回成功信息
          } catch (e) {
            return res.status(400).json({
              message: e.message,
            });                              //如果发生错误，则返回 400 响应码及相关错误信息
          }
        },
    );
...
```

用户发过来的请求体未必符合规范，因此，需要在返回成功信息前进行一些验证，如果验证失败同样要返回 400 响应码及相关错误信息，代码如下：

```
...
    const {
      username,
      password,
      confirmpass,
    } = req.body;                              //从请求体中解构出用户名、密码和确认密码
    if (!username) {
      return res.status(400).json({
        message: '没有输入用户名',
      });
    }
    if (!password) {
      return res.status(400).json({
        message: '没有输入密码',
      });
    }
    if (!confirmpass) {
      return res.status(400).json({
        message: '没有输入确认密码',
      });
    }
    if (password !== confirmpass) {
      return res.status(400).json({
        message: '密码与确认密码不一致',
      });
    }
    const user = await User.findOne({
      username,
    });                                        //在数据库中根据用户名查找该用户
    if (user) {                                //如果有用户存在
      return res.status(400).json({
        message: '该用户名已被使用',
      });
    }
...
```

以上五条判断条件中，只要有一条不符合规定，就会立刻返回 400 响应码而不会继续向下执行。全部通过后，才可以加密用户密码并存储数据库。首先需要在文件头部引用加密库：

```
const Crypto = require('crypto');
const User = require('../model/User');
...
```

然后在五条判断条件下新增代码如下：

```
...
    const passwordCryp = Crypto.createHash('sha1')
                               .update(password)
                               .digest('hex');   //使用 sha1 算法给密码加密
    const newUser = {
      username: username,
      password: passwordCryp,
    };                                           //根据用户名和加密密码创建出对象
    const newuser = new User(newUser);           //利用 Mongoose 的 User 模型创建出新用户
    await newuser.save();                        //保存新用户到数据库
    return res.json({
      message: '新增用户成功',
    });
...
```

重启服务后，打开 Postman，按照 6.1.4 节所述方法新增一个用户（请求体需要包含 username、password 和 confirmpass，如图 6.3 所示），显示“新增用户成功”字样就可以在 http://localhost:3000/api/users 中看到新注册用户的信息了。

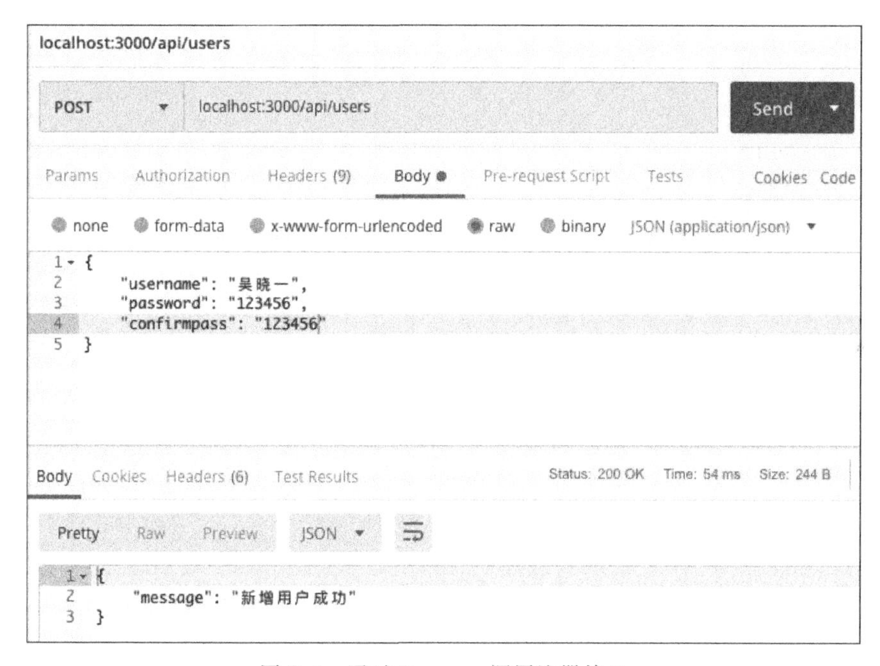

图 6.3 通过 Postman 调用注册接口

6.2.4 登录接口

继续编辑 users.js，在注册接口后新增登录接口：

```
...
    app.post(
        '/api/users/login',
        async (req, res) => {
```

```
        try {
          const {
            username,
            password,
          } = req.body;                          //从请求体中解构出用户名和密码
          return res.json({
            message: '成功登录'
          });
        } catch (e) {
          return res.status(400).json({
            message: e.message,
          });
        }
      },
    );
...
```

在获取请求体后添加两条判断条件，代码如下：

```
...
      const {
        username,
        password,
      } = req.body;
      if (!username) {
        return res.status(400).json({
          message: '没有输入用户名',
        });
      }
      if (!password) {
        return res.status(400).json({
          message: '没有输入密码',
        });
      }
...
```

如果输入没有问题，则加密密码并根据用户名查找数据库，进而再次做出两个判断：

```
...
        const passwordCryp = Crypto.createHash('sha1')
                                   .update(password)
                                   .digest('hex'); //加密密码
      const user = await User.findOne({
        username:username,
      });                                        //根据用户名查找用户
      if (!user) {                               //如果数据库里没有这个用户
        return res.status(400).json({
          message: '该用户不存在',
        });
```

```
      }
      if (user.password !== passwordCryp) {          //如果用户的密码和数据库不一致
        return res.status(400).json({
          message: '密码错误,请重新输入',
        });
      }
  ...
```

能够通过这两关,就可以生成用户凭证 token 了。为了生成独一无二的用户凭证,需要在命令行工具中执行如下命令安装 uuid 库:

```
$ cnpm install uuid --save
```

UUID(Universally Unique Identifier,全局唯一标识符)包含了机器识别号和当前时间等信息,在同一时空中对所有机器来说都是唯一的标识。按照惯例,在 user.js 头部引用:

```
const uuid = require('uuid');
...
```

就可以生成标识符了:

```
...
      const tokenstr = uuid.v4();                   //生成标识符
      const token = Crypto.createHash('sha1')
                          .update(tokenstr)
                          .digest('hex');           //加密标识符
      user.token = token;                           //将用户的 token 修改为当前加密凭证
      await user.save();                            //保存 token 到数据库
...
```

因为也要保存一份到用户所用的客户端,以方便日后认证其身份,所以响应体要附上 token 的信息,修改代码为:

```
...
    return res.json({
      message: '成功登录',
      data: {
        username: user.username,
        token: user.token,                         //返回用户凭证 token 给客户端
      },
    });
...
```

打开 Postman,按照图 6.4 所示调用该接口,就会返回 username 以及 token 的信息,说明登录成功。可将此 token 记录下来以便在稍后的验证接口中使用。

图 6.4　通过 Postman 调用登录接口

6.2.5　验证接口

继续在登录接口后实现用户验证接口，代码如下：

```
...
    app.post(
      '/api/users/auth',
      async (req, res) => {
        try {
          const {
            username,
            token,
          } = req.body;                          //从请求体中解构出用户名和身份凭证
          return res.json({
            message: '成功验证',
          });
        } catch (e) {
          return res.status(400).json({
            message: e.message,
          });
        }
      },
    );
...
```

按照如下代码添加判断条件：

```
...
    const {
      username,
      token,
    } = req.body;                                    //从请求体中解构出用户名和身份凭证
    if (!username) {
      return res.status(400).json({
        message: '没有输入用户名',
      });
    }
    if (!token) {
      return res.status(400).json({
        message: '没有输入 token',
      });
    }
...
```

接下来在数据库中查找该用户：

```
...
    const user = await User.findOne({               //根据用户名和凭证查找用户
      username,
      token,
    }).select('-password -token');                  //密码和凭证都是敏感信息,不返回
    if (!user) {                                    //如果该用户不存在
      return res.status(400).json({
        message: 'token 已过期,请重新登录',
      });
    }
...
```

如果成功,还需要将该用户的信息作为响应体返回给客户端以供进一步使用：

```
...
    return res.json({
      message: '成功验证',
      data: user,                                   //返回其他用户信息
    });
...
```

重启服务器,打开 Postman,按照图 6.5 所示调用此接口,请求体提供 username 以及 6.2.4 节所记下的 token,显示“成功验证”并成功返回用户的信息。

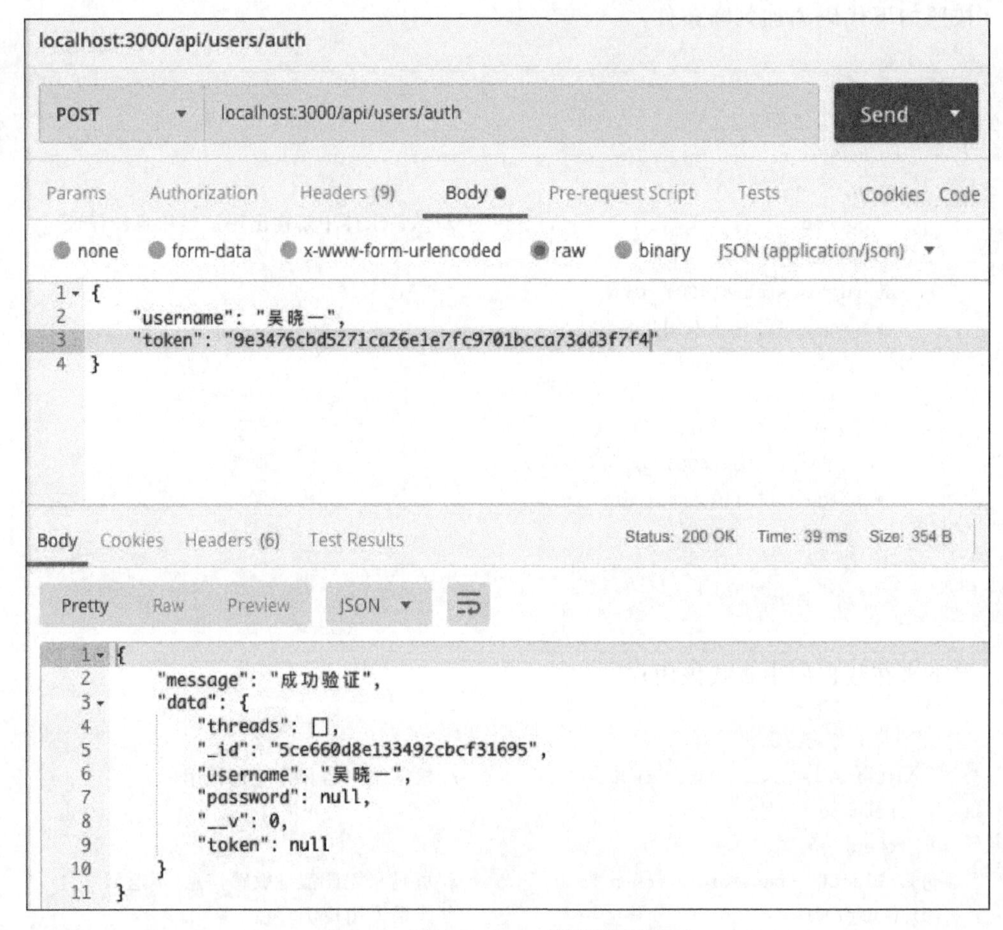

图 6.5　通过 Postman 调用验证接口

6.2.6　退出接口

在用户验证接口的后面继续书写退出接口，其具体实现如下：

```
...
  app.post(
    '/api/users/logout',
    async (req, res) => {
    try {
      const {
        username,
        token,
      } = req.body;                    //从请求体中解构出用户名和身份凭证
      return res.json({
        message: '退出成功',
      });
```

```
      } catch (e) {
        return res.status(400).json({
          message: e.message,
        });
      }
    },
  );
...
```

判断条件部分的代码如下：

```
...
    if (!username) {
      return res.status(400).json({
        message: '没有输入用户名',
      });
    }
    if (!token) {
      return res.status(400).json({
        message: '没有输入 token',
      });
    }
...
```

如果请求方面没问题，则在数据库查找该用户：

```
...
    const user = await User.findOne({
      username,
      token,
    });
    if (!user) {                                    //如果该用户不存在,则报错
      return res.status(400).json({
        message: 'token 已过期,请重新登录',
      });
    }
    user.token = null;                              //如果存在,则清空 token
    await user.save();                              //保存到数据库
...
```

重启服务，在 Postman 里调用接口 POST /api/users/logout 并在请求体提供 username 和 token 的信息，如图 6.6 所示，返回"退出成功"，则说明成功响应。再重新调用 POST /api/users/auth，则显示"token 已过期，请重新登录"，说明系统成功地判定出目前处于非登录状态，需要重新登录才可以。

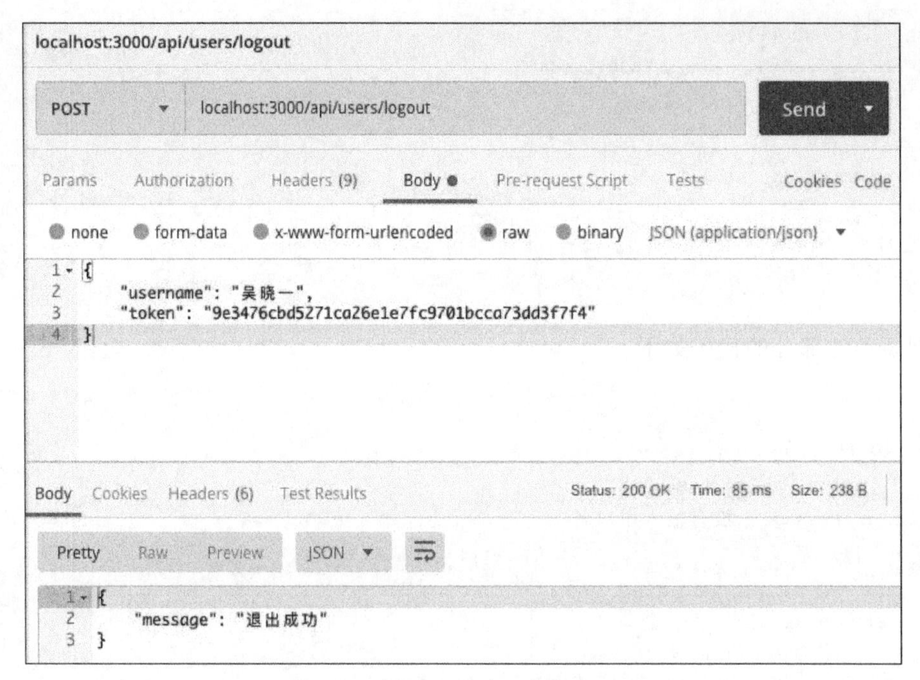

图 6.6　通过 Postman 调用退出接口

6.2.7　修改用户信息接口

至此，已经完成了整个注册登录系统。但还有一个比较重要的接口没有完成，那就是修改用户信息。这个接口涉及上传文件功能的具体实现，需要重点掌握。

包含上传文件数据的请求体无法再使用 JSON 格式来承载，因此请求体的数据类型需要用 multipart/form-data 替换掉 application/json。而为了处理 multipart/form-data 类型的请求体，还需安装一个名为 Multer 的库。

按照惯例，在命令行工具中执行下方命令安装即可：

```
$ cnpm install multer -- save
```

在 users.js 的开头引用 Multer，并设定好上传文件夹，代码如下：

```
...
const multer = require('multer');
const upload = multer({
    dest: './static/upload',                    //设定上传文件夹
});

const apis = (app) => {
...
```

上传文件夹设在了静态文件夹 static 下的子文件夹 upload，如果还没有的话需要手动创建一下。

API 接口的写法也有些许变化：

```
...
        app.patch(
          '/api/users',
          upload.single('avatar'),                    //"avatar"为表单中上传文件的键
          async (req, res) => {                       //req 将多出一个 file 属性承载文件信息
            try {
              const {
                username, token, description,
              } = req.body;                           //从请求体中获取用户名、凭证和用户描述
              return res.json({ message: '修改用户资料成功' });
            } catch (e) {
              return res.status(400).json({ message: e.message });
            }
          },
        );
...
```

在获取请求体后，按照下方代码添加三个判断条件：

```
...
      if (!username) {
        return res.status(400).json({
          message: '没有输入用户名',
        });
      }
      if (!token) {
        return res.status(400).json({
          message: '没有输入 token',
        });
      }
      const user = await User.findOne({              //根据用户名和凭证查询用户
        username,
        token,
      });
      if (!user) {                                   //如果没查到
        return res.status(400).json({
          message: 'token 已过期，请重新登录',
        });
      }
...
```

如果通过了上述判断，则说明该用户存在且处于登录状态，那么有权修改用户信息：

```
...
      if (req.file) {                                //如果用户上传了文件
        user.avatar = req.file.filename;             //将用户的 avatar 字段修改为该文件的文件名
      }
```

```
    user.description = description;          //也修改用户个人描述
    await user.save();                       //保存到数据库
...
```

使用 Postman 调用该接口时，如图 6.7 所示，需要在请求体处选中 form-data，并一行行地添加信息。username、token 和 description 这三个 KEY 的类型因为都是文本，所以选择 Text。avatar 因为是文件，所以选择 File，并在 VALUE 处上传一张图片。提交后可以看到"修改用户资料成功"字样。

图 6.7　通过 Postman 提交 form-data 类型请求示例

此外，在项目目录下的 static/upload 文件夹下也会看到刚才上传的文件，该文件名与用户的 avatar 字段一致，意味着通过查找用户的 avatar 字段就可以找到该文件所在路径，并将其实际渲染为头像。

6.2.8　浏览特定用户信息接口

早在初次接触接口实现的 6.1.5 节中，就已经完成了获取所有用户的接口 GET /api/users。但如果要获取特定用户的信息，则按照 RESTful API 的设计基准，接口就要写作 GET /api/users/:username，也就涉及了在接口的请求 URI 中传递变量的问题。

Express 获取 URI 变量很简单，只需要使用 req.params 就可以解析 URI 中的所有参数。因此可先将接口写作：

```
...
    app.get('/api/users/:username', async (req, res) => {
        try {
```

```
            const {
              username,
            } = req.params;                           //从 URI 参数中解构出用户名
          } catch (e) {
            return res.status(400).json({
              message: e.message,
            });
          }
      });
...
```

加入两个条件判断，如果 URI 中没有 username 参数或是根据这个用户名没找到用户，则报错，代码如下：

```
...
            if (!username) {                          //如果没有 username 则报错
              return res.status(400).json({
                message: '没有输入用户名',
              });
            }
            const user = await User.findOne({ username })
                .select('-password-token')    //隐藏密码和用户凭证
                .populate('threads', 'title posttime');
            if (!user) {
              return res.status(400).json({
                message: '该用户不存在',
              });
            }
        } catch (e) {
...
```

若没有问题则返回用户数据：

```
...
          return res.json({
            data: user,
          });
        } catch (e) {
...
```

根据用户名在浏览器地址栏中调用该接口，比如 localhost:3000/api/users/吴晓一，就可以查看该用户的相关信息了。

6.2.9 小结

如果将所有接口都写在系统的入口文件中，代码的可读性太低，并不利于后期维护，因此需将接口从入口文件独立出去，写在一个模块里。

本节实现了所有用户相关接口，并将其全部分离到名为 users.js 的模块中。

在实现用户相关接口的过程中，既学习了包含注册、登录、认证和退出的身份认证机制，也学习了文件上传和请求 URI 传递参数的具体实现。

可以说，本章的内容涵盖了接口实现的绝大多数技术要点，这为在 6.3 节进一步完成帖子相关接口打下了坚实的基础。

视频讲解

6.3 帖子相关接口的具体实现

在 6.2 节的学习过程中，接触到了接口实现的大部分技术要点。因此，如果对 6.2 节内容掌握得比较好的话，已经可以比较顺利地开发出帖子相关接口了。

同用户相关接口一样，也需要将帖子相关接口模块化，在根目录的 api 文件夹下新建一个名为 threads.js 的文件，所有帖子相关的接口将在这个文件中实现。和 users.js 一样，也别忘了在入口文件 index.js 中引用并启用，否则即便书写好了帖子接口也是没有效果的。

帖子相关接口可以说是一个标准的增、查、改、删处理过程，接下来的小节安排也将遵循这一过程。

6.3.1 新增帖子接口

先在 threads.js 中创建 apis() 函数及新增帖子接口的雏形：

```
const mongoose = require('mongoose');
const User = require('../model/User');
const Thread = require('../model/Thread');
const Comment = require('../model/Comment');
const apis = (app) => {                              //用函数 apis()包住所有帖子相关接口
  app.post(
    '/api/threads',                                  //新增帖子接口
    async (req, res) => {
      try {
        const {
          username,
          token,
          title,
          content,
        } = req.body;                                //从请求体获取相关信息
        return res.json({
          message: '新增帖子成功',
        });
      } catch (e) {
        return res.status(400).json({
          message: e.message,
        });
      }
```

```
        },
    );
};

module.exports.apis = apis;                          //为外部引用函数 apis()提供接口
```

在解构 req.body 后继续添加判断条件，代码如下：

```
...
    const {
      username,
      token,
      title,
      content,
    } = req.body;
    if (!username) {
      return res.status(400).json({
        message: '没有获取到用户名',
      });
    }
    if (!token) {
      return res.status(400).json({
        message: '没有获取到身份凭证',
      });
    }
    if (!title) {
      return res.status(400).json({
        message: '没有输入帖子标题',
      });
    }
    if (!content) {
      return res.status(400).json({
        message: '没有输入帖子内容',
      });
    }
    const user = await User.findOne({              //根据用户名和凭证查找用户
      username,
      token,
    });
    if (!user) {                                   //如果没查到
      return res.status(400).json({
        message: 'token 已过期,请重新登录',
      });
    }
...
```

如果判定全部通过，就可以借助 Thread 模型新建一个帖子并保存到数据库了：

```
...
        const newThread = {
          title: title,
          content: content,
          author: user,
        };
        const thread = new Thread(newThread);  //创建帖子
        await thread.save();                   //保存帖子
        user.threads.push(thread);             //将该帖子插入到用户的 threads 字段
        await user.save();                     //保存用户信息
        return res.json({
          message: '新增帖子成功',
        });
...
```

重启服务，按照图 6.8 所示使用 Postman 调用接口 POST /api/threads，请求体中提供 username、token（需通过调用登录接口获得）、title 和 content 等信息，如果返回“新增帖子成功”字样则表明接口调用成功。

图 6.8　通过 Postman 调用新增帖子接口

6.3.2 新增回复接口

按照项目规范，新增回复是在 comments 表中进行的操作，理应单独再建一个 comments.js 统一管理回复相关接口。但因在本书的 BBS 项目中，comments 相关接口仅此一条，为方便起见，笔者将此接口也放在 threads.js 文件中，具体实现如下：

```
...
    app.post(
      '/api/comments/:tid',                    //新增回复
      async (req, res) => {
        try {
          const {
            tid,
          } = req.params;                        //从 URI 获取到回复的目标帖子 ID
          const {
            username,
            token,
            content,
          } = req.body;                          //从请求体获取用户名、凭证和回复内容
          return res.json({
            message: '新增回复成功',
          });
        } catch (e) {
          return res.status(400).json({
            message: e.message,
          });
        }
      },
    );
...
```

照旧在获取请求体后，添加几条判断条件：

```
...
        if (!tid) {
          return res.status(400).json({
            message: '没有输入帖子 ID',
          });
        }
        if (!username) {
          return res.status(400).json({
            message: '没有输入用户名',
          });
        }
```

```
        if (!token) {
          return res.status(400).json({
            message: '没有输入身份凭证',
          });
        }
        if (!content) {
          return res.status(400).json({
            message: '没有输入回复内容',
          });
        }
        const user = await User.findOne({            //在数据库中查找该用户
          username,
          token,
        });
        if (!user) {                                 //如果没查到
          return res.status(400).json({
            message: 'token已过期,请重新登录',
          });
        }
        const thread = await Thread.findById(tid);  //在数据库中根据帖子ID查找该帖子
        if (!thread) {                               //如果没找到
          return res.status(400).json({
            message: '该帖子不存在',
          });
        }
...
```

如果以上判断都没有问题，用模型 Comment 新建回复并存储，代码如下：

```
...
        const newComment = {
          content: content,
          author: user,
          target: tid,
        };
        const comment = new Comment(newComment);     //新建回复
        await comment.save();                        //保存
        return res.json({
          message: '新增回复成功',
        });
...
```

可在 Robo 3T 中找到 6.3.1 节新建帖子的 ID 记录下来，并按照图 6.9 所示在 Postman 中调用该接口，如果返回“新增回复成功”字样则回复该帖子成功。

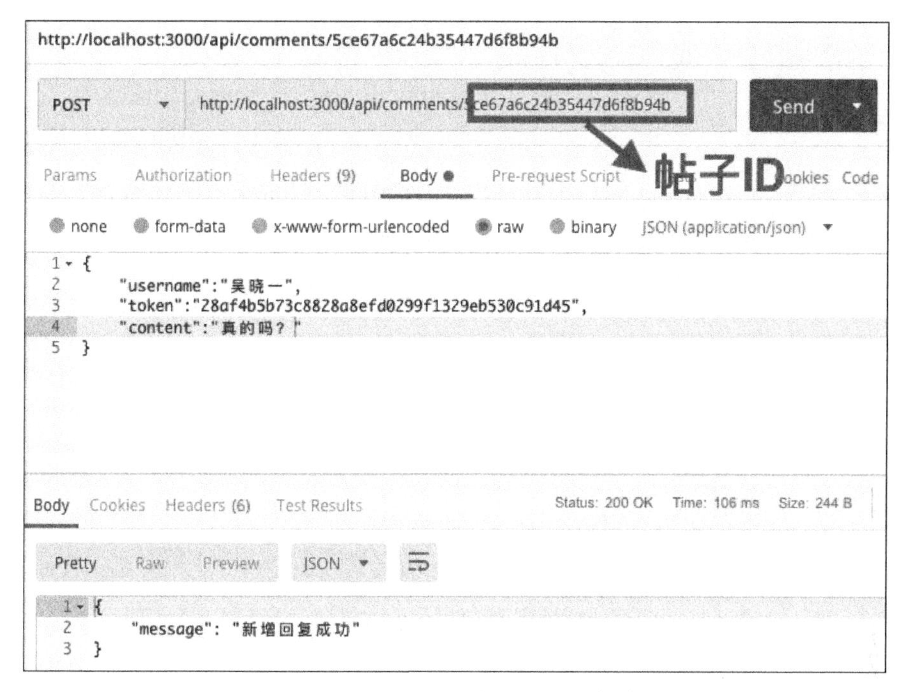

图 6.9 通过 Postman 调用新增回复接口

6.3.3 查看帖子接口

在此前设计的 API 中，除了需要查看某条帖子具体内容外，还需要查看帖子列表。查看帖子列表的实现并不难，只需要按照如下书写即可：

```
...
    app.get(
      '/api/threads',
      async (req, res) => {
        try {
          const threads = await Thread.find(); //在数据库查找全部帖子
          return res.json({
            data: threads,
          });
        } catch (e) {
          return res.status(400).json({
            message: e.message,
          });
        }
      },
    );
...
```

但是这样写的话，返回的 author 字段只会显示作者的 ID 而已，可以使用在 5.2.5 节学到的 populate()抽取关联用户的相关信息。将查找语句修改为如下代码：

```
...
    const threads = await Thread.find()
                                    .populate('author', 'username avatar');
...
```

修改后重启服务并调用该接口，会发现响应体中除了帖子本身的信息外也包含了发帖者的用户名和头像文件名（如果已经更改过头像的话）。

查看特定帖子的接口也如法炮制，但需要按照如下代码特定帖子的 ID：

```
...
      app.get(
        '/api/threads/:tid',
        async (req, res) => {
          try {
            const {
              tid,
            } = req.params;                          //从请求 URI 中获取帖子 ID
            if (!tid) {
              return res.status(400).json({
                message: '没有输入帖子 ID',
              });
            }
            const thread = await Thread.findById(tid).populate('author', 'username description
            avatar');
            if (!thread) {                           //如果没找到该帖子
              return res.status(400).json({
                message: '该帖子不存在',
              });
            }
          } catch (e) {
            return res.status(400).json({
              message: e.message,
            });
          }
        },
      );
...
```

除了帖子本身的信息外，也要一并抽取相关回复的信息：

```
...
      const comments = await Comment.find({ target: tid })
                  .populate('author', 'username avatar description');
                  //根据帖子 ID 找到相关回复
      return res.json({
        data: { thread:thread,
              comments:comments },                 //将帖子信息和回复信息一并返回给客户端
      });
    } catch (e) {
...
```

在浏览器的地址栏调用该接口，可以看到这条帖子及相关回复的数据，说明调用成功。

6.3.4 修改帖子接口

修改帖子接口的实现没有什么技术难度，但需要增加一条判断：修改者和发帖者是否一致。也就是说，只有发帖者本人才有资格修改该帖子，代码如下：

```
...
      app.patch(
        '/api/threads/:tid',
        async (req, res) => {
          try {
            const {
              tid,
            } = req.params;                          //从请求 URI 中获取帖子 ID
            const {
              username,
              token,
              title,
              content,
            } = req.body;                            //从请求体中获取相关信息
            return res.json({
              message: '修改帖子内容成功',
            });
          } catch (e) {
            return res.status(400).json({
              message: e.message,
            });
          }
        },
      );
...
```

再按照如下代码追加几条判断：

```
...
    if (!tid) {
      return res.status(400).json({
        message: '没有输入帖子 ID',
      });
    }
    if (!username) {
      return res.status(400).json({
        message: '没有获取到用户名',
      });
    }
    if (!token) {
      return res.status(400).json({
        message: '没有获取到 token',
      });
```

```
    }
    if (!title) {
      return res.status(400).json({
        message: '没有输入修改标题',
      });
    }
    if (!content) {
      return res.status(400).json({
        message: '没有输入修改内容',
      });
    }
    const user = await User.findOne({             //查找该用户
      username,
      token,
    });
    if (!user) {                                  //如果没找到
      return res.status(400).json({
        message: 'token 已过期,请重新登录',
      });
    }
    const thread = await Thread.findById(tid);   //根据帖子 ID 查找帖子
    if (!thread) {                                //如果没找到
      return res.status(400).json({
        message: '该帖子不存在',
      });
    }
    if (String(user._id) !== String(thread.author)) {
                                                  //判断当前用户的 ID 是否与帖子的作者一致
      return res.status(400).json({
        message: '你不是该帖的作者',
      });
    }
...
```

在 user._id 和 thread.author 外加上 String()函数是为了将这两个 ID 都转化为字符串,这样才能够正确进行比对。

如果通过了这些判断,则修改帖子并保存：

```
...
        thread.title = title;
        thread.content = content;
        await thread.save();
        return res.json({
          message: '修改帖子内容成功',
        });
...
```

重启服务,按照图 6.10 所示使用 Postman 调用该接口,显示“修改帖子内容成功”字样则表示调用成功。

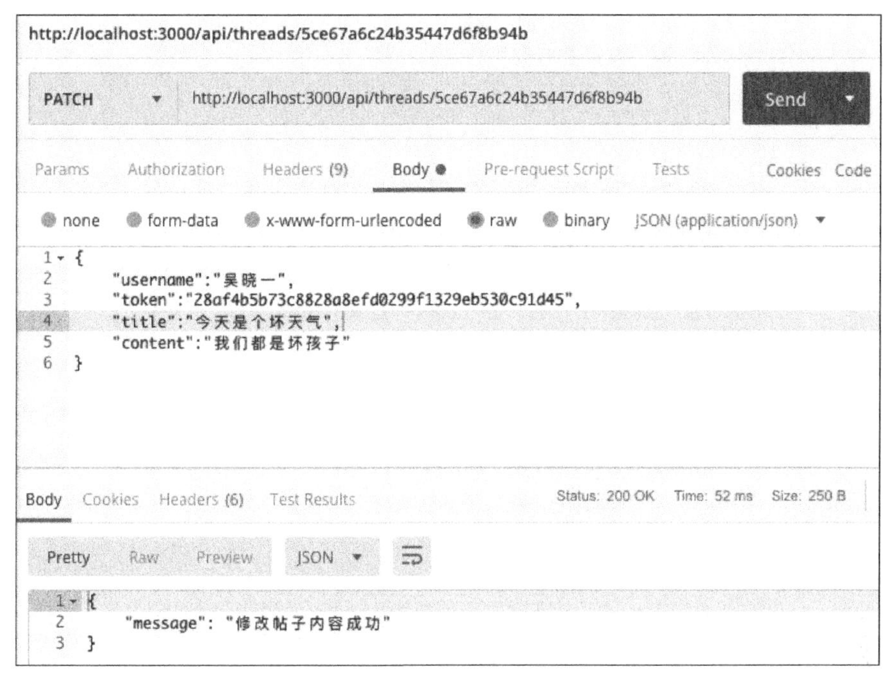

图 6.10 通过 Postman 调用修改帖子接口

6.3.5 删除帖子接口

最后是删除帖子接口。因为在本书的 BBS 项目中，回复是完全依存于帖子的，如果只删除帖子，而留下回复，则是对数据库资源的浪费。因此，除了删除帖子本身，也要同时删除其相关的回复。

继续在 threads.js 中新增接口，其具体实现为：

```
...
  app.delete(
    '/api/threads/:tid',
    async (req, res) => {
      try {
        const {
          tid,
        } = req.params;                    //从 URI 中获取待删帖子 ID
        if (!tid) {
          return res.status(400).json({
            message: '没有输入帖子 ID',
          });
        }
        const {
          username,
          token,
        } = req.body;                      //从请求体中获取用户名和凭证
        if (!username) {
```

```
          return res.status(400).json({
            message: '没有获取到用户名',
          });
        }
        if (!token) {
          return res.status(400).json({
            message: '没有获取到 token',
          });
        }
        const user = await User.findOne({  //查找该用户
          username,
          token,
        });
        if (!user) {                       //如果没找到
          return res.status(400).json({
            message: 'token 已过期,请重新登录',
          });
        }
        const thread = await Thread.findById(tid); //按照帖子 ID 查找该帖子
        if (!thread) {                     //如果没找到
          return res.status(400).json({
            message: '该帖子不存在',
          });
        }
        if (String(user._id) !== String(thread.author)) {
                                           //比对当前用户与帖子作者是否一致
          return res.status(400).json({
            message: '你不是该帖的作者',
          });
        }
        return res.json({
          message: '删除帖子成功',
        });
      } catch (e) {
        return res.status(400).json({
          message: e.message,
        });
      }
    },
  );
...
```

继续获取该帖子所有相关回复,代码如下:

```
...
    await Comment.deleteMany({                 //删除一切相关回复
      target: mongoose.Types.ObjectId(tid),    //将帖子 ID 实际转化为 Mongoose 的 ID 类型
    });
    user.threads.pull(thread);                 //从用户的发帖记录中删除该帖子
```

```
    await user.save();                          //存储用户当前状态
    await thread.remove();                      //从 threads 集合中删除该帖子
    return res.json({
      message: '删除帖子成功',
    });
...
```

重启服务，按照图 6.11 所示调用该接口。显示“删除帖子成功”。在 Robo 3T 中可确认到，在 users、threads 和 comments 三个集合中，该帖子的相关信息都被彻底删除干净。至此，完成了全部 API 的开发工作，也即用户在产品中所能实现的全部操作。

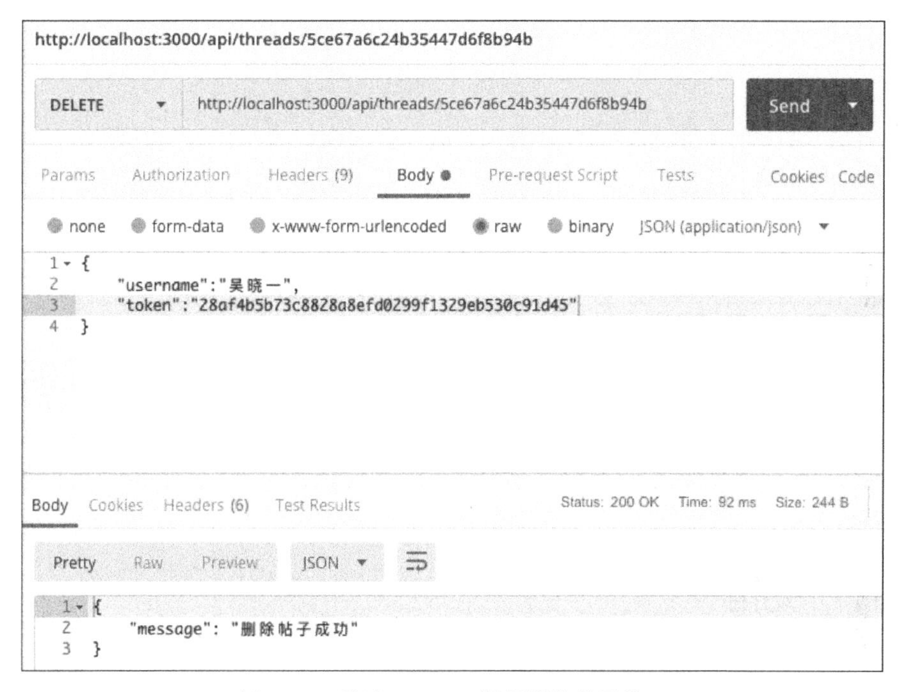

图 6.11 通过 Postman 调用删除帖子接口

6.3.6 小结

在本节中，学习了帖子相关接口的实现。这是一个标准的数据增、查、改、删的过程。可以说，如果彻底掌握了本节各接口的实现思路，绝大部分接口的实现都可以迎刃而解。

在某些只有当事人有权进行操作的接口中，需添加条件判断，核查调用者是否与当事人身份一致，如为否，则禁止调用。

为了避免造成数据库的资源浪费，假如表 A 中的某些数据完全从属于表 B 中的数据，那么在对表 B 中的条目进行删除处理的同时，也要删除表 A 中的相关数据，以避免对数据库资源的浪费。

后端开发工作就此告一段落，本章所开发的全部 API 也将在后续章节中反复被各个平台上的客户端所调用。

第 7 章

Web 客户端开发入门

视频讲解

7.1 模块打包器——Webpack

接口的全部开发工作完成，标志着服务器开发工作告一段落。开发工作的重心也转移到 Web 客户端上来。如果说服务器方面还可以借助 Node.js 内置的模块系统来实现工程化开发，那么 Web 客户端由于受浏览器掣肘，在工程化开发时，就不得不借助模块打包器——Webpack。

7.1.1 功用

Webpack 是一个模块打包器(module bundler)。它可以根据项目中各文件之间的依存关系，将文件所需的模块逐一纳入并汇总，最终打包为一个或数个文件。比如，在此前的 BBS 项目中，开启服务的入口文件是项目根目录下的 index.js，在这个入口文件中，引用了两个 API 文件：users.js 和 threads.js。在每个接口文件中，又都引用了相关的 Mongoose 模型文件：User.js、Thread.js 和 Comment.js。如果使用 Webpack，就可以将这些文件汇总为一个文件。也就是说，开发阶段可以继续以模块为单位组织项目结构，实际部署时再利用 Webpack 将所有源文件打包汇总成一个文件，以解决前端浏览器不支持模块系统的问题。

使用 Webpack 打包带来的好处还有如下几个方面：

(1) 性能优化。要知道，用户在前端所见的 Web 客户端界面是由静态文件构成的，而静态文件需要向服务器发起请求下载到本地方可处理或执行。文件尺寸越大，用户请求的响应时间就越长，也就越影响用户体验。Webpack 可以以极为有效的方式优化并压缩代码，缩小整个 Web 客户端的体积。

(2) 减少向服务器的请求次数。向服务器请求静态文件时，加载多个文件就意味着要向服务器发出多次请求。把多个文件合并为一个文件就可以大大减少请求次数，缓解服务器压力。

(3) 提高兼容性。浏览器对于 ES 6 之后的高级语法的支持还需要时日。使用 Webpack 打包的话,可以将 ES 6 以后的高级语法编译为普通的 ES 5 语法,大幅提高项目的兼容性,也方便开发人员在开发阶段毫无后顾之忧地使用最高级的语法,提高开发效率。

(4) React 的使用。本书将使用 React 作为前端框架,而浏览器本身是无法识别并渲染 React 组件的。使用 Webpack 配合 Babel 编译器打包就可以实现对 React 语法的完美转换。

7.1.2 安装与配置

迄今为止,项目的主要结构是这样的:在项目根目录下,入口文件为 index.js,在其中引用了 api 文件夹下的接口文件,接口文件中又引用 model 文件夹下的模型文件。

但从本章开始,将涉及 Webpack 编译及打包,为了区分编译后的文件和源代码,需要在根目录新建两个文件夹:build 和 src,并将 api 和 model 这两个文件夹移动到 src 中。index.js 移动到 src 文件夹的同时,为了与之后的 Web 客户端入口文件(将被命名为 client.js,后述)区分开来,重命名为 server.js,以示这是服务器端的入口文件。于是,项目结构变为如图 7.1 所示的样子。

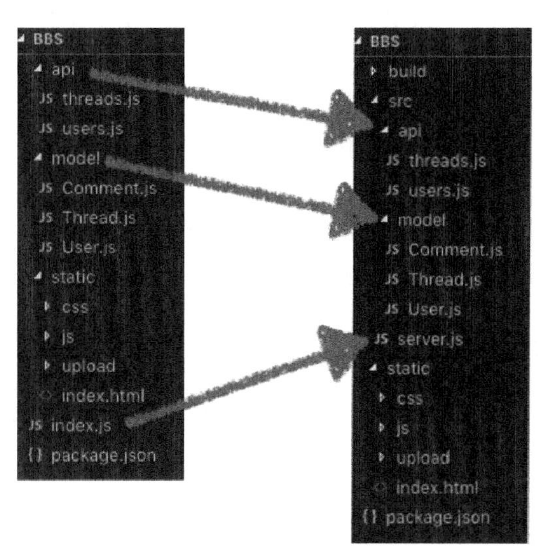

图 7.1 项目结构变化

今后,将把所有写好的接口、模型以及界面组件放在 src 文件夹中,进行统一管理。用 Webpack 编译后的服务器端文件将出现在 build 文件夹中,使用 node 命令执行该编译文件以启动服务。

为了使用 Webpack,首先需要安装三个库,分别是 webpack、webpack-cli 以及 webpack-node-externals。这三个库可通过下面的命令一次性安装好:

```
$ cnpm install webpack webpack - cli webpack - node - externals -- save - dev
```

其中,webpack 是打包器的核心;webpack-cli 提供了大量指令以方便打包定制,是使用

Webpack 的必备库；webpack-node-externals 则是为了将一些外部不该被打包的模块，比如 node_modules 中的依赖库，排除在外。使用--save-dev 而非--save 是因为 Webpack 打包器将只在开发过程使用，而非项目部署后的依赖对象。

接下来在根目录下新建一个名为 webpack.config.js 的文件，作为 Webpack 的默认配置文件。通过编写该文件，可以告诉 Webpack 具体如何打包，以实现在打包方面的定制。具体内容编辑如下：

```
const nodeExternals = require('Webpack - node - externals');
module.exports = {
        mode: 'development',
        entry: './src/server.js',
        output: {
          path: `${__dirname}/build`,
          filename: 'server.js',
        },
        externals: nodeExternals(),
};
```

这是一个 Webpack 的最小配置。其中，mode 表示打包模式，可从生产模式（production）或开发模式（development）二者中选择其一，开发期间为了方便定位漏洞（bug）的位置，最好使用开发模式，待开发完成后实际部署时，再改为生产模式，以便优化文件尺寸。

entry 是打包的入口，也就是刚刚更名后的后端入口文件。

output 是输出文件，其中又分为 path（路径）和 filename（文件名），组合起来便是输出文件的所在，因为 Webpack 要求 path 必须使用绝对路径，所以还在字符串模板中拼接上了 ${__dirname}，用来表示该文件在服务器上所处的绝对路径。

最后，用 externals 排除掉不想打包的部分，也就是 node_modules 中的依赖库。

7.1.3 npm 脚本

因为没有全局安装 Webpack（官方也不推荐这样做），所以无法在根目录下直接执行 Webpack 命令打包。但有个更方便的方法就是修改根目录下的 package.json，通过改写其 scripts 键来自定义脚本命令。将 package.json 的 scripts 键改写为：

```
…
    "scripts": {
        "build": "webpack"                      //定义的打包命令
    },
…
```

就可以在命令行工具中使用

```
$ npm run build
```

执行打包命令了。

执行后，会看到详细的打包信息以及打包后的文件大小。在项目根目录的 build 文件夹下可以找到打包后的server.js文件，也就是编译后的后端入口文件。

可以继续在package.json中再定义两条命令：

```
...
        "scripts": {
          "build": "webpack",                        //打包命令
          "start": "node ./build/server.js",         //运行命令
          "dev": "npm run build && npm run start"    //前两条命令的合并
        },
...
```

以后只需要在命令行工具中执行如下命令，就可以先打包再启动服务了：

```
$ npm run dev
```

7.1.4 Web客户端的打包

由于浏览器兼容性问题，打包对于Web客户端来说尤为重要。可以将其与后端的打包统一写在同一个配置文件之中。修改webpack.config.js如下：

```
const nodeExternals = require('Webpack-node-externals');
module.exports = [{                                      //开始打包服务器端
      mode: 'development',
      entry: './src/server.js',
      output: {
        path:`${__dirname}/build`,
        filename: 'server.js',
      },
      devtool:'source-map',
      externals: nodeExternals(),
},
{                                                        //开始打包Web客户端
      mode: 'development',
      entry: './src/client.js',
      output: {
        path:`${__dirname}/static`,
        filename: 'client.js',
      },
      devtool:'source-map',
}];
```

其中，'./src/client.js'是Web客户端打包的入口文件，可以在src中新建一个名为client.js的文件，并简单地写入一句：

```
alert('Hello Webpack');
```

output是打包文件输出的路径，这里之所以没输出到build，是因为打包后的Web客户

端是需要作为静态文件供用户在浏览器中下载的，必须输出到文件夹 static 中。

在命令行工具中执行如下命令：

```
$ npm run dev
```

static 文件夹中会自动生成一个名为 client. js 的文件，这就是编译后的 Web 客户端。

为了让用户的浏览器在打开站点后加载到这个客户端，在 static 下新建一个 index. html 文档，内容编辑为：

```
<! DOCTYPE html >
< html >
    < head >
        < meta charset = "utf - 8"/>
        < title > Webpack 测试</title >
    </head >
    < body >
        < h1 > Webpack 测试</h1 >
        < script src = "client. js"></script >
    </body >
</html >
```

在浏览器地址栏中输入 http://localhost:3000，就会弹出对话框，显示 Hello Webpack 字样，这说明打包后的 Web 客户端在浏览器中加载成功，如图 7.2 所示。

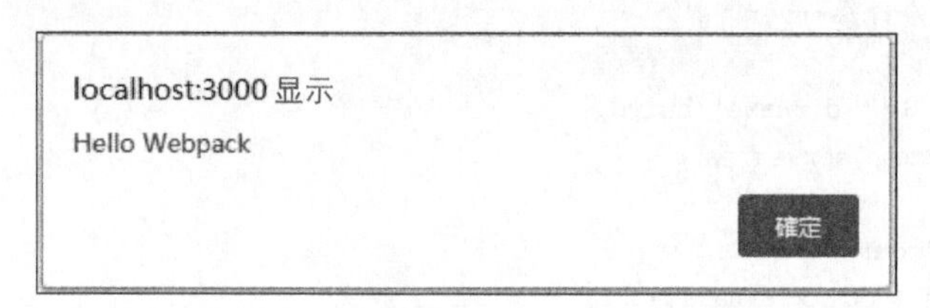

图 7.2 Web 客户端的打包、加载及执行

今后，每次在修改客户端代码并进行调试时，都需要重新执行打包命令以编译出新的客户端，略显烦琐。其实，在开发阶段，也可以使用 Webpack 打包器的 devServer 功能（参见 https://webpack. docschina. org/configuration/dev-server/），配合 react-hot-loader 插件（参见 https://github. com/gaearon/react-hot-loader）以实现可实时更新渲染页面的模块热替换（Hot Module Replacement，HMR），减少编译次数，进一步提升开发效率。但因为该配置相对复杂，对于初学者来说反而会招致不必要的混乱，所以在本书中割爱。读者在熟练掌握本书的全部内容及案例后，可自行参照官方网站的文档，并将其应用在自己的项目之中。

7.1.5 require 与 import

伴随着 Webpack 打包器的使用，已经可以使用 ES 6 的 import 语句全面取代此前的 require 语句。

在 4.4.2 节中,学习过 Node.js 的模块系统,提供外部引用接口时以

```
module.exports.引用名 = 变量或函数名;
```

的形式书写,在其他文件中实际引用时使用 require 就可以了。

但在 ES 6 以后,又多了一种选择,就是 export 和 import。对于要导出的变量或函数,可改为

```
export {变量或函数名};
```

的形式书写。

引用时则使用

```
import {变量或函数名} from 模块;
```

可以看出,require 的实质是变量赋值,而 import 的实质则是变量解构(参见 2.4.2 节)。

如果想直接导出接口,也可以使用

```
export default 默认变量或函数名;
```

引用时也不再需要使用大括号:

```
import 默认变量或函数名 from 模块;
```

但是 default 的写法在一个模块中只可以使用一次,因为一个模块只可以有一个默认输出。

即便使用 import 语句引用模块,在打包后也依旧会被编译为 ES 5 的 require 语句,但在书写时可以感受到实实在在的便利,更加重要的是,import 代表的是 JavaScript 的未来。

在本节所附带的源代码中,此前的所有模型、接口以及入口文件中的 require 语句均被替换为了 import 语句,读者可自行参考。从 7.2 节开始,将统一使用 import 写法来引用模块。

7.1.6 小结

Webpack 是模块打包器,可以将项目中有依存关系的各个模块打包为一个或数个文件。这样不仅可以优化性能,缓解服务器压力,也能够通过编译来提高语法的兼容性。

为了区分编译后的文件和源代码,对项目结构做了一定调整:所有写好的接口、模型以及界面组件将统一放在 src 文件夹中进行管理和维护。

Webpack 的默认配置文件是项目根目录下的 webpack.config.js,编辑这个文件,可以实现对打包的定制。

此外,通过修改 package.json 的 scripts 键,可以自定义脚本命令。仅借助一条命令,就可以一口气完成打包并开启服务,这为整个开发进程带来了便利。

和后端相比,Web 客户端的打包尤为重要。可以与后端的打包配置一同写在

webpack.config.js 中。Web 客户端打包后需要输出到 static 文件夹作为静态文件，在同为静态文件的 index.html 中引用并加载。

使用 Webpack 后，还可以用 ES 6 的 export 和 import 取代此前的 require 写法。这在代码书写上更加方便，也代表着未来。此后的章节将完全采用该写法。

视频讲解

7.2 前端框架——React

React 是 Facebook 公开的新一代前端开发技术，用来构筑用户界面。正如官方反复声明的那样，React 只是库(library)，而并非框架(framework)。因此，React 自身并不提供任何开发模式。

虽说如此，大众在认知上还是习惯将 React 归入三大前端框架之一。所谓三大前端框架，指的是 Google 出品的 Angular、Facebook 出品的 React 以及我国尤雨溪开发的 Vue，三大前端框架呈三分天下之势。

7.2.1 特色

React 具有如下特色：

(1) 声明式。声明式渲染与命令式渲染最大的不同就在于并不需要告诉机器怎么做(how)，只需要告诉它做什么(what)。因此 React 的开发人员根本无须考虑因数据改变而带来的视图变化，React 库会自动对其计算并做局部无刷新渲染。这不仅提高了页面渲染效率，也使视图更易于理解，易于维护。

(2) 组件化。基于 React 的前端开发，唯一的工作就是写组件。React 的组件就好像一块块积木，搭起来就构成了一个完整的页面。每一个组件都封装了它自身的状态和渲染方式。这既有利于开发和维护，又增加了 UI 的可复用性。

(3) 去模板。在 React 之前，大部分 Web 框架都采用模板式开发，通过模板来实现可复用的 HTML 或 DOM 元素。而模板语言自身往往需要前端开发人员花费大量时间学习并适应。与此相对，React 组件可以完全使用 JavaScript 语言进行编写。

(4) 函数式。可以说，React 与另外两大前端框架相比，在设计理念上最大的不同就是函数式编程思想，即认为 UI 只是把数据映射为视图的函数。特别在 2019 年推出了 Hooks(钩子)新特性后，大多场景都无须再像从前一样编写组件类，仅通过函数就可以实现。

在本书中，也将完全利用这个新特性进行讲解，不再提及传统的组件类写法。

初学者如能在正式接触 React 前，宏观地把握并理解以上四点 React 设计原则，就可以在之后的章节中更有效率地学习并掌握 React。

7.2.2 安装

首先需要安装 react 和 react-dom 两个库：

```
$ cnpm install react react - dom -- save
```

其中，react 是 React 的主库，主要用来自定义组件。react-dom 用来将定义的 React 组件插入到 HTML 文档的 DOM 节点以实现渲染。

除此之外，因为浏览器本身并不支持 React，还需安装能够将 React 语法转换为普通 JavaScript 语法的语法转换器 Babel（包含核心@babel/core 及加载器 babel-loader），以及两个语法编译预设@babel/preset-env 和@babel/preset-react，在项目根目录下执行如下命令安装：

```
$ cnpm install babel-loader @babel/core @babel/preset-env @babel/preset-react
--save-dev
```

因为 Babel 只需配合 Webpack 编译使用，而非项目运行时的依存库，所以使用--save-dev 即可。接下来只需修改 webpack.config.js 的客户端打包部分，内容如下：

```
module.exports = [{
    ...
},
{
      mode: 'development',
      entry: './src/client.js',
      output: {
        path: `${__dirname}/static`,
        filename: 'client.js',
      },
      devtool:'source-map',
      resolve: {
        extensions: ['.js', '.jsx'],              //处理扩展名为.js或.jsx的文件
      },
      module: {
        rules: [{
          test: /\.(js|jsx)$/,                    //针对扩展名为.js或.jsx的文件
          exclude: /node_modules/,                //排除 node_modules
          loader: 'babel-loader',                 //使用 babel-loader 作为加载器
          options: {
            presets: ['@babel/preset-env', '@babel/preset-react'],
                                                  //使用 env 和 react 两个编译预设
          },
        }],
      },
},
];
```

Web 客户端的打包配置也写好了，不过先不要急着编译，在打包之前先来完成第一个 React 组件。

7.2.3 第一个 React 组件

如前所述，React 的本质是 UI 库，通过定义函数的方式完成一个个组件的开发，最终借助 Webpack 统合打包为一个 Web 客户端。这个客户端是以 JavaScript 脚本形式存储的静态文件。用户在打开首页 index.html 的同时向服务器请求这个静态文件，并将该客户端加载到 index.html 的挂载点上。该机制如图 7.3 所示。

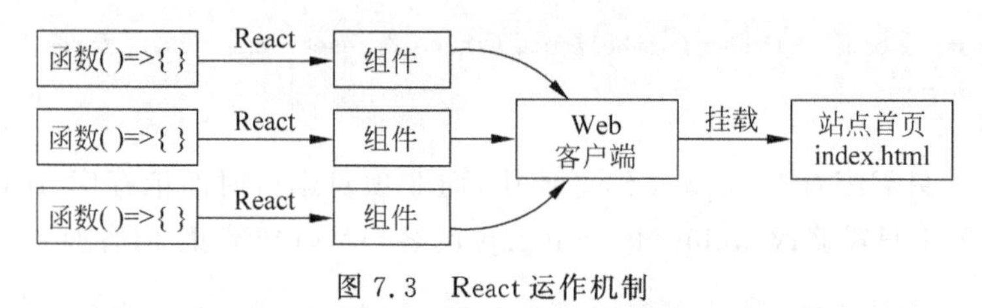

图 7.3 React 运作机制

基于这个运作机制，首先需要编辑首页 index.html，以完成两个任务：一是使用<script>标签引用编译后的 Web 客户端文件；二是设置一个空的<div>标签作为 Web 客户端的挂载点。

编辑 static 文件夹中的 index.html，内容如下：

```
<!DOCTYPE html>
<html>
    <head>
        <meta charset="utf-8"/>
        <title>Hello React</title>
    </head>
    <body>
        <div id="root"></div>
        <script src="client.js"></script>
    </body>
</html>
```

在设置<div>标签的同时还加上了一个值为 root 的 id 属性，这是为了方便一会儿挂载客户端的时候能够准确定位。另外，务必注意这句和引用 Web 客户端的<script>标签顺序不可颠倒，否则会在加载客户端时因找不到挂载点而报错。

接下来编写客户端文件，也就是 src 文件夹中的 client.js，代码如下：

```
import React from 'react';                              //引用 react
import ReactDOM from 'react-dom';                       //引用 react-dom
const App = () => <h1>Hello React!</h1>;                //第一个组件 App
const root = document.querySelector('#root');          //根据 id 定位挂载点
ReactDOM.render(<App/>, root);                          //将组件挂载
```

App 就是编写的第一个组件，它的本质是将数据映射为视图的箭头函数，其中，箭头左侧的数据为空，箭头右侧的视图为 HTML 的一号标题<h1>标签。随后，通过 querySelector 定位

到 id 为 root 的挂载点，并将 App 组件挂载到这个挂载点上。

再次执行

```
$ npm run dev
```

后即可在 static 文件夹中找到编译后的 client.js。在浏览器地址栏中输入 http://localhost:3000 后按 Enter 键也可看到“Hello React!”字样。说明第一个 React 组件被成功编译并挂载成功，如图 7.4 所示。

图 7.4 第一个 React 组件

7.2.4 JSX 语法

React 的这种组件特殊写法被称为 JSX 语法。它是 React 对 JavaScript 语法的扩展，开发中以.jsx 作为其文件的扩展名。在 7.2.3 节的例子中，将组件 App 直接写在了入口文件 client.js 中，但出于项目开发和维护考虑，往往需要将组件分离，存为单独的.jsx 文件。

在项目根目录的 src 文件夹下新建一个名为 jsx 的文件夹，专门用来存储 React 组件。并在 jsx 下新建一个名为 App.jsx 的文件，将刚才写在 client.js 中的 App 分离出来：

```
import React from 'react';
const App = () => <h1>Hello React!</h1>;
export default App;
```

并将入口文件 client.js 改为如下代码：

```
import React from 'react';
import ReactDOM from 'react-dom';
import App from './jsx/App';                    //引用分离出去的 App 组件
const root = document.querySelector('#root');
ReactDOM.render(<App />, root);
```

重新编译并执行，在浏览器中打开首页，和分离前完全等效。

上面 App 组件这个例子，因为函数的处理部分用一行就可以完成，所以可直接写在箭头右面。但绝大多数场合下，组件都很复杂，就需要使用大括号包住代码块，且用 return 返回待渲染的视图部分。因此，更加一般化的 React 组件书写格式如下：

```
const App = () => {
    return (
        <h1>Hello React!</h1>
    );
};
```

可能大家会注意到，JSX 语法中 return 的视图部分看起来很像 HTML，基本格式也是：

```
<开始标签>内容</结束标签>
```

需要特别注意的是，如果是空元素（即没有内容的元素）的话，也必须在标签结尾加上“/”以示结束。在HTML中的空元素即便不写也可以正常被浏览器渲染，但在JSX语法中不写的话会报错，因此必须写作：

```
<标签/>
```

此外，并列使用多个元素时，外部一定要用一个标签元素将它们包裹起来，比如：

```
const App = () => {
    return (
        <div>
          <h1>标题</h1>
          <p>正文</p>
        </div>
    );
};
```

当然，如果JSX仅仅能做到渲染HTML标签，也就没有多大存在价值了。除了HTML标签外，它还可以渲染自定义的React组件。普通的HTML标签，像上面的例子一样使用小写字母；而React自定义组件，需要用大写字母开头，就像此前在client.js中写的那样：

```
<App />
```

而JSX最强大的地方在于，标签所夹的“内容”部分可以使用一切JavaScript表达式，也就是说，在JavaScript中凡是可以写在赋值符号“=”右面的部分，就也可以写在开始标签与结束标签之间，只需写在花括号{}里即可：

```
const App = () => {
    return (
        <div>
          <h1>1 + 2 等于几?</h1>
          <p>{1 + 2}</p>
        </div>
    );
};
```

打开浏览器后，发现<p>标签显示的内容为3，也就是表达式的计算结果。

在花括号里虽然不可以直接使用if else语句，但可以使用三元运算符（因为三元运算符也可以作为表达式），这样就可以根据某个变量的值来控制渲染哪个组件：

```
const App = () => {
      const gender = '男';
      return (
        <div>
```

```
            <h1>性别判断</h1>
            {gender === '男'?
              <p>我是男人</p> :
              <p>我是女人</p>}
          </div>
        );
};
```

组件的样式方面，依旧可以使用一切CSS的样式，但需要注意的是，倘若CSS样式的属性名中包含“-”号，则必须将“-”号去掉并将“-”号后面的单词首字母大写，比如想给标题添加背景色，在CSS中这个属性名本为background-color，在JSX中就成了如下写法：

```
const App = () => {
    return (
        <div>
          <h1 style={{ backgroundColor: 'red' }}>添加样式</h1>
        </div>
      );
};
```

这里面用了两层大括号，但意义完全不同：第一层大括号是为了将内部代码作为表达式处理；第二层大括号表示的是JavaScript的对象类型。

也可以将样式部分单独提出来用一个常量存储，上面的代码就可改写为：

```
const App = () => {
      const myStyle = { backgroundColor: 'red' };
      return (
        <div>
          <h1 style={myStyle}>添加样式</h1>
        </div>
        );
};
```

7.2.5 组件化

在本节中，将以ThreadListPage（帖子列表页面）中的ThreadList组件为例来讲解组件化。

ThreadList是用表格形式来呈现帖子列表的组件。当然，完全可以像7.2.4节一样在App组件里继续书写，可这样一来不仅会降低可读性，也会影响组件的可复用性。最好的办法是单独创建一个ThreadList的.jsx文件，并在App组件里引用，这就是React的组件化思想。

在jsx文件夹下新建组件文件ThreadList.jsx，其具体实现如下：

```
const React = require('react');

const ThreadList = () => {
    return (
        <table>
          <thead>
            <tr>
              <th>标题</th>
              <th>作者</th>
            </tr>
          </thead>
          <tbody>
            <tr>
              <td>今天天气很好</td>
              <td>张三</td>
            </tr>
            <tr>
              <td>我的心情很糟糕</td>
              <td>李四</td>
            </tr>
          </tbody>
        </table>
    );
};

export default ThreadList;
```

ThreadList 写好后，在 App.jsx 中按照如下代码引用：

```
const React = require('react');
import ThreadList from './ThreadList';             //引用同目录下的 ThreadList.jsx

const App = () => {
    return (
        <div>
          <h1>帖子列表</h1>
          <ThreadList />
        </div>
      );
};

export default App;
```

这里之所以用<div>标签将<h1>和<ThreadList/>包裹起来，是因为在 return 中不能直接地返回多个并列元素，详情可参见 7.2.4 节对 JSX 语法的说明。

重新编译并刷新页面后，可以看到表格在标题下显示出来，如图 7.5 所示。

图 7.5　React 组件化

7.2.6　props

在 7.2.5 节的例子中，表格中的两条数据都直接写在了组件 ThreadList 中，这样并不利于 ThreadList 组件的复用，因为数据不可能永远是张三和李四。唯一的解决办法是将实际数据与 UI 分离。在传统的 Web 开发中，这往往是通过模板语言来实现的。但 React 提供了一个更优雅的解决方案，这就是 props。

如前所述，React 的设计理念是追求彻底的函数式编程，将组件视为把数据映射为视图的函数。如果说函数的返回值就是视图，那么函数的输入值就是 props。

props 使用 object 对象类型表示，可以通过父组件将数据传递过来。在上个例子中，ThreadList 的父组件指的是就是 App 组件，因为 ThreadList 是在 App 组件 return 的视图中使用的。

父组件将数据传递给子组件的方法很简单，就是在使用子组件的同时，在标签中添加属性及相应属性值即可。

试着把张三和李四的数据转移到 App.jsx 中并用一个数组存储，同时给 ThreadList 标签添加相应的属性，代码如下：

```
const App = () => {
    const threads = [{ title: '今天天气很好', author: '张三' },
        { title: '我的心情很糟糕', author: '李四' }];
    return (
        <div>
          <h1>帖子列表</h1>
          <ThreadList threads = {threads} />
        </div>
    );
};
```

这样，传给 ThreadList 的 props 就具备了名为 threads 的属性，在组件中可以通过 props.threads 访问到每条用户数据。改写组件 ThreadList 的代码为：

```
const ThreadList = (props) => {
        const {threads} = props;                    //从 props 解构出 threads 数组
        const rows = threads.map((thread, idx) => (//数组迭代,每条 thread 数据映射为一个<tr>
          <tr key={idx}>
            <td>{thread.title}</td>
            <td>{thread.author}</td>
          </tr>
        ));
        return (
          <table>
            <thead>
              <tr>
                <th>标题</th>
                <th>作者</th>
              </tr>
            </thead>
            <tbody>
              {rows}
            </tbody>
          </table>
        );
};
```

这里之所以还为<tr>添加 key 属性，是因为 React 要求在遍历数组时给每个子元素都赋予唯一的 key 属性，以提高渲染性能。

因为“行”(<tr>)在“表格”(<Table>)中需要反复使用，也可以将其组件化。所以在 ThreadList.jsx 中再创建一个 Row 组件，其代码实现为：

```
const Row = (props) => {
    const { thread } = props;                    //从 props 解构出单条帖子数据
    return (
        <tr>
          <td>{thread.title}</td>
          <td>{thread.author}</td>
        </tr>
    );
};
```

并改写 ThreadList 中 rows 部分的代码为：

```
...
const ThreadList = (props) => {
    const { threads } = props;
    const rows = threads.map((thread, idx) => (
        <Row key={idx} thread={thread} />       //将每条 thread 数据映射为自定义组件<Row>
    ));
    return (
...
```

刷新页面，数据依旧能够正常显示，但通过使用 props，彻底实现了 UI 与数据的分离。可如果想让用户做一些界面交互怎么办？比如，在每条帖子旁设置一个按钮，每单击按钮一次，显示该帖的点击数加一；又或者单击“收藏”按钮，收藏后再单击该按钮的话取消收藏。这就需要理解 React 的另一个重要概念：state。

7.2.7　state

state 和 props 最重要的区别就在于 props 是不变的，但是 state 可以通过用户与界面的交互进行实时改变。因此，props 只能用来接收父组件传递过来的数据，但 state 却可以用来修改和更新组件内部的数据，即更新组件的“状态”。

在 React 16.8 之前，需要用到 state 时就不得不采用类组件来书写。但在 16.8 版本开放 Hooks（钩子）特性后，函数组件也可以实现内部状态管理了。

要使用状态，需先在 ThreadList.jsx 的头部按照如下语句引用 useState：

```
import React, { useState } from 'react';
```

useState 是一个钩子，输入给 useState 的唯一参数是状态初始值，它返回的数组包含两个元素：当前状态，以及可修改该状态的函数，二者可通过解构来获取。所以可在 Row 组件中添加如下代码：

```
const Row = (props) => {
    const { thread } = props;
    const [click, setClick] = useState(0);       //解构
    return (
...
```

也就是说，将常量 click 设为当前点击数的状态（初始值为 0），setClick 作为修改点击数的函数。

刷新页面，用户数据依旧可以正常显示，不同的是，组件已经具备了修改数据的潜质。

首先在 Row 组件里给每行增加一个按钮，代码如下：

```
...
    return (
      <tr>
        <td>{thread.title}</td>
        <td>{thread.author}</td>
        <td><button>{click}</button></td>
      </tr>);
...
```

当然，在 ThreadList 组件里的表头也需要相应地增加一列，表示点击数：

```
...
     <thead>
        <tr>
```

```
            <th>标题</th>
            <th>作者</th>
            <th>点击数</th>
          </tr>
        </thead>
    ...
```

重新编译，刷新页面，按钮可以正常显示。但为了让这个按钮实现交互，还需要给它添加一个响应事件。需要注意的是，在 React 里添加响应事件，需要使用驼峰式命名法，比如 JavaScript 中的单击事件本来是 onclick，在 React 中就需要写作 onClick，代码如下：

```
    ...
        return (
          <tr>
            <td>{thread.title}</td>
            <td>{thread.author}</td>
            <td>
              <button onClick = {() => setClick(click + 1)}>{click}</button>
            </td>
          </tr>);
    ...
```

"onClick="后大括号中的内容就是绑定给单击事件的函数。只要单击这个按钮，就会触发该函数。在触发后执行 setClick()函数，修改 click 的值为当前值加 1，以达到点击数递增的目的。

重新编译，刷新页面，单击按钮，帖子的点击数可以正常递增。

在上面的例子中，在组件内部规定了状态的初始值(点击数为 0)。但在很多情况下，组件的初始状态是由外部决定的，这时就需要借助父组件传过来的 props 来设定状态的初始值。

首先按照如下代码修改 App.jsx 的数据：

```
    ...
        const threads = [{ title: '今天天气很好', author: '张三', fav: true },
                         { title: '我的心情很糟糕', author: '李四', fav: false }];
    ...
```

其中，fav 取布尔值，代表了该帖是否已经收藏。

接下来在 ThreadList.jsx 的组件 Row 中添加如下代码：

```
    ...
    const [click, setClick] = useState(0);
    const [fav, setFav] = useState(thread.fav);      //收藏状态
    ...
```

这意味着将父组件传来的 props 中的收藏信息作为该帖子的初始值。

为 ThreadList 组件再添加一列，表示收藏，代码如下：

```
...
    <thead>
      <tr>
        <th>标题</th>
        <th>作者</th>
        <th>点击数</th>
        <th>收藏</th>
      </tr>
    </thead>
...
```

当然，Row 组件中也要添加相应的列，并置入一个按钮：

```
...
    <td>
      <button onClick={() => handleFav()}>{fav ? '取消收藏' : '收藏'}</button>
    </td>
...
```

基于三元运算符，按钮上的文字是由当前 fav 状态决定的：如果 fav 为 true，则显示“取消收藏”；反之，则显示“收藏”。此外，当绑定函数涉及复杂处理时，可以借助一个中间函数，间接地改变组件状态。比如本例的 handleFav()函数，其实现如下：

```
...
      const [fav, setFav] = useState(thread.fav);
      function handleFav() {                    //切换收藏状态的函数
        if (fav) {                              //如果已经收藏
          setFav(false);                        //取消收藏
        } else {                                //否则
          setFav(true);                         //收藏
        }
      }
      return (
...
```

当已经收藏或尚未收藏时，单击方才置入在< td >元素中的按钮，就会通过 setFav()函数将其变为相反的状态。

7.2.8 useEffect

在上面的例子中，是通过组件 App 传用户数据给组件 ThreadList，然后在 ThreadList 内部通过 props 获取数据信息并渲染的。可伴随子组件数量的增多，App 所承受的数据负担会越来越大。ThreadList 自身所用数据最好在该组件内部自行解决，这也更符合组件化的思路。

为了做到组件自身数据独立(即无须从父组件传入)，就要让组件在加载后自动获取并渲染数据。在 React 16.8 版本以前，加载时机的判定涉及组件的生命周期概念，而现在只需掌握 useEffect 的这个钩子函数即可。

在文件 ThreadList.jsx 里追加引用 useEffect：

```
import React, { useState, useEffect } from 'react';
```

并在组件 ThreadList 里添加如下代码：

```
...
const ThreadList = (props) => {
    const [threads, setThreads] = useState([]);
    useEffect(() => {
        setThreads([{ title: '今天天气很好', author: '张三', fav: true },
          { title: '我的心情很糟糕', author: '李四', fav: false }]);
    },[]);
...
```

首先还是声明帖子列表状态 threads 以及修改该状态的 setThreads()函数。随后传入 useEffect 两个参数：第一个参数是一个箭头函数，使组件在加载后就自动调用 setThreads()函数修改帖子列表状态为这两条预设数据；第二个参数需要设为一个空的数组，以避免反复渲染。

因为数据已在组件内部解决，可以将此前由 props 解构出的 threads 删掉了：

```
...
//const { threads } = props;                              //这句删掉
...
```

父组件 App 也无须再传给 ThreadList 数据了：

```
const App = () => {
    //const threads = [{ title: '今天天气很好', author: '张三', fav: true },{ title: '我的心情
      很糟糕', author: '李四', fav: false }];                //这条数据删掉
    return (
        <div>
          <h1>帖子列表</h1>
          <ThreadList />                                   //去掉 threads = {threads}
        </div>
    );
};
```

刷新页面，表格依旧正常显示，然而 ThreadList 组件已经彻底做到了数据独立。

7.2.9 调用 API

在 7.2.8 节中，组件 ThreadList 虽做到了数据独立，但所渲染的毕竟是预先做好的数据。而现实中的 App 应用，往往还需要调用 API 从数据库中获取到真实数据。

在开启了 API 服务的前提下（详见第 6 章），就可以在组件加载后调用对应接口了。在前端组件中调用后端接口，传统的解决方案主要是基于 XMLHttpRequest 的 AJAX 方法，

而现在有了更优的解决方案——fetch。

fetch作为XMLHttpRequest的替代方案，使用时最好结合async/await语句。在第6章进行接口开发时，得益于Node.js对JavaScript高级语法的支持，可以直接使用async/await语句。而在前端，受浏览器兼容性的局限，想在Web客户端中使用async/await语法，还需安装翻译器Babel的transform-runtime插件才行。在命令行工具中输入并执行：

```
$ cnpm install @babel/plugin-transform-runtime @babel/runtime --save-dev
```

为了让插件生效，还需修改webpack.config.js的Web客户端打包配置中的options键为：

```
...
    options: {
        presets: ['@babel/preset-env', '@babel/preset-react'],
        plugins: ['@babel/plugin-transform-runtime'],
    },
...
```

接下来正式完成组件ThreadList。首先需要在useEffect中添加一个调用API的loadThreads()函数，取代此前的假数据，代码如下：

```
...
    useEffect(() => {
        const loadThreads = async () => {       //调用 API 的函数
          try {
            const res = await fetch(
              'http://localhost:3000/api/threads',
              { method: 'GET' },
            );                                  //用 fetch 发出请求，获取响应 res
            const result = await res.json();    //将响应转换为 JSON 格式
            if (res.ok) {                       //如果响应码为 200
              setThreads(result.data);          //用调用结果修改状态 threads
            } else {                            //否则
              alert(result.message);            //用弹出框显示错误信息
            }
          } catch (err) {
            alert(err.message);                 //用弹出框显示错误信息
          }
        };
    }, []);
...
```

在fetch中，需要提供两个参数：第一个是请求的API地址；第二个是用对象数据类型表示的请求相关信息(包括请求方法、请求体等)。在成功获取响应后将其转为JSON格式，并根据响应码做出不同处理。

继续修改useEffect使组件ThreadList在加载后就调用这个函数，也即调用获取帖子列表接口：

```
...
            } catch (err) {
              alert(err.message);
            }
          };
          loadThreads();                                    //组件加载后就调用获取帖子列表函数
    }, []);
...
```

按照此前原型的设计修改表头为：

```
...
    <thead>
        <tr>
          <th>标题</th>
          <th>作者</th>
          <th>发布时间</th>
        </tr>
    </thead>
...
```

最后，将组件 Row 改为如下代码：

```
const Row = (props) => {
    const { thread } = props;
    return (
        <tr>
          <td>{thread.title}</td>
          <td>{thread.author.username}</td>
          <td>{new Date(thread.posttime).toLocaleString()}</td>
        </tr>
    );
};
```

其中，new Date().toLocaleString()是为了将数据库中存储的时间格式转换为本地化时间标记。比如，数据库中的 posttime 为“2019-04-29T13:48:24.166Z”，转换后就变成了“2019/4/29 下午 9:48:24”字样。

图 7.6 使用 React 组件调用后端 API

重新编译后，组件 ThreadList 已经可以完美显示此时数据库中存储的真实数据（没有数据的话，可在 Postman 里手动调用新增帖子接口添加一些），效果如图 7.6 所示。

还有一处需要留意，在调用 API 时写的是测试服务器的地址以及端口，即 http://localhost 和 3000：

```
...
    const res = await fetch(
        'http://localhost:3000/api/threads',
        { method: 'GET' },
    );
...
```

但当真正部署产品时，无论是服务器的地址还是端口都会改变，到时数以百计的项目组件不可能一一通过手动做出修改。为了防患于未然，现在就要采取相应措施。解决方案是使用一个配置文件专门存储这些信息，等到实际部署时只需修改这个配置文件就可以了。

在 src 文件夹下新建文件 config. js，编辑内容如下：

```
export const HOST = 'http://localhost';           //主机地址
export const PORT = 3000;                         //使用端口
```

在文件 ThreadList. jsx 中引用这两个常量：

```
import { HOST, PORT } from '../config';
```

调用 API 的语句也使用模板字符串将主机地址、端口和接口拼接起来，就成了如下代码：

```
...
    const res = await fetch(
        `${HOST}:${PORT}/api/threads`,
        { method: 'GET' },
    );
...
```

重新打包后刷新页面，数据依然可以正常显示，同时也为将来更改主机地址和端口做好了充分准备。

7.2.10 小结

本节详细讲解了三大前端框架(尽管官方否认是框架)之一的 React 的使用方法。

React 的组件写法使用 JSX 语法，是对 JavaScript 语法的扩展。它既能够让自定义组件像普通 HTML 标签一样使用，又可以在内容部分使用 JavaScript 表达式。

借助强大的 JSX 语法和 React 纯粹的函数式设计理念，可以实现彻底的组件化开发。对于一个 React 组件来说，外部传来的数据叫作 props，内部管理的状态叫作 state。

在 React 16.8 版本公布了 Hooks(钩子)新特性后，无论状态管理还是组件的生命周期都可以以更加简洁且便捷的方式实现了。这也大大降低了 React 的学习门槛。

在组件内部，可以使用 fetch 调用远程服务器的 API，以实现对真实数据的拉取、渲染乃至处理。考虑到产品实际部署时需要更改主机地址和端口，需要独立出一个配置文件专门存储这类信息。

视频讲解

7.3 UI 组件库——React Bootstrap

在 7.2 节，基于 React 的 JSX 语法，从功能角度完成了组件 ThreadList 的开发。但在样式上，还可做进一步美化，除了可以按照 7.2.4 节的内容为 React 组件添加 style 样式之外，也可以使用现成的 React 的 UI 组件库。

7.3.1 React 的 UI 组件库

React 的 UI 组件库，顾名思义，就是基于 React 的 JSX 语法，预定义了样式及交互的 UI 组件的集合。使用起来也与普通的自定义 React 组件无异，标签化声明即可。

由于 React 在全球范围的高影响力，在 UI 组件库方面有诸多选择。这里笔者只推荐几个特别出众的 UI 组件库，供读者参考：

1. React Material-UI

GitHub Star 数：46 387。

官方网站：https://material-ui.com/。

React Material-UI 是完全基于 Google 的 Material Design 设计规范开发的组件库，因此其组件风格有着浓浓的"安卓"风格。这个组件可以说是在全球范围内最受欢迎的 React 组件库。

2. React Bootstrap

GitHub Star 数：15 376。

官方网站：https://react-bootstrap.github.io/。

在不依存于 React 的前端 UI 库中，Twitter 出品的 Bootstrap 可谓是佼佼者（详见 2.2.4 节）。React Bootstrap 这个项目可以视为基于 React 语法对 Bootstrap 的移植。因为是 Twitter 出品，所以整体 UI 风格与"推特"类似。

3. Ant Design React

GitHub Star 数：45 764。

官方网站：https://ant.design/index-cn。

Ant Design React 是我国蚂蚁金服出品的 UI 库，完全遵循 Ant Design 设计规范。其组件之丰富、功能之完备可以说遥遥领先于其他库。

4. Semantic UI React

GitHub Star 数：9515。

官方网站：https://react.semantic-ui.com/。

Semantic UIReactt 总体来说组件很丰富，而且设计上独树一帜，比如 Reveal 等组件，既独特又有趣，非常适合整体风格活泼又轻快的网站使用。

对于初学者来说，笔者更推荐使用 React Bootstrap，因为使用起来相对简洁明了，且与 2.2.4 节所学习的内容一脉相承。在 UI 库的使用方面，可说是一通百通，等到熟练掌握其运作机制后，再换用其他库也不迟。综上，本书将采用 React Bootstrap 进行讲解。

7.3.2 React Bootstrap 的安装与使用

首先通过下面命令安装 React Bootstrap：

```
$ cnpm install react - bootstrap -- save
```

React Bootstrap 仅提供 React 式的组件，样式上还是需要借助 Bootstrap 本体。与 2.2.4 节所述方法一样，在官方网站下载并解压，只取出其中的 bootstrap.min.css，复制到项目的静态文件夹 static/css 下，并修改 index.html 引用该样式表文件：

```
...
<head>
    <meta charset = "utf - 8"/>
        <title>Hello React</title>
        <link rel = "stylesheet" href = "/css/bootstrap.min.css">
    </head>
...
```

为了减少客户端打包体积，在引用时需要避免引用整个库，比如：

```
import react - bootstrap from 'react - bootstrap';  //错误引用方式
```

而是要养成用到什么组件就引用什么组件的习惯：

```
import { Button } from 'react - bootstrap';
```

在官方网站的组件栏 https://react-bootstrap.github.io/components/alerts/ 可以找到所有组件的 Demo 及具体用法。

7.3.3 美化组件

美化 React 组件的第一步是要选择合适的 Bootstrap 组件，即采用什么组件最能够表达开发意图。

组件 ThreadList 是帖子的列表，但它采取的是二维表格形式。因此，使用 Bootstrap 的组件 Table 是最合适的。

在官方网站组件栏找到组件 Table 页面：https://react-bootstrap.github.io/components/table/，可看到组件 Table 的最基本使用方法和各种样式定制。

首先在文件 ThreadList.jsx 中引用组件 Table：

```
import {Table} from 'react - bootstrap';
```

然后将组件 ThreadList 中 return 部分的< table >标签改为< Table >标签（结束标签也别忘了改），即将普通的 HTML 标签替换为 React Bootstrap 预定义的组件标签，代码如下：

```
...
        return (
          <Table>
            <thead>
              <tr>
                <th>标题</th>
                <th>作者</th>
                <th>发布时间</th>
              </tr>
            </thead>
            <tbody>
              {rows}
            </tbody>
          </Table>
        );
...
```

打包后刷新页面，会发现帖子列表已经被大幅美化。不仅如此，ThreadList 还具备了 Bootstrap 的响应式特性，可以任意调整浏览器的窗口大小，会发现 ThreadList 的表格也能够根据窗口渲染为适合的尺寸。这大大提高了使用不同分辨率设备（比如平板电脑、手机等）的用户在访问网站时的用户体验。

还可以为组件 Table 加上 striped、bordered、hover 等属性：

```
...
      return (
            <Table striped bordered hover>
              <thead>
...
```

打包后刷新页面，发现帖子列表兼具了斑马线、有边框以及鼠标指针悬停高亮等特质。效果如图 7.7 所示。

帖子列表

标题	作者	发布时间
你好	aichatbot	2019/10/18 上午10:37:57
Hello	aichatbot	2019/10/18 上午10:37:57

图 7.7　基于 React Bootstrap 美化后的组件示例

至此，正式完成了组件 ThreadList 的开发。

7.3.4　小结

产品功能固然重要，但界面的美观程度对于能否吸引用户也起着至关重要的作用。React 虽为组件自身开发带来了极大的便利，但也需要配合样式来使用。

鉴于 React 在全球的影响力，有大量优秀的 UI 组件库。这些组件不仅使用起来与自定义 React 组件无异，还兼备了美观的外表与丰富的互动性。

其中，对于初学者来说比较容易上手的是 React Bootstrap，它相当于基于 React 的 JSX 语法对 Twitter 前端库 Bootstrap 的移植。得益于 Bootstrap 自身的特质，React Bootstrap 组件也天然具备响应式特性。

从第 8 章开始，将基于本章学到的全部内容进行 Web 客户端的开发工作。

第 8 章

Web 客户端开发实战

视频讲解

8.1 表单类组件的具体实现

表单是用户发布数据的出口，也是服务器获取数据的来源，还是沟通人与机器乃至人与人之间的重要管道和桥梁。正是因为表单的存在，才使得系统充满生机和活力。

依据此前设计的产品原型，表单类组件共有六个，分别是：RegisterForm（注册表单）、LoginForm（登录表单）、SettingForm（修改用户信息表单）、PostForm（发布帖子表单）、ModifyForm（修改帖子表单）以及 ReplyForm（回复帖子表单）。接下来一一讲解其具体实现。

8.1.1 注册表单——RegisterForm

注册表单由三个输入框（用户名、密码、确认密码）和一个“提交”按钮构成。可以直接采用 React Bootstrap 的组件 Form（关于组件 Form 的具体使用方法，详见官方网站的相关文档页面 https://react-bootstrap.github.io/components/forms/）。

在文件夹 jsx 下新建文件 RegisterForm.jsx，并声明组件，代码如下：

```
import React from 'react';
import { Form, Button } from 'react-bootstrap';
import { HOST, PORT } from '../config';

const RegisterForm = () => {
    return (

    );
};

export default RegisterForm;
```

在开始部分，除了引用react库之外，还需要从react-bootstrap库中引用Form（表单）和Button（按钮）两个组件。此外，因为涉及调用接口，也需要从配置文件中提取出HOST（主机地址）和PORT（端口）。

接下来，在组件RegisterForm中，先完成return，即视图渲染的部分。这部分的主体就是刚才从react-bootstrap库中引用的组件Form，为了方便事后定位到这个Form，还要给它加上id属性。

```
const RegisterForm = () => {
    return (
        <Form id = "registerForm">
          <Form.Group controlId = "username">
            <Form.Label >用户名</Form.Label >
            <Form.Control type = "text" placeholder = "请输入用户名" />
          </Form.Group >
          <Form.Group controlId = "password">
            <Form.Label >密码</Form.Label >
            <Form.Control type = "password" placeholder = "请输入密码" />
          </Form.Group >
          <Form.Group controlId = "confirmpass">
            <Form.Label >确认密码</Form.Label >
            <Form.Control type = "password" placeholder = "请再输入一遍密码" />
          </Form.Group >
          <Button variant = "primary" type = "submit" onClick = {(e) => handleRegister(e)}>
                注册
          </Button >
        </Form >
    );
};
```

在react-bootstrap库的组件Form中，每个输入框都用Form.Control表示，placeholder是占位字符，显示用户在输入前的默认文本。Form.Label是这个输入框对应的标签名。二者用一个Form.Group包起来并加上controlId属性，这个ID也将成为输入框在实际渲染之后的元素ID。

然后是下方的"注册"按钮，将其单击事件onClick绑定到handleRegister()函数上，传入参数e是为了阻止单击"注册"按钮后造成的页面刷新，以达到无刷新实时更新页面的目的。详情请参见2.3.9节，这里不再赘述。

接下来在return前实现handleRegister()函数，具体代码如下：

```
...
    const handleRegister = (e) => {
        e.preventDefault();                                 //阻止单击"注册"按钮后的页面刷新
        const form = document.forms.registerForm;           //获取注册表单
        const username = form.username.value;               //获取用户名
        const password = form.password.value;               //获取密码
        const confirmpass = form.confirmpass.value;         //获取确认密码
        const body = { username, password, confirmpass };//生成请求体
```

```
        register(body);                              //把请求体传给 register()函数
    };
    return (
...
```

handleRegister()函数的主要目的是根据 ID 获取表单以及相应的用户输入值，生成请求体后将请求体传给具体的调用后端 API 的请求函数。

请求函数 register()的实现方面，整体来说与此前组件 ThreadList 中的 loadThreads()函数差不多，但因为涉及传递请求体，写法上有些许差别：

```
...
const RegisterForm = () => {
    const register = async (body) => {
        try {
          const res = await fetch(`${HOST}:${PORT}/api/users`, {
            method: 'POST',
            headers: { 'Content-Type': 'application/json' },
            body: JSON.stringify(body),
          });
          const result = await res.json();                //将响应转换为 JSON 格式
          if (res.ok) {                                   //如果请求成功
            alert(result.message);
          } else {                                        //如果请求失败
            alert(result.message);
          }
        } catch (err) {                                   //如果发生错误
          alert(err.message);
        }
      };
      const handleRegister = (e) => {
...
```

区别主要体现在请求方法由 GET 变成了 POST，同时，因为需要提交数据，加上了请求头 headers 以及请求体 body：请求头中规定了数据类型是 JSON 格式；请求体使用 JSON.stringify()将 handleRegister()函数传过来的 body 转化为字符串以便发送出去。

修改文件 App.jsx 为如下代码：

```
import React from 'react';
import RegisterForm from './RegisterForm';

const App = () => <RegisterForm />;

export default App;
```

即可在站点首页渲染出写好的 RegisterForm。重新打包，在浏览器地址栏中输入 localhost:3000，即可看到注册表单，如图 8.1 所示。

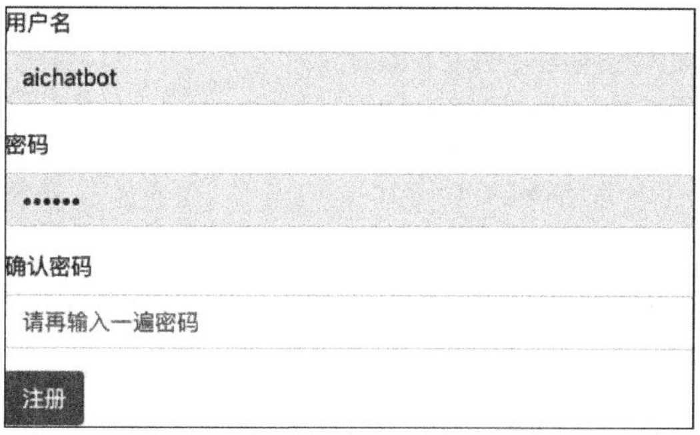

用户名

aichatbot

密码

••••••

确认密码

请再输入一遍密码

注册

图 8.1　注册表单

8.1.2　登录表单——LoginForm

用户在注册之后需要借助登录表单登录站点。在文件夹 jsx 下创建 LoginForm. jsx，其具体实现如下：

```
import React from 'react';
import { Form, Button } from 'react-bootstrap';
import { HOST, PORT } from '../config';

const LoginForm = () => {
    return (
        <Form id="loginForm">
          <Form.Group controlId="username">
            <Form.Label>用户名</Form.Label>
            <Form.Control type="text" placeholder="请输入用户名" />
          </Form.Group>
          <Form.Group controlId="password">
            <Form.Label>密码</Form.Label>
            <Form.Control type="password" placeholder="请输入密码" />
          </Form.Group>
          <Button variant="primary" type="submit" onClick={e => handleLogin(e)}>
            登录
          </Button>
        </Form>
    );
};

export default LoginForm;
```

在渲染内容上和刚才的注册表单没有多大差别，只不过少了确认密码的输入框。

同样地，完成 handleLogin() 函数，获取表单传来的用户名和密码：

```
...
const LoginForm = () => {
    const handleLogin = (e) => {
```

```
        e.preventDefault();
        const form = document.forms.loginForm;          //获取登录表单
        const username = form.username.value;           //获取用户名
        const password = form.password.value;           //获取密码
        const body = { username, password };            //生成请求体
        login(body);                                    //将请求体传给函数 login()
    };
    return (
...
```

最后是请求函数 login()的实现。6.2.2 节中已讲解过用户认证机制，用户在成功登录后，会生成一个身份凭证(token)存储在数据库中，同时也将用户名和这个 token 返回给前端，存储在该用户正在使用的客户端/浏览器里。

在浏览器中存储信息可以采用 HTML 5 的 localStorage 特性，可按照项目名在固定位置写入并读取用户名和 token 的信息。考虑到将来项目名可能产生的变动，在配置文件 config.js 中新增一条：

```
export const DOMAIN = 'BBS';
```

将文件 LoginForm.jsx 对配置文件的引用部分也改为：

```
import { HOST, PORT, DOMAIN } from '../config';
```

剩下的就是 login()函数的具体实现了，代码如下：

```
...
const LoginForm = () => {
    const login = async (body) => {
        try {
          const res = await fetch(`${HOST}:${PORT}/api/users/login`, {
            method: 'POST',
            headers: { 'Content-Type': 'application/json' },
            body: JSON.stringify(body),
          });
          const result = await res.json();
          if (res.ok) {                                     //如果请求成功
            alert(result.message);
            const data = { username: result.data.username, token: result.data.token };
            //从响应体中获取用户名和 token
            await localStorage.setItem(DOMAIN, JSON.stringify(data));
            //存入浏览器的 localStorage 中
          } else {
            alert(result.message);
          }
        } catch (err) {
          throw err.message;
        }
```

```
    };

    const handleLogin = (e) => {
...
```

将文件 App.jsx 改为如下代码后重新打包：

```
import React from 'react';
import LoginForm from './LoginForm';

const App = () => <LoginForm />;

export default App;
```

并用浏览器查看 localhost:3000，可以看到登录表单，如图 8.2 所示。

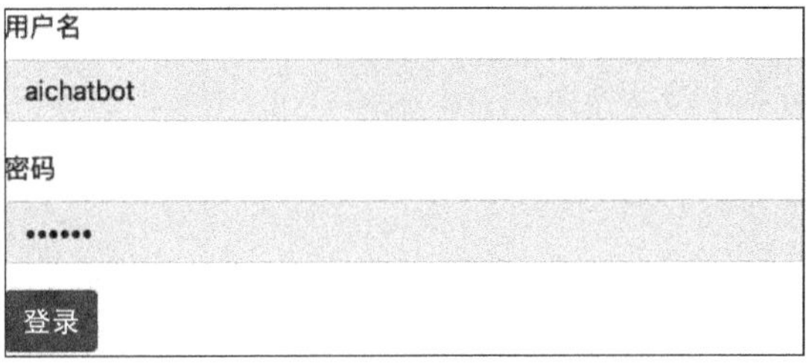

用户名

aichatbot

密码

••••••

登录

图 8.2 登录表单

尝试在该表单用此前注册好的用户名登录，在弹出框显示 result.message“成功登录”字样的同时，也会从 result.data 中获取到 API 返回过来的 username 和 token，并通过 localStorage.setItem()将其存入浏览器。

如果使用 Google 浏览器打开开发者工具，则会在 Application 面板的左侧找到 Local Storage，单击后会看到已经存储在浏览器中的 username 和 token，如图 8.3 所示，这为进一步进行用户验证打下了基础。

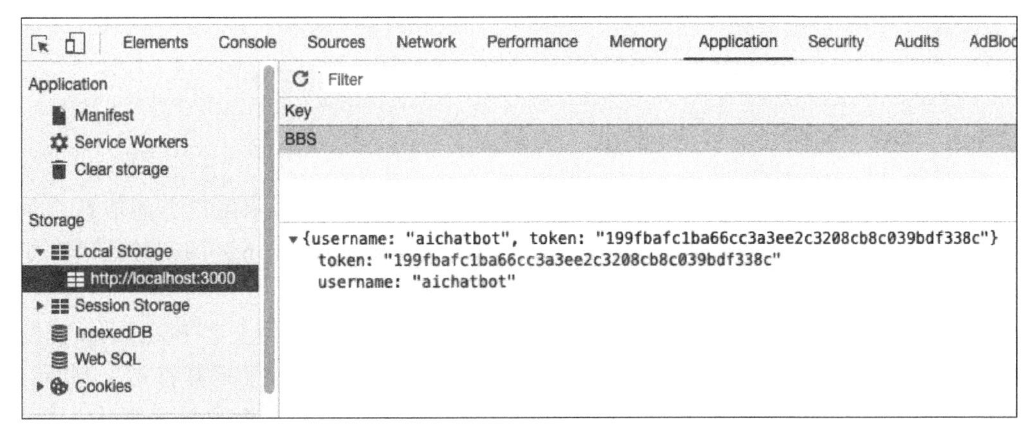

图 8.3 存储用户信息后的 Local Storage

8.1.3 修改用户信息表单——SettingForm

修改用户信息表单有两个特殊之处：一是由于涉及上传文件，像在6.2.7节做过的那样，需要使用FormData取代普通的JSON数据作为请求体；二是在表单加载后，自动读取当前登录用户的基本信息。

在文件夹jsx下新建文件SettingForm.jsx，并完成return的视图渲染部分，具体代码为：

```
import React, { useState, useEffect } from 'react';
import { Form, Button } from 'react-bootstrap';
import { HOST, PORT, DOMAIN } from '../config';
const SettingForm = () => {
    const [settings, setSettings] = useState([]);
    return (
        <Form id="settingForm">
          <Form.Group controlId="description">
            <Form.Label>个人描述</Form.Label>
            <Form.Control type="text" placeholder="请输入个人描述" defaultValue={settings.
             description} />
          </Form.Group>
          <Form.Group controlId="uploader">
            <Form.Label>头像</Form.Label><br />
            <img
              src={settings.avatar ? `/upload/${settings.avatar}` : '/img/avatar.png'}
              alt="头像"
              className="rounded img-thumbnail"
            />
            <Form.Control type="file" placeholder="请上传头像"/>
          </Form.Group>
          <Button variant="primary" type="submit" onClick={(e) => handleSetting(e)}>
            确定
          </Button>
        </Form>
    );
};

export default SettingForm;
```

首先通过useState设定了初始值为空的状态settings，用来表示用户当前信息。在视图中，"个人描述"的输入框增加了defaultValue属性，用来显示settings的初始值，即，如果用户已经提交过个人描述，则在输入框中直接显示。

头像的显示方面，使用了普通的HTML图片标签<img>，但加上了Bootstrap预设的圆角类rounded和相片效果img-thumbnail。图片地址部分使用三元运算符做了判断：如果用户已经上传头像，则显示该头像（在static/upload文件夹下），否则显示默认头像（在static/img文件夹下）。

为了让组件SettingForm在加载后就能够读取并渲染用户当前信息，需要在useEffect

中调用 loadSettings()函数，向服务器发出请求，读取当前用户的信息，并使用 setSettings()函数修改状态 settings，代码如下：

```
...
    const [settings, setSettings] = useState([]);
    const loadSettings = async () => {
        try {
          const storage = await localStorage.getItem(DOMAIN);
          //从浏览器获取到当前登录用户的用户名和 token
          const { username, token } = JSON.parse(storage); //解析并解构到 username 和 token
          const res = await fetch(`${HOST}:${PORT}/api/users/${username}`, { method: 'GET' });
          //调用 API 接口
          const result = await res.json();      //将响应转换为 JSON 格式
          if (res.ok) {                         //如果请求成功
            setSettings(result.data);           //用响应体中的数据修改 settings 状态
          } else {                              //如果请求失败
            alert(result.message);
          }
        } catch (err) {                         //如果请求过程出错
          alert(err.message);
        }
    };
    useEffect(() => {
        loadSettings();
    }, []);
...
```

单击“提交”按钮后触发的 handleSetting()函数，具体实现如下：

```
...
    const handleSetting = (e) => {
        e.preventDefault();                              //阻止浏览器刷新页面
        const form = document.forms.settingForm;         //获取表单
        const description = form.description.value;      //获取个人描述
        const body = { description };                    //存为请求体
        setting(body);                                   //把请求体传给 setting()函数
    };
    return (
...
```

只获取用户输入的个人描述信息，并将其传入 setting()函数作为请求体。

至于请求函数 setting()，具体实现如下：

```
...
    useEffect(() => {
        loadSettings();
    }, []);
    const setting = async (body) => {
        try {
```

```
        const { username, token } = JSON.parse(await localStorage.getItem(DOMAIN));
        //解析并解构用户名和凭证
        const { description } = body;                    //从请求体中解构个人描述
        const formData = new FormData();                 //声明一个 formData
        await formData.append('username', username);
        await formData.append('token', token);
        await formData.append('description', description);
        await formData.append('avatar', document.querySelector('#uploader').files[0]);
        //如果有上传图片,作为头像
        const res = await fetch(`${HOST}:${PORT}/api/users`, {//调用 API
          method: 'PATCH',                               //PATCH 作为请求方法
          body: formData,                                //formData 作为请求体
        });
        const result = await res.json();                 //将响应体转换为 JSON 格式
        if (res.ok) {                                    //如果请求成功
          alert(result.message);
          loadSettings();                                //重新读取用户设定信息
        } else {                                         //如果请求失败
          alert(result.message);
        }
      } catch (err) {                                    //如果请求过程发生错误
        alert(err.message);
      }
    };
    const handleSetting = (e) => {
  ...
```

如前所述，因为涉及文件上传，所以使用 FormData 取代此前的普通 JSON 请求体。formData 对象需要一句一句地使用 append 方法追加及对应的值。在追加头像（即 avatar 键）的时候，借助 uploader 这个 ID 定位到上传文件控件，并获取该文件，连同其他 formData 信息一同传给服务器即可，不需要写请求头。如果请求成功，则再调用一次 loadSettings() 函数，以实现头像和个人信息的实时更新。该组件如图 8.4 所示。

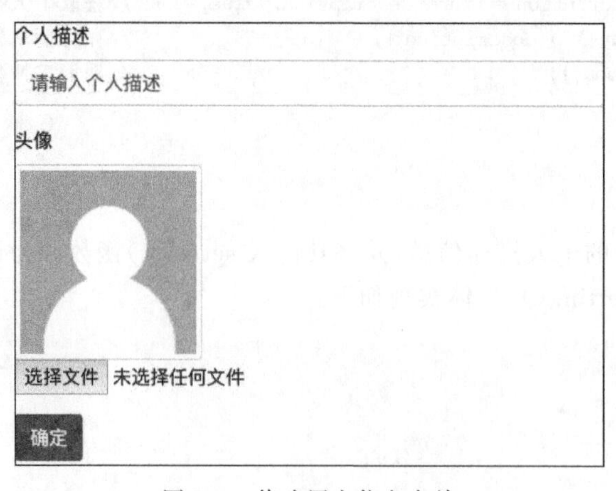

图 8.4　修改用户信息表单

8.1.4 发布帖子表单——PostForm

发布帖子表单的特殊之处在于，根据此前的原型设计，需要在单击“发布新帖”按钮后，在弹出的模态框(Modal)中将其显示出来。

因此可以将该文件命名为 PostButton.jsx，仅将“发布新帖”按钮对外导出，而组件 PostForm 作为该按钮的子组件：

```
import React, { useState } from 'react';
import { Form, Button, Modal } from 'react-bootstrap';
import { HOST, PORT, DOMAIN } from '../config';

const PostForm = () => {
    return (
        <Form id="postForm">
          <Form.Group controlId="title">
            <Form.Label>标题</Form.Label>
            <Form.Control type="text" placeholder="请输入帖子标题" />
          </Form.Group>
          <Form.Group controlId="content">
            <Form.Label>内容</Form.Label>
            <Form.Control as="textarea" rows="3" />
          </Form.Group>
        </Form>
    );
};

const PostButton = () => {
    return (

    );
};

export default PostButton;
```

组件 PostForm 与此前的表单基本无异，只是新增了一个多行文本输入框 textarea。且去掉了按钮，因为将把提交该表单数据的按钮放在其父组件的模态框中。

接下来实现组件 PostButton，代码如下：

```
...
const PostButton = () => {
    const [show, setShow] = useState(false);      //控制模态框显示关闭的状态,初始值为关闭
    const showModal = () => setShow(true);        //打开模态框的函数
    const closeModal = () => setShow(false);      //关闭模态框的函数
    return (
        <div>
          <Button variant="outline-success" size="sm" onClick={() => showModal()}>
```

```
                发布新帖
              </Button>
              <Modal show={show} onHide={() => closeModal()}>
                <Modal.Header closeButton>
                  <Modal.Title>发布新帖</Modal.Title>
                </Modal.Header>
                <Modal.Body>
                  <PostForm />
                </Modal.Body>
                <Modal.Footer>
                  <Button variant="secondary" onClick={() => closeModal()}>
                  关闭
                  </Button>
                  <Button variant="primary" onClick={() => handlePost()}>
                  提交
                  </Button>
                </Modal.Footer>
              </Modal>
            </div>
        );
    };
```

在视图中用 div 包住了两个 Bootstrap 组件：一个是发布按钮 Button，另一个是模态框 Modal。Modal 组件的显示与关闭是由状态 show 来控制的。并分别定义两个函数 showModal()和 closeModal()来控制状态 show 的开合。单击按钮后，调用 showModal()函数。单击模态框的“关闭”按钮或外部，则调用 closeModal()函数。单击模态框的“提交”按钮则调用 handlePost()函数处理表单提交数据。

handlePost()函数的具体实现如下：

```
...
    const handlePost = async () => {
        const { username, token } = JSON.parse(await localStorage.getItem(DOMAIN));
        //从浏览器获取用户名和凭证
        const form = document.forms.postForm;            //定位到表单
        const title = form.title.value;                  //获取帖子标题
        const content = form.content.value;              //获取帖子内容
        const body = {                                   //存为请求体
          username, token, title, content,
        };
        post(body);                                      //将请求体传给 post()函数
    };
    return (
...
```

最后是请求函数 post()的实现：

```
...
    const closeModal = () => setShow(false);
    const post = async (body) => {
      try {
        const res = await fetch(`${HOST}:${PORT}/api/threads`, {//调用 API
          method: 'POST',
          headers: { 'Content-Type': 'application/json' },
          body: JSON.stringify(body),
        });
        const result = await res.json();                  //将响应转换为 JSON 格式
        if (res.ok) {                                     //如果请求成功
          alert(result.message);
          closeModal();                                   //关闭模态框
        } else {                                          //如果请求失败
          alert(result.message);
        }
      } catch (err) {                                     //如果请求过程发生错误
        alert(err.message);
      }
    };
    const handlePost = async () => {
...
```

在请求成功，即发布帖子成功后，再次调用 closeModal()函数以关闭模态框。

将 PostButton 在 App.jsx 中按照如下代码引用并使用：

```
import React from 'react';
import PostButton from './PostButton';

const App = () => <PostButton />;

export default App;
```

重新打包，在浏览器地址栏中输入 localhost:3000 可以看到“发布新帖”按钮，单击该按钮后弹出模态框，以及模态框中的发布新帖表单，如图 8.5 所示。

图 8.5　发布帖子表单

8.1.5 修改帖子表单——ModifyForm

ModifyForm 与 8.1.4 节的 PostForm 基本一致，也是用按钮绑定模态框，内置一个表单。其区别在于两点：一是修改帖子时，需要从外部通过 props 传入目标帖子的 ID；二是因为涉及修改，要像 SettingForm 那样在载入后读取当前帖子信息。

在文件夹 jsx 下创建文件 ModifyButton.jsx，先完成表单部分 ModifyForm，其具体实现如下：

```
import React, { useState, useEffect } from 'react';
import { Form, Button, Modal } from 'react-bootstrap';
import { HOST, PORT, DOMAIN } from '../config';

const ModifyForm = (props) => {
    const { tid } = props;                                  //从 props 中解构获取帖子 ID
    const [title, setTitle] = useState([]);                 //帖子标题状态
    const [content, setContent] = useState([]);             //帖子内容状态
    const loadThread = async () => {                        //读取帖子函数
        try {
          const res = await fetch(`${HOST}:${PORT}/api/threads/${tid}`, { method: 'GET' });
                                                            //调用 API
          const result = await res.json();                  //将响应体转换为 JSON 格式
          if (res.ok) {                                     //如果请求成功
            setTitle(result.data.thread.title);             //设置当前帖子状态
            setContent(result.data.thread.content);         //设置当前内容状态
          } else {                                          //如果请求失败
            alert(result.message);
          }
        } catch (err) {                                     //如果请求过程中出错
          alert(err.message);
        }
    };
    useEffect(() => {                                       //组件加载后就
        loadThread();                                       //调用读取帖子信息函数
    }, []);
    return (
        <Form id="modifyForm">
          <Form.Group controlId="title">
            <Form.Label>标题</Form.Label>
            <Form.Control type="text" placeholder="请输入帖子标题" defaultValue={title} />
          </Form.Group>
          <Form.Group controlId="content">
            <Form.Label>内容</Form.Label>
            <Form.Control as="textarea" rows="3" defaultValue={content} />
          </Form.Group>
        </Form>
    );
};
```

和修改用户信息表单一样，需要在表单加载后借助钩子 useEffect 读取当前帖子信息，并加入 state 中。再将 state 作为初始值渲染在输入框内。另外，ModifyForm 接收父组件（也就是 ModifyButton）传来的 props，并从中提取出帖子 ID，作为请求参数。

接下来实现修改按钮 ModifyButton，代码如下：

```
...
const ModifyButton = (props) => {
    const { tid } = props;                              //从父组件获取帖子 ID
    const [show, setShow] = useState(false);            //模态框显示状态，默认为关闭
    const showModal = () => setShow(true);              //打开模态框的函数
    const closeModal = () => setShow(false);            //关闭模态框的函数
    return (
        <div>
          <Button variant="outline-warning" size="sm" onClick={() => showModal()}>
            修改
          </Button>
          <Modal show={show} onHide={() => closeModal()}>
            <Modal.Header closeButton>
              <Modal.Title>修改帖子</Modal.Title>
            </Modal.Header>
            <Modal.Body>
              <ModifyForm tid={tid} />
            </Modal.Body>
            <Modal.Footer>
              <Button variant="secondary" onClick={() => closeModal()}>
              关闭
              </Button>
              <Button variant="primary" onClick={() => handleModify()}>
              提交
              </Button>
            </Modal.Footer>
          </Modal>
        </div>
    );
};

export default ModifyButton;
```

基本要领和此前相同，只是多了从父组件传入 props，并从中解构出帖子 ID 的过程。在渲染视图的部分，再次将这个帖子 ID 通过属性传递给子组件，也就是上面的 ModifyForm。

最后是接口调用函数 modify()和表单处理函数 handleModify()的实现：

```
...
    const closeModal = () => setShow(false);
    const modify = async (body) => {
```

```
        try {
          const res = await fetch(`${HOST}:${PORT}/api/threads/${tid}`, {//调用 API
            method: 'PATCH',
            headers: { 'Content-Type': 'application/json' },
            body: JSON.stringify(body),
          });
          const result = await res.json();                  //将响应体转换为 JSON 格式
          if (res.ok) {                                     //如果请求成功
            alert(result.message);
            closeModal();                                   //关闭模态框
          } else {                                          //如果请求失败
            alert(result.message);
          }
        } catch (err) {
          alert(err.message);
        }
      };
      const handleModify = async () => {
        const { username, token } = JSON.parse(await localStorage.getItem(DOMAIN));
                                                            //从浏览器获取用户名和凭证
        const form = document.forms.modifyForm;             //定位到表单
        const title = form.title.value;                     //获取帖子标题
        const content = form.content.value;                 //获取帖子内容
        const body = {                                      //存为请求体
          username, token, title, content,
        };
        modify(body);                                       //将请求体传给 modify()函数
      };
      return (
...
```

可以在浏览器地址栏中输入 http://localhost:3000/api/threads，可以看到所有帖子的信息，随意挑一条复制其 ID，并按照如下代码修改 App.jsx：

```
import React from 'react';
import ModifyButton from './ModifyButton';

const App = () => <ModifyButton tid='5ce6bf8853fb2b910ee185cd'/>;
//将 tid 改为复制的帖子 ID

export default App;
```

重新打包后，在浏览器地址栏中输入 localhost:3000，即可看到“修改帖子”按钮，单击后出现如图 8.6 所示的效果，组件加载后就可以显示当前帖子信息。

图 8.6 修改帖子表单

8.1.6 回复帖子表单——ReplyForm

表单类组件只剩下回复帖子了。回复帖子表单的实现相对简单，只需要注意传入目标帖子的 ID 即可。

新建文件 ReplyForm.jsx，具体实现如下：

```
import React from 'react';
import { Form, Button } from 'react-bootstrap';
import { HOST, PORT, DOMAIN } from '../config';
const ReplyForm = (props) => {
    const { tid } = props;                                  //从 props 解构出帖子 ID
    return (
        <Form id="replyForm" className="p-3">
          <Form.Group controlId="content">
            <Form.Label>回复</Form.Label>
            <Form.Control as="textarea" rows="3" />
          </Form.Group>
          <Button variant="primary" type="submit" onClick={e => handleReply(e)}>
            提交
          </Button>
        </Form>
    );
};

export default ReplyForm;
```

渲染方面，只使用一个多行输入框 textarea，且不需要设置初始值。

然后是 reply()函数和 handleReply()函数的实现，代码如下：

```
...
    const { tid } = props;
    const reply = async (body) => {
      try {
        const res = await fetch(`${HOST}:${PORT}/api/comments/${tid}`, {
                                                          //发出请求,调用 API
          method: 'POST',
          headers: { 'Content-Type': 'application/json' },
          body: JSON.stringify(body),
        });
        const result = await res.json();                  //将响应体转换为 JSON 格式
        if (res.ok) {                                     //如果请求成功
          alert(result.message);
        } else {                                          //如果请求失败
          alert(result.message);
        }
      } catch (err) {                                     //如果请求过程中出错
        alert(err.message);
      }
    };

    const handleReply = async (e) => {
      e.preventDefault();                                 //阻止页面刷新
      const { username, token } = JSON.parse(await localStorage.getItem(DOMAIN));
                                                          //从浏览器获取用户名和凭证
      const form = document.forms.replyForm;              //定位到表单
      const content = form.content.value;                 //得到回复内容
      const body = { username, token, content };          //存入请求体
      reply(body);                                        //将请求体传给 reply()函数
    };
    return (
...
```

继续使用刚才复制的帖子 ID,按照如下代码修改文件 App.jsx：

```
import React from 'react';
import ReplyForm from './ReplyForm';

const App = () => <ReplyForm tid='5ce6bf8853fb2b910ee185cd'/>; //将 tid 改为复制的帖子 ID

export default App;
```

重新打包,刷新页面,可看到回复帖子表单如图 8.7 所示。

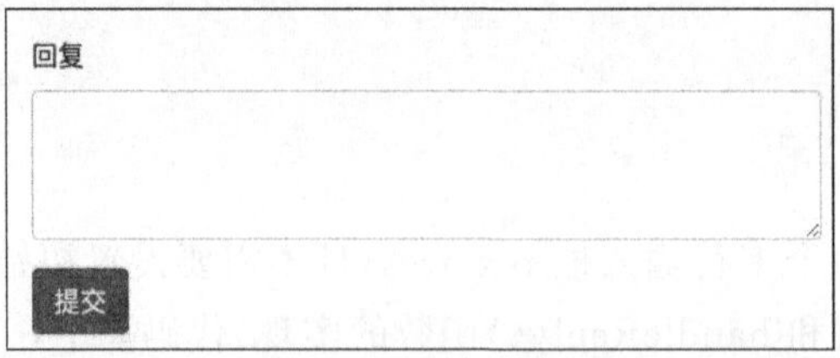

图 8.7　回复帖子表单

8.1.7　小结

表单是系统获取用户数据、保持生机活力的重要渠道。在本节中，实现了项目所需的全部表单组件。

表单类组件主要用到React Bootstrap库的组件Form和Button。如果要做成单击按钮后弹出模态框的形式，还需要用到组件Modal。

修改信息类的表单，往往需要在组件加载的同时将当前数据也一并渲染出来，这就要用到钩子useEffect，并为Form.Control附加defaultValue属性，作为输入框的默认值。

表单按钮的响应事件，一般使用onClick(鼠标单击)，并绑定一个表单处理函数。该处理函数获取来自表单的用户输入，封装成请求体body，并将请求体传给具体的接口请求函数。

如果请求体中含有用户的上传文件，则需要使用FormData取代普通的JSON数据，这与此前在Postman中的行为是完全一致的。

倘若请求的接口还需要用户名和token等信息来验证用户身份，则需使用localStorage从浏览器中提取。

8.2　其他组件的具体实现

视频讲解

在本项目中，除了表单类组件外，还有几个不涉及用户输入信息的组件，分别是Footer(底栏)、Header(标题栏)、UserInfo(用户信息)、Introduction(首页简介)、Thread(帖子详情)、DeleteButton(删除帖子按钮)。其中，底栏和标题栏会复用在产品的每个页面中；用户信息、首页简介和帖子详情属于纯展示型组件；删除帖子按钮虽然涉及数据处理，但无须使用到表单。

接下来将详细讲解这些组件的具体实现。

8.2.1　底栏——Footer

Footer不涉及任何数据渲染，非常容易实现。在文件夹jsx下新建文件Footer.jsx，其具体实现为：

```
import React from 'react';

const Footer = () => (
    <footer className = "mt - 3">
        <center>
          Copyright &copy; 2019 xxBBS
          <br/>
          All Rights Reserved
        </center>
    </footer>
);
export default Footer;
```

这里只用了普通的 HTML < footer >标签，唯一需要留意的是给标签附加了属性 className，className 其实就相当于普通 HTML 的 class 属性，但在 React 中因为与 JavaScript 类的关键字冲突，不得不写成这样。后面的 mt-3，表示的是 margin-top 3 级的意思，这是 Bootstrap 预设好的样式类，详情可参见本书的附录 C。

8.2.2 标题栏——Header

标题栏和其他组件相比，在整个系统中起到核心作用：首先，标题栏包含菜单，可以说是贯穿所有页面的支柱；其次，标题栏包含用户登录等功能，一定程度上担负着用户登录状态的变更。

关于组件 Header 的具体实现，可用 React Bootstrap 的组件 Navbar（详细使用方法可参见官方网站相关文档页面 https://react-bootstrap.github.io/components/navbar/）。

在文件夹 jsx 下新建文件 Header.jsx，内容如下：

```
import React, { useState, useEffect } from 'react';
import { Navbar, Nav, NavDropdown } from 'react-bootstrap';
import { HOST, PORT, DOMAIN } from '../config';

const Header = () => {
    return (
        <Navbar bg = "primary" variant = "dark" expand = "lg">
          <Navbar.Brand href = "#">BBS</Navbar.Brand>
          <Navbar.Toggle aria-controls = "basic-navbar-nav" />
          <Navbar.Collapse id = "basic-navbar-nav">
            <Nav className = "mr-auto">
              <Nav.Link href = "#">首页</Nav.Link>
              <Nav.Link href = "#">帖子</Nav.Link>
              <NavDropdown title = "个人中心" id = "basic-nav-dropdown">
                <NavDropdown.Item href = "#">个人信息</NavDropdown.Item>
                <NavDropdown.Item href = "#">修改信息</NavDropdown.Item>
              </NavDropdown>
            </Nav>
          </Navbar.Collapse>
        </Navbar>
    );
};
export default Header;
```

其中，通过对组件 Navbar 添加 bg="primary"属性，使导航栏的背景色变为 Bootstrap 的默认主色——深蓝色。因此导航栏内的文字就要变为白色，用 variant="dark" 实现。为了让导航栏自动适配所有屏幕，设置 expand="lg"，只在大屏幕下才展开所有菜单，否则处于折叠状态。

折叠菜单是在 Navbar.Collapse 中实现的。内部的菜单栏部分使用的是组件 Nav，附加的预定义样式 mr-auto 意味着 margin-right:auto，让菜单左对齐。

菜单中按照此前的原型设计，设了三个链接：首页、帖子和个人中心。个人中心是一个下拉菜单NavDropdown,包含了两个子级:个人信息和修改信息。所有菜单暂时都没有设置实际链接,将在9.1节整合产品时再做更改。

此外,当用户处于登录状态时,菜单的右侧应当显示用户头像和退出。这涉及了登录状态的判断。

因此需要在Header中添加两个状态:

```
...
const Header = () => {
    const [user, setUser] = useState({});                   //用户信息状态
    const [auth, setAuth] = useState(false);                //用户登录状态
...
```

其中,user是存储用户信息的状态,用来读取用户头像地址;auth是布尔值类型,用来判断用户是否已经登录。

在导航栏加载后就调用接口POST /api/users/auth,判定用户的登录状态并修改这两个state,代码如下:

```
...
    useEffect(() => {
        const authenticate = async () => {
          try {
            const data = await localStorage.getItem(DOMAIN); //从浏览器获取用户名和凭证
            const url = `${HOST}:${PORT}/api/users/auth`;  //调用API
            const res = await fetch(url, {                //发起请求
              method: 'POST',
              headers: { 'Content-Type': 'application/json' },
              body: data,                                 //将用户名和凭证传给后端
            });
            const result = await res.json();              //将响应转换为JSON格式
            if (res.ok) {                                 //如果请求成功
              setAuth(true);                              //用户登录状态为true
              setUser(result.data);                       //用户信息状态为该用户信息
            }
          } catch (err) {                                 //如果请求过程出错
            throw err;
          }
        };
        authenticate();                                   //调用authenticate()函数
    }, []);
    return (
...
```

更改导航栏组件Navbar的渲染视图,如果用户登录状态(即auth)为true,则在右侧多渲染出一个名为Avatar的组件:

```
...
        </Nav>
        <div className="ml-auto">
          {auth ? <Avatar /> : null}
        </div>
    </Navbar.Collapse>
...
```

这个 Avatar 组件也可以写在组件 Header 内，具体定义为：

```
...
    const Avatar = () => (
        <div>
          <img
            src={user.avatar ? `/upload/${user.avatar}` : '/img/avatar.png'}
            alt="头像"
            width={32}
            height={32}
            className="rounded"
          />
          <span style={{ color: 'white' }} onClick={() => logout()}>退出</span>
        </div>
    );
    return (
...
```

Avatar 组件由一个<img>标签和一个<span>标签构成：头像部分限定尺寸为 32 像素×32 像素；“退出”文本用 style 将字体改为白色，并绑定退出函数 logout()。

最后完成 logout()函数，代码如下：

```
...
    const logout = async () => {
        try {
          const data = JSON.parse(await localStorage.getItem(DOMAIN));
                                                    //从浏览器获取用户名和凭证
          const res = await fetch(`${HOST}:${PORT}/api/users/logout`, {//发起请求，调用 API
            method: 'POST',
            headers: { 'Content-Type': 'application/json' },
            body: JSON.stringify(data),
          });
          const result = await res.json();          //将响应体转换为 JSON 格式
          if (res.ok) {                             //如果请求成功
            alert(result.message);
            setAuth(false);                         //将用户登录状态设为 false
            setUser({});                            //将用户信息状态设为空
          } else {                                  //如果请求失败
            alert(result.message);
```

```
        }
      } catch (err) {                                    //如果请求过程出错
        throw err;
      }
    };
    return (
...
```

退出的同时将两个状态设回初始值即可。按照如下代码在 App.jsx 中引用：

```
import React from 'react';
import Header from './Header';
const App = () => <Header />;
export default App;
```

重新打包后在浏览器中打开 localhost:3000，即可看到响应式导航栏。在中大屏幕下正常显示水平菜单，如图 8.8 所示。

图 8.8 中大屏幕下的标题栏

而在手机尺寸的屏幕下则会折叠，如图 8.9 所示。

图 8.9 小屏幕下的标题栏

8.2.3 用户信息——UserInfo

用户信息组件本身的实现没什么难点，但是涉及 Card 组件的使用和 Bootstrap 布局。布局方面将在第 9 章再专门讲解，本节先侧重 Card 组件的使用。

创建文件 UserInfo.jsx 并编辑内容为：

```
import React, { useState, useEffect } from 'react';
import { Card, ListGroup } from 'react-bootstrap';
import { HOST, PORT } from '../config';

const UserInfo = (props) => {
    const { username } = props;                    //从 props 中解构用户名
    const [user, setUser] = useState({});          //用户状态，默认为空对象
    const [threads, setThreads] = useState([]);    //帖子状态，默认为空数组
```

```
    useEffect(() => {                                    //在组件加载之后
      const getUser = async () => {                      //读取用户函数
        try {
          const res = await fetch(                       //将用户名作为参数传给 API
            `${HOST}:${PORT}/api/users/${username}`,
            { method: 'GET' },
          );
          const result = await res.json();               //将响应体转换为 JSON 格式
          if (res.ok) {                                  //如果请求成功
            setUser(result.data);                        //修改用户状态
            setThreads(result.data.threads);             //修改帖子状态
          }
        } catch (err) {                                  //如果请求过程中出错
          alert(err.message);
        }
      };
      getUser();                                         //调用读取用户函数
    }, []);
    return (
      <div>
        <ProfileInfo user={user} />
        <ThreadsInfo threads={threads} />
      </div>
    );
};

export default UserInfo;
```

在视图渲染部分，包含了两个子组件：一个是显示用户自身信息的 ProfileInfo，需要传入用户信息；另一个是显示该用户发帖情况的 ThreadsInfo，需要传入发帖信息。

这两条信息都可以在组件 UserInfo 载入后调用 getUser() 函数来获取，因为需要获取特定用户，又需要 UserInfo 的父组件将 username 通过 props 传进来。

子组件 ProfileInfo 使用 React Bootstrap 的组件 Card（卡片）实现：

```
const ProfileInfo = (props) => {
    const { user } = props;                              //从父组件解构出用户信息
    return (
      <Card>
        <Card.Header>个人信息</Card.Header>
        <Card.Img
          variant="top"
          src={user.avatar ? `/upload/${user.avatar}` : '/img/avatar.png'}
          className="rounded img-thumbnail"
        />
        <Card.Body>
          <Card.Title>用户名</Card.Title>
          <Card.Text>{user.username}</Card.Text>
          <Card.Title>个人描述</Card.Title>
```

```
            <Card.Text>{user.description}</Card.Text>
          </Card.Body>
        </Card>
    );
};
```

其中，Card.Header 表示卡片头，主要用来表示该卡片的主题。下方使用了 Card.Img 展示用户头像，variant="top"表示图片位于卡片上方。

Card.Body 表示卡片体，分别用 Card.Title 和 Card.Text 交替表现用户名和个人描述的具体信息。

另一个子组件 ThreadsInfo 的实现如下：

```
const ThreadsInfo = (props) => {
    const { threads } = props;                              //从 props 解构出帖子信息
    const lines = threads.map((thread, idx) => (
        <ListGroup.Item key={idx} className="d-flex justify-content-between">
          <span>{thread.title}</span>
          <small className="text-muted">
            {new Date(thread.posttime).toLocaleString()}
          </small>
        </ListGroup.Item>
    )); //将帖子列表用 map()迭代,每条帖子映射为 ListGroup 组件
    return (
        <Card>
          <Card.Header>发帖信息</Card.Header>
          <ListGroup variant="flush">
            {lines}
          </ListGroup>
        </Card>
    );
};
```

ThreadsInfo 同样使用了组件 Card，但是内包了一个组件 ListGroup，以列表的形式展现该用户发布过的帖子。每一个帖子所在的 Item 包含帖子标题和发布时间两个内容，为 Item 加上 Bootstrap 预定义的 d-flex justify-content-between 样式后，这两部分内容即可分别左右对齐。

在 App.jsx 中引用 UserInfo，并为 UserInfo 传入已注册用户的用户名，代码如下：

```
import React from 'react';
import UserInfo from './UserInfo';

const App = () => <UserInfo username="吴晓一"/>;          //username 后换成用户的用户名

export default App;
```

重新打包并刷新页面，则可在首页看到用户信息组件，因为还没有实现布局，所以用户的个人信息和发帖信息两个子组件纵向地叠加在了一起，如图 8.10 所示。

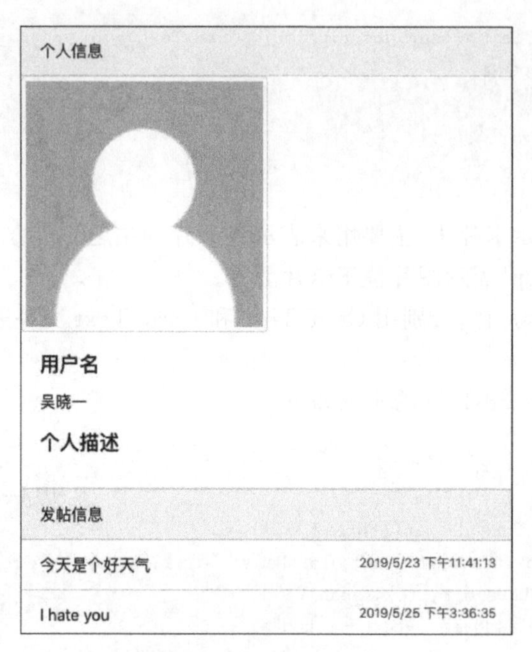

图 8.10 用户信息组件

8.2.4 首页简介——Introduction

与用户信息类似，首页简介同样分为左右两个部分：展示图片和站点介绍。分别使用 React Bootstrap 组件中的 Carousel(走马灯)和 Jumbotron(超大屏)来展现。

在文件夹 jsx 下新建文件 Introduction.jsx，其具体实现如下：

```
import React from 'react';
import { Carousel, Jumbotron } from 'react-bootstrap';
const Introduction = () => {
    return (
        <div>
          <Demo />
          <Slogan />
        </div>
    );
};
export default Introduction;
```

组件 Introduction 的实现很简单，是由 Demo 和 Slogan 两个子组件构成。

其中，Demo 通过走马灯组件实现：

```
const Demo = () => {
    return (
        <Carousel>
          <Carousel.Item>
```

```
            < img
              className = "d - block w - 100"
              src = "/img/demo1.jpeg"
              alt = "First slide"
            />
            < Carousel.Caption >
              < h3 >夕阳</h3 >
              < p >一同欣赏美景</p >
            </Carousel.Caption >
          </Carousel.Item >
          < Carousel.Item >
            < img
              className = "d - block w - 100"
              src = "/img/demo2.jpeg"
              alt = "Third slide"
            />
            < Carousel.Caption >
              < h3 >白云</h3 >
              < p >一同欣赏美景</p >
            </Carousel.Caption >
          </Carousel.Item >
          < Carousel.Item >
            < img
              className = "d - block w - 100"
              src = "/img/demo3.jpeg"
              alt = "Third slide"
            />
            < Carousel.Caption >
              < h3 >海滨</h3 >
              < p >一同欣赏美景</p >
            </Carousel.Caption >
          </Carousel.Item >
        </Carousel >
    );
};
```

走马灯组件的每一幅图片都包在一个 Carousel.Item 中，实际渲染还是通过 HTML 的 < img >标签；Carousel.Caption 是图片的主题，也可以配上一个< p >标签补充一段说明性文字。

Slogan 所用的组件 Jumbotron 使用起来更加简单了：

```
const Slogan = () => {
    return (
        < Jumbotron >
          < h1 > xxBBS </h1 >
          < p >
            欢迎来到 xxBBS 系统.< br />
            请畅所欲言!
          </p >
        </Jumbotron >
    );
};
```

Jumbotron 主要用在首页，展示一些宣传标语或基本文字，通过大字体造成一定视觉冲击力。

在 App.jsx 中引用并使用，具体效果如图 8.11 所示。

图 8.11　首页简介组件

8.2.5　帖子详情——Thread

帖子详情(Thread)组件由多个子组件构成，相较其他组件而言，其结构相对复杂。从整体来看，由帖子本身(TPart)和帖子的所有回复(CPart)构成。每一条回复使用一个楼层(Floor)。而无论是帖子本身还是回复，都又由两部分构成，即左方的发布者用户信息卡片(UserCard)，以及右方的内容信息卡片(ContentCard)。以此前原型为例，各部分如图 8.12 所示。

图 8.12　帖子详情组件的结构

先在文件夹 jsx 下新建文件 Thread.jsx，具体实现如下：

```
import React, { useState, useEffect } from 'react';
import { HOST, PORT } from '../config';
import { Media } from 'react-bootstrap';

const Thread = (props) => {
    const { tid } = props;                                   //从父组件获取具体帖子 ID
    const [thread, setThread] = useState({});                //帖子状态，初始值为空对象
    const [comments, setComments] = useState([]);            //评论状态，初始值为空数组
    useEffect(() => {                                        //在组件加载后
        const loadThread = async () => {                     //读取帖子信息函数
          try {
            const res = await fetch(`${HOST}:${PORT}/api/threads/${tid}`); //调用 API
            const result = await res.json();                 //将响应体转换为 JSON 格式
            if (res.ok) {                                    //如果请求成功
              setThread(result.data.thread);                 //修改帖子状态
              setComments(result.data.comments);             //修改回复状态
            } else {                                         //如果请求失败
              alert(result.message);
            }
          } catch (err) {                                    //如果请求过程出错
            alert(err.message);
          }
        };
        loadThread();                                        //调用读取帖子信息函数
    }, []);
    return (
        <div>
          <TPart thread={thread} />
          <CPart comments={comments} />
        </div>
    );
};

export default Thread;
```

Thread 从父组件传来的 props 中提取到帖子 ID，在加载并读取帖子信息后将响应体的两部分（帖子自身和全部回复）分别存入状态 thread 和状态 comments，再分别传递给两个子组件——TPart 和 CPart。

帖子本身 TPart 具体实现为：

```
...
const TPart = (props) => {
    const { thread } = props;           //从父组件传来的 props 解构出帖子信息
    if (!thread.author) return null;    //如果没获取到帖子作者，不进行渲染
    return (
        <Media className="rounded border p-3 mb-3 mt-0">
```

```
            < UserCard author = {thread.author} />
            < Media.Body >
              < ContentCard floor = {thread} />
            </Media.Body >
          </Media >
      );
  };
  ...
```

这里之所以需要等获取到帖子作者才开始渲染，是为了防止其子组件 UserCard 在渲染时，因得不到头像信息而报错。此外，还使用了 React Bootstrap 的 Media 组件(详见官方网站相关页面 https://react-bootstrap.netlify.com/layout/media/)，该组件特别适用于各种社交媒体上的回复或留言界面。

所有回复 CPart 中将所有回复数据通过数组迭代方法 map()映射为 Floor 即可：

```
...
const CPart = (props) => {
    const { comments } = props;                              //从父组件获取所有回复
    const floors = comments.map((comment, idx) =>
        < Floor key = {idx} comment = {comment} />);         //将每条回复映射为 Floor 组件
    return (
        < div >
          { floors }
        </div >
    );
};
...
```

楼层 Floor 的具体实现如下：

```
...
const Floor = (props) => {
    const { comment } = props;                              //从父组件获取该条回复信息
    return (
        < Media className = "rounded border p - 3 mb - 3">
          < UserCard author = {comment.author} />
          < Media.Body >
            < ContentCard floor = {comment} />
          </Media.Body >
        </Media >
    );
};
...
```

然后是用户信息卡片 UserCard：

```
...
const UserCard = (props) => {
    const { author } = props;                          //从父组件获取作者信息
    return (
        <div>
          <img
            width = {64}
            height = {64}
            className = "mr - 3 img - thumbnail round"
            src = {author.avatar ? `/upload/ ${author.avatar}` : '/img/avatar.png'}
            alt = {author.username}
          />
          <br />
          <center>{author.username}</center>
        </div>
    );
};
...
```

在组件 UserCard 中完成了四项工作：①头像尺寸限定在 64 像素×64 像素；②图片添加圆角等样式；③判断用户是否已经有头像并做出不同显示；④头像下显示的用户名居中。

最后是内容信息卡片 ContentCard：

```
...
const ContentCard = (props) => {
    const { floor } = props;                           //从父组件解构出楼层信息
    return (
        <div>
          <h5>{floor.title}</h5>
          <p>
            {floor.content}
          </p>
          <p className = "d - flex justify - content - end text - muted">
            <small>
              发表于 {new Date(floor.posttime).toLocaleString()}
            </small>
          </p>
          <hr />
          <p className = "d - flex justify - content - end m - 0">
            <small>
              {floor.author.description}
            </small>
          </p>
        </div>
    );
};
...
```

组件 ContentCard 中自上而下显示的是标题（只有主帖有，回复的话会留空）、帖子或回复的具体内容、发表时间、分割线以及用户的个人描述（作为签名）。其中用到了 Bootstrap 的 d-flex justify-content-end 预设样式来右对齐。

按照如下代码修改 App.jsx 为：

```
import React from 'react';
import Thread from './Thread';

const App = () => <Thread tid='5ce6bf8853fb2b910ee185cd'/>;
//此处 tid 修改为用户自己的帖子 ID

export default App;
```

重新打包，刷新页面，可以看到组件 Thread 显示在主页上，效果如图 8.13 所示。

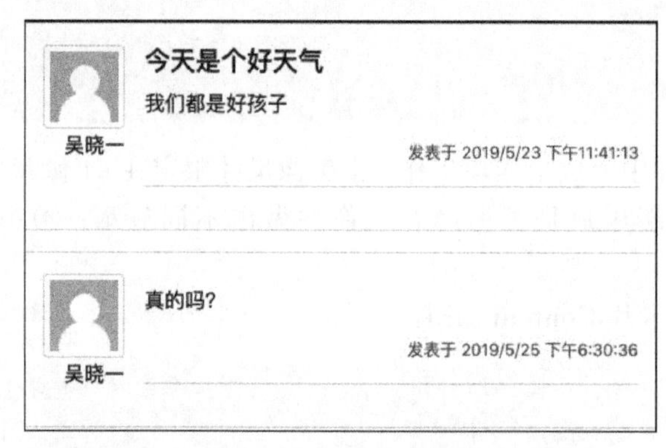

图 8.13　帖子详情组件

8.2.6 删除帖子按钮——DeleteButton

终于轮到最后一个组件了，只需要渲染一个按钮，令其绑定的函数调用删除指定帖子的 API 接口就好了。

新建文件 DeleteButton.jsx，编辑内容如下：

```
import React from 'react';
import { Button } from 'react-bootstrap';
import { HOST, PORT, DOMAIN } from '../config';

const DeleteButton = (props) => {
    const { tid } = props;                                   //从 props 获取帖子 ID
    return (
        <Button variant="outline-danger" size="sm" onClick={() => handleDelete()}>删
          除</Button>
    );
};

export default DeleteButton;
```

将按钮单击后的响应事件绑定到 handleDelete()函数：

```
...
    const handleDelete = async () => {
        if (confirm('确认删除该帖子吗?')) {                   //给用户一个反悔机会
          const { username, token } = JSON.parse(localStorage.getItem(DOMAIN));
                                                              //从浏览器获取用户名和凭证
          const body = { username, token, tid };              //连同帖子 ID 放到请求体中
          handle(body);                                       //将请求体传给 handle()函数
        }
    };
...
```

因为一旦将数据删除就无可挽回，所以特别加上了 JavaScript 内置函数 confirm()，以防止用户误操作。在用户单击"删除"按钮后会弹出对话框，给其一个反悔的机会。如果用户依旧确定删除，则 confirm()返回 true，将获取的 username 和 token 混入帖子 ID 作为请求体传给 handle()函数做进一步处理，代码如下：

```
...
    const { tid } = props;
    const handle = async (body) => {
        try {
          const res = await fetch(                            //调用 API
            `${HOST}:${PORT}/api/threads/${tid}`,
            {
              method: 'DELETE',
              headers: { 'Content-Type': 'application/json' },
              body: JSON.stringify(body),
            },
          );
          const result = await res.json();                    //将请求转换为 JSON 格式
          if (res.ok) {                                       //如果请求成功
            alert(result.message);
          } else {                                            //如果请求失败
            alert(result.message);
          }
        } catch (err) {                                       //如果请求过程出错
          alert(err.message);
        }
    };
...
```

确定后成功调用删除帖子接口，至此，全部组件的开发工作彻底结束。

8.2.7 小结

在本节中，完成了所有非表单类组件的开发工作。

这些组件应用到了大量 React Bootstrap 的组件和预设样式，其中有导航栏 Navbar、卡片 Card、列表组 ListGroup、走马灯 Carousel、超大屏 Jumbotron 和媒体 Media 等。

这些组件样式美观、使用简单，为组件开发带来了极大的便利，可根据应用场景自行选择不同的组件。

书末附录 C 提供了 Bootstrap 的主要预设样式类，可供参考。

第 9 章

Web 客户端开发进阶

9.1 组件的装配

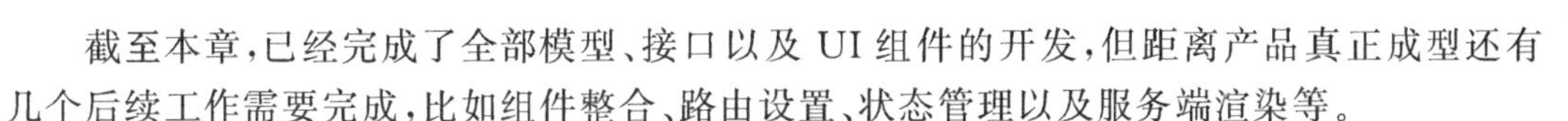

截至本章，已经完成了全部模型、接口以及 UI 组件的开发，但距离产品真正成型还有几个后续工作需要完成，比如组件整合、路由设置、状态管理以及服务端渲染等。

从本节开始，在完善这个 Web 应用的同时，将逐步深入讲解这些进阶技巧。

目前完成的所有 UI 组件就好像一个个“零件”一样，作为个体已经具备了相应的功能，但要转化为一台“机器”发挥出整体效用，还需进一步装配组合。

9.1.1 栅格布局——Grid

组件装配起来就成了页面，而同一页面上的组件分布就涉及了布局。

React Bootstrap 完美支持 Bootstrap 的栅格布局系统（Grid System），如此一来，在 React 上也可以轻松使用栅格布局系统。Bootstrap 栅格布局的最基本思路就是用一系列容器（containers）、行（rows）以及列（columns）来实现布局和对齐。而且这个布局是完全的响应式，也即能够根据不同尺寸屏幕进行自适应。

在 2.1 节中介绍过 HTML，可知表格使用的是< table >标签，在< table >标签中每一行要使用< tr >标签，在一行中又要使用< td >标签来表示不同的列。

栅格布局也可以按照这种表格的方式来理解，在 React Bootstrap 中，< Container >标签就可以当作是一个表格，内部每一行都要使用< Row >标签，每一列则使用< Col >标签，如图 9.1 所示。

在 Bootstrap 的栅格系统中，每一行的宽度都被均分为 12 等分，因此设定某列的宽度时需要将其设定为 1/12 的倍数，也即占 12 份中的几份。比如某行中有三列，想将宽度分别设为 25％、50％、25％，则需要将第一列设为 3，第二列设为 6，第三列设为 3；再比如某行中有两列，想将宽度分别设为 75％、25％，则需要将第一列设为 9，第二列设为 3。如果什么都

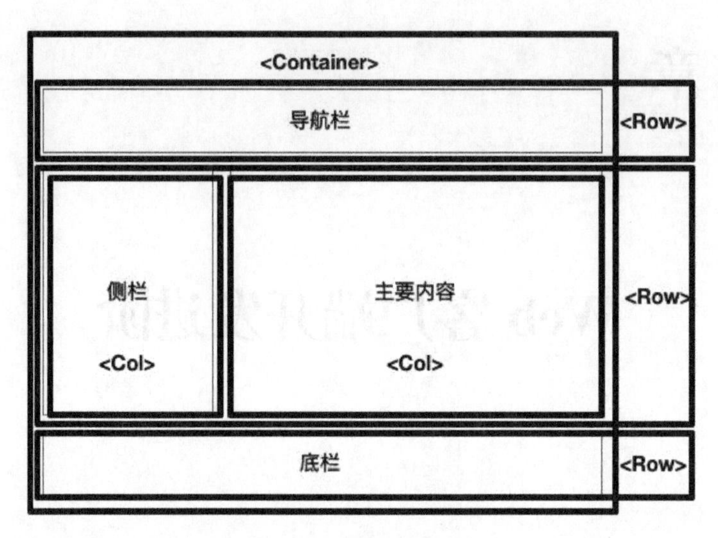

图 9.1 栅格布局示例

不设置，则行内所有列就会平分宽度。

栅格系统支持响应式布局，按照屏幕大小分成了五个级别，如表 9.1 所示。

表 9.1 Bootstrap 响应式屏幕尺寸判定

中 文	标 识	尺 寸
极小	xs	小于 576 像素
小	sm	大于或等于 576 像素，小于 768 像素
中	md	大于或等于 768 像素，小于 992 像素
大	lg	大于或等于 992 像素，小于 1200 像素
极大	xl	大于或等于 1200 像素

可根据需要针对不同尺寸的屏幕设置列的宽度占比。比如：

```
< Col xs = {6} md = {4}>
```

意味着这一列在手机上显示时占行宽的$\frac{1}{2}$，而在平板以上的设备则占行宽的$\frac{1}{3}$。

9.1.2 首页页面——HomePage

根据此前设计的产品结构图，需要将此前的零件组装为五个页面。首当其冲的是首页页面，而首页页面的主体组件是 Introduction。在第 8 章完成的 Introduction 中，本该左右分布的两个子组件 Demo 和 Slogan，由于未做布局设定，而变得纵向叠加。在掌握了栅格布局后，已经有能力还其原貌了。

首先，首页页面的右侧涉及组件切换，也就是说用户未登录时显示登录表单或注册表单，在登录后则显示欢迎信息。关于这个切换的实现方法会在后面详述，目前需要先修改文件 Introduction.jsx，将 Demo 和 Slogan 两个组件单独导出以供外部引用：

```
...
    export { Demo, Slogan };
  export default Introduction;
```

为了让 Slogan 在稍后的布局中更加美观，给组件 Jumbotron 添加两个 Bootstrap 预设类：

```
...
<Jumbotron className = "flex - fill m - 0">
...
```

在文件夹 jsx 下新建文件 HomePage.jsx：

```
import React from 'react';
import { Container, Row, Col } from 'react - bootstrap';
import { Demo, Slogan } from './Introduction';

const HomePage = () => (
    <Container fluid>
        <Row>
          <Col sm = {12} md = {7} className = "pr - 1">
            <Demo />
          </Col>
          <Col sm = {12} md = {5} className = "pl - 0 d - flex align - items - stretch">
            <Slogan />
          </Col>
        </Row>
    </Container>
);

export default HomePage;
```

通过设置响应式布局，在手机这样的小尺寸屏幕上，Demo 和 Slogan 两个组件会上下叠加，如图 9.2 所示。

图 9.2 首页页面在小尺寸屏幕的显示状态

而在像平板电脑这样的中大尺寸屏幕上，则会横向各占 6∶4 左右，如图 9.3 所示。

图 9.3　首页页面在中大尺寸屏幕的显示状态

9.1.3　帖子列表页面——ThreadListPage

帖子列表页面也由两个组件构成：PostButton（发布新帖按钮）和 ThreadList（帖子列表）。但与首页页面不同的是：这两个子组件存在着联动关系。

PostButton 负责的是数据的“增”，而 ThreadList 负责的是数据的“查”。以目前的实现情况来说，两个组件在各自的功能实现上都不存在问题，然而组合在一起就出了问题，即缺乏联动性。

先在文件夹 jsx 下新增一个文件 ThreadListPage.jsx，其具体实现如下：

```
import React from 'react';
import { Container } from 'react-bootstrap';
import PostButton from './PostButton';
import ThreadList from './ThreadList';

const ThreadListPage = () => (
    <Container>
        <PostButton />
        <ThreadList />
    </Container>
);

export default ThreadListPage;
```

这里虽然没有用到<Row>和<Col>，但推荐继续使用<Container>作为容器。在<App>中引用这个页面执行会发现，新增的帖子只有在重新刷新页面后才会出现在列表中。那么，想要发布新帖后实时更新列表该怎么办？

组件 ThreadList 之所以能够自动获取帖子列表，是因为其中的 loadThreads() 函数。现在需要做的是，在组件 PostButton 中提交表单后，也执行 loadThreads() 函数，也即涉及子组件共享函数的问题。既然两个组件都是 ThreadListPage 的子组件，又都可以从父组件获取到 props，那么就可以将 loadThreads() 函数移植给父组件 ThreadListPage，并分别传给两个子组件。

修改组件 ThreadListPage，追加如下语句引用：

```
import React, { useState } from 'react';
import { HOST, PORT } from '../config';
```

并加入 loadThreads()函数：

```
const ThreadListPage = () => {
    const [threads, setThreads] = useState([]);
    const loadThreads = async () => {
        try {
          const res = await fetch(`${HOST}:${PORT}/api/threads`, { method: 'GET' });
          const result = await res.json();
          if (res.ok) {
            setThreads(result.data);
          } else {
            alert(result.message);
          }
        } catch (err) {
          alert(err.message);
        }
    };
};
...
```

并将这个函数分别传递给两个子组件：

```
...
    return (
        <Container>
          <PostButton loadThreads={loadThreads} />
          <ThreadList loadThreads={loadThreads} threads={threads} />
        </Container>
    );
...
```

接下来修改组件 ThreadList，代码如下：

```
...
const ThreadList = (props) => {
    const { loadThreads, threads } = props; //从父组件获取函数和需要渲染的列表数据
    useEffect(() => {
        loadThreads();                          //loadThreads 的具体实现已经移交给父组件
    }, []);
...
```

再按照如下代码修改组件 PostButton：

```
…
    const PostButton = (props) => {                          //新增 props
    const { loadThreads } = props;                           //新增
…
        closeModal();
        loadThreads();                                       //在关闭模态框后刷新列表
    } else {
…
```

在文件 App.jsx 中引用 ThreadListPage 并重新打包执行，提交帖子的同时就会无刷新地实时更新列表。效果如图 9.4 所示。

发布新帖

标题	作者	发布时间
Hello	Wu	2019/7/26 下午6:52:36
你好	Wu	2019/7/26 下午6:52:36
Electron	test	2019/7/30 上午10:26:14

图 9.4　帖子列表页面中的子组件间联动

9.1.4　帖子页面——ThreadPage

帖子页面包含了修改帖子按钮（ModifyButton）、删除帖子按钮（DeleteButton）、帖子详情（Thread）和回复帖子表单（ReplyForm）四个组件。

首先新建文件 ThreadPage.jsx，并将这四个组件整合起来，代码如下：

```
import React from 'react';
import { Container, Row, ButtonGroup } from 'react - bootstrap';
import Thread from './Thread';
import ReplyForm from './ReplyForm';
import ModifyButton from './ModifyButton';
import DeleteButton from './DeleteButton';

const ThreadPage = (props) => {
    const { tid } = props;                                   //从 props 中解构帖子 ID
    return (
        <Container>
          <Row className = "m - 0">
            <ButtonGroup className = "ml - auto">
              <ModifyButton tid = {tid} />
              <DeleteButton tid = {tid} />
            </ButtonGroup>
          </Row>
          <Thread tid = {tid} />
          <ReplyForm tid = {tid} />
        </Container>
```

```
    );
};

export default ThreadPage;
```

其中，两个操作按钮使用 React Bootstrap 的预定义组件 ButtonGroup 并作为一组，将其用组件 Row 套起来的目的是让其借助预设样式类 ml-auto 右对齐。ThreadPage 接收父组件传来的帖子 ID 并将其分别传递给四个子组件。

但仅仅这样组合起来，四个子组件还是"各自为政"，若要实时更新操作结果的话还需将文件 Thread.jsx 中的 loadThread()函数提取出来，移交给父组件 ThreadPage。

先修改文件 ThreadPage.jsx 的引用部分：

```
import React, { useState } from 'react';
import { HOST, PORT } from '../config';
```

然后进行 loadThread()函数的移植：

```
...
const ThreadPage = (props) => {
    const { tid } = props;
    const [thread, setThread] = useState({});
    const [comments, setComments] = useState([]);
    const loadThread = async () => {
        try {
          const res = await fetch(`${HOST}:${PORT}/api/threads/${tid}`);
          const result = await res.json();
          if (res.ok) {
            setThread(result.data.thread);
            setComments(result.data.comments);
          } else {
            alert(result.message);
          }
        } catch (err) {
          alert(err.message);
        }
    };
    return (
...
```

因为帖子页面除了显示帖子本身，还要显示所有针对该帖子的回复，所以渲染组件 Thread 时要将这两个状态(thread 和 comments)以及请求函数 loadThread()都传过去。

```
...
<Thread tid={tid} thread={thread} comments={comments} loadThread={loadThread} />
...
```

移植工作完成后，组件 Thread 方面变得清爽了许多：

```
...
const Thread = (props) => {
    const { thread, comments, loadThread } = props;
    useEffect(() => {
        loadThread();
    }, []);
    return (
...
```

继续修改 App.jsx 为如下代码：

```
import React from 'react';
import ThreadPage from './ThreadPage';

const App = () => <ThreadPage tid = '5ce6bf8853fb2b910ee185cd'/>; //改为你自己的帖子 ID

export default App;
```

重打包后刷新页面，和此前完全等效，然而 ThreadPage 的四个子组件已经可以共享 loadThread()函数了。

首先交给回复表单 ReplyForm：

```
...
<ReplyForm tid = {tid} loadThread = {loadThread} />
...
```

并在 ReplyForm 中使用解构来获取：

```
...
const ReplyForm = (props) => {
    const { tid, loadThread } = props;
...
```

这样，在提交回复成功后，就可以刷新帖子，实时地显示回复内容，代码如下：

```
...
     const result = await res.json();
     if (res.ok) {
         alert(result.message);
         loadThread();
         document.forms.replyForm.content.value = '';              //将多行输入框内容清空
     } else {
...
```

修改帖子按钮也如法炮制：

```
...
<ModifyButton tid={tid} loadThread={loadThread} />
...
```

在 ModifyButton 中通过解构 props 来接收：

```
...
const ModifyButton = (props) => {
    const { tid, loadThread } = props;
...
```

成功修改并关闭模态框后执行代码即可，代码如下：

```
...
    if (res.ok) {
        alert(result.message);
        closeModal();                                    //关闭模态框
        loadThread();                                    //重新读取帖子
    } else {
...
```

至于删除按钮组件，因为涉及删帖后的页面跳转行为，将在后面进行讲解，暂时先不用管它。帖子页面的渲染效果如图 9.5 所示。

图 9.5 帖子页面的渲染效果

9.1.5 浏览资料页面——ProfilePage

ProfilePage 的技术要点在于，从父组件获取到用户名后继续传递给子组件 UserInfo。而 UserInfo 组件内部还需要使用栅格系统调整布局。

在文件夹 jsx 下新建文件 ProfilePage.jsx，其具体实现如下：

```
import React from 'react';
import { Container } from 'react-bootstrap';
import UserInfo from './UserInfo';

const ProfilePage = (props) => {
    const { username } = props;                          //从父组件获取用户名
    return (
        <Container>
          <UserInfo username={username} />
        </Container>
    );
};

export default ProfilePage;
```

接下来修改组件 UserInfo 的布局，首先追加引用栅格系统所需的行和列两个组件：

```
import { Card, ListGroup, Row, Col } from 'react-bootstrap';
```

然后按照如下代码修改渲染部分即可：

```
...
    return (
        <Row>
          <Col sm={12} md={4}>
            <ProfileInfo user={user} />
          </Col>
          <Col sm={12} md={8}>
            <ThreadsInfo threads={threads} />
          </Col>
        </Row>
    );
...
```

借助响应式布局，在手机这样的小尺寸屏幕显示时用户个人信息和发帖信息都会占满一行宽度，如图 9.6 所示。

但在平板电脑等中大尺寸以上的屏幕显示时，个人信息和发帖信息则各占 1/3 和 2/3 的宽度，如图 9.7 所示。

图 9.6 浏览资料页面在小尺寸屏幕的显示状态

图 9.7 浏览资料页面在中大尺寸屏幕的显示状态

9.1.6 修改资料页面——SettingPage

最后是修改资料页面，已经没有任何技术难度了，只需要在容器中放入修改用户信息表单 SettingForm 即可。

在文件夹 jsx 下新建文件 SettingPage.jsx，具体实现如下：

```
import React from 'react';
import { Container, Row, Col } from 'react-bootstrap';
import SettingForm from './SettingForm';

const SettingPage = () => {
    return (
        <Container>
            <Row className="d-flex justify-content-center">
                <Col sm={12} md={6}>
                    <SettingForm />
                </Col>
            </Row>
        </Container>
    );
};

export default SettingPage;
```

因为修改资料表单 SettingForm 信息量不大，若占据页面宽度太大不太美观，所以在中大尺寸屏幕时将宽度折半且居中显示，如图 9.8 所示。

图 9.8 修改资料页面在中大尺寸屏幕的显示状态

至此，完成了所有组件的装配，也即站点页面的开发工作。

9.1.7 小结

在本节中，完成了所有组件的装配工作，这是一个将组件转换为页面的过程。

在一个页面上分配组件的位置，就涉及了布局的问题。React Boostrap 从 Bootstrap 那里继承了非常方便的栅格布局系统。所谓栅格布局，就是像表格一样分配行与列。不仅如此，栅格布局还支持响应式布局，可以为不同尺寸的设备定义不同的布局，提高用户体验。

对于在同一页面中的不同子组件，如果要实现彼此联动而非“各自为政”，就需要共享函数。函数和其他变量一样，可以通过组件的 props 传入。因此，需要共享的函数就要“移植”到父组件，再通过 props 分别传入各子组件以供其调用。

9.2 路由器——React Router

视频讲解

在 6.1.3 节中，曾经学习过基于 Express 实现的后端接口路由。前端的路由由于涉及 UI 界面，实现机制有较大不同。前端路由的主要用途：在用户借助导航栏切换到某个页面时，保持页面内容更替与 URL 变化的实时同步。

React Router(官方网站为 https://reacttraining.com/react-router/)，顾名思义，就是基于 React 实现的路由器(Router)。在 React Router 4.0 版本之后，React Router 已经彻底贯彻了 React“一切皆组件”的思想，实现了与 React 的珠联璧合。

9.2.1 安装与使用

只需要在项目根目录下执行如下命令即可安装 React Router：

```
$ cnpm install react-router-dom --save
```

成功安装后，在文件夹 src 下的文件 client.js 中引用组件 BrowserRouter：

```
...
import { BrowserRouter } from 'react-router-dom';
...
```

BrowserRouter 顾名思义是“浏览器路由器”，它利用 HTML 5 提供的 API 保持浏览器中 URL 与组件 UI 之间的同步。

迄今为止，用户界面的最上级组件是 App，通过打包编译后挂载到 id 属性值为 root 的 div 上。为了让整个用户界面的所有组件都受到路由支配，需要使用 BrowserRouter 将 App 包住，或者也可以这样理解：给 App 再加一个上级组件 BrowserRouter，然后再将这个路由器挂载到挂载点上。

综上所述，client.js 的挂载部分就从原来的

```
...
ReactDOM.render(<App />, root);
...
```

改为如下代码：

```
...
ReactDOM.render(
    <BrowserRouter>
        <App />
    </BrowserRouter>
    , root);
...
```

9.2.2 添加链接

接下来要做的是给导航栏添加页面链接，这也是贯通所有页面、组装成 Web 应用的重要一步。

按照 React Router 的官方说明，将所有的 HTML 超链接标签<a href="/">替换为 React Router 提供的组件<Link to="/">就可以了。

然而，这里就产生了一个问题。导航栏直接采用的是 React Bootstrap 的组件 Navbar，各链接使用的是组件 Nav.Link，而并非单纯的 HTML 超链接标签<a>。当然，也不是不可以用 React Router 提供的 Link 替掉 React Bootstrap 的 Nav.Link，可如此一来就失去了 Bootstrap 提供的现成样式，而若继续使用 Nav.Link 的话，又没法使用 React Router 的路由。怎么办？

幸运的是，有第三方开发了名为 react-router-bootstrap 的库，可以将二者完美地结合起来。在命令行工具中安装：

```
$ cnpm install react-router-bootstrap --save
```

使用起来也很简单，只需将所有要用到 React Router 路由的 Bootstrap 组件作为 LinkContainer 的子组件就可以了。

于是，在 Header.jsx 中追加引用：

```
...
import { LinkContainer } from 'react-router-bootstrap';
...
```

并将导航栏组件 Header 中原来超链接的部分

```
...
    <Nav className="mr-auto">
        <Nav.Link href="#">首页</Nav.Link>
        <Nav.Link href="#">帖子</Nav.Link>
        <NavDropdown title="个人中心" id="basic-nav-dropdown">
            <NavDropdown.Item href="#">个人信息</NavDropdown.Item>
```

```
            <NavDropdown.Item href = "#">修改信息</NavDropdown.Item>
        </NavDropdown>
    </Nav>
...
```

改为如下代码：

```
...
    <Nav className = "mr-auto">
        <LinkContainer to = "/home/">
            <Nav.Link>首页</Nav.Link>
        </LinkContainer>
        <LinkContainer to = "/threads/">
            <Nav.Link>帖子</Nav.Link>
        </LinkContainer>
        <NavDropdown title = "个人中心" id = "basic-nav-dropdown">
            <LinkContainer to = {`/profile/${user.username}`}>
              <NavDropdown.Item href = "#">个人信息</NavDropdown.Item>
            </LinkContainer>
            <LinkContainer to = "/setting/">
              <NavDropdown.Item href = "#">修改信息</NavDropdown.Item>
            </LinkContainer>
        </NavDropdown>
    </Nav>
...
```

在App.jsx中引用并渲染导航栏Header，打包后用浏览器打开localhost:3000，单击导航栏超链接会发现地址栏的相应变化，说明页面链接添加成功。

9.2.3 同步页面

在9.2.2节中，利用react-router-bootstrap库，兼顾了Bootstrap的样式和React Router的功能，为导航栏添加了各个页面的链接。但仅仅导航栏发生变化并没有什么实际作用，还需要根据超链接来同步页面内容。

用React Router实现页面同步需要使用组件Route，Route有两个重要的属性：一个是path，用来匹配浏览器地址栏的超链接；另一个是component，也就是此前所开发的页面组件。这就为同步URL和组件搭建起了桥梁。

按照如下代码，修改文件App.jsx为：

```
import React from 'react';
import { Route } from 'react-router-dom';
import Header from './Header';
import Footer from './Footer';
import HomePage from './HomePage';
```

```
import ThreadListPage from './ThreadListPage';
import ProfilePage from './ProfilePage';
import SettingPage from './SettingPage';

const App = () => (
    <div>
        <Header />
        <Route path="/home" component={HomePage} />
        <Route path="/threads" component={ThreadListPage} />
        <Route path="/profile/:username" component={ProfilePage} />
        <Route path="/setting" component={SettingPage} />
        <Footer />
    </div>
);

export default App;
```

其中，导航栏的 Header 和底栏的 Footer 在所有页面中都要显示，因此没有使用路由的必要。在 App 组件内部，通过四个 Route 将 URL 和相对应的页面组件连接了起来。

打包后刷新页面，分别单击首页、帖子和修改信息，会看到对应页面的切换。

此外，进入站点后率先显示的也应当是 HomePage 组件，因此再添加一个路由：

```
...
const App = () => (
    <div>
        <Header />
        <Route path="/" component={HomePage} />
        <Route path="/home" component={HomePage} />
...
```

然而打包后刷新会发现所有页面全都变成首页了。这是为什么？原因在于 Route 的匹配模式，即便是“/threads”这样的 URL，也会因为匹配到了“/”而返回首页。解决方法是给根目录“/”这个路由加上一个 exact：

```
...
<Route exact path="/" component={HomePage} />
...
```

这样一来，就可以做到精确匹配，不会再出现上面路由通吃的问题了。

此外，为了确保每次都只匹配到一个页面，可以用组件 Switch 将所有 Route 包起来。

先追加引用：

```
...
import { Route, Switch } from 'react-router-dom';
...
```

再修改 App 为如下代码：

```
...
const App = () => (
    <div>
        <Header />
        <Switch>
          <Route exact path="/" component={HomePage} />
          <Route path="/home" component={HomePage} />
          <Route path="/threads" component={ThreadListPage} />
          <Route path="/profile/:username" component={ProfilePage} />
          <Route path="/setting" component={SettingPage} />
        </Switch>
        <Footer />
    </div>
);
...
```

想必读者已经注意到，每次重新打包后，在浏览器中都必须以 localhost:3000 为入口才可以浏览到各个页面，而直接输入首页地址(localhost:3000/home/)或帖子列表地址(localhost:3000/threads/)都会显示 Cannot GET 字样。其原因及具体解决方案将在 9.4 节详述。

9.2.4 嵌套路由与 URL 传参

帖子频道除了帖子列表页面外，还包含帖子详情页面。在路由进到帖子列表页面 ThreadListPage 后，可以继续在 ThreadListPage 中设置详情页面的路由，也就是嵌套路由。

首先在文件 ThreadList.jsx 中追加引用 Link 组件：

```
...
import { Link } from 'react-router-dom';
...
```

然后给每个帖子都添加超链接，将原来的 Row 组件：

```
...
const Row = (props) => {
    const { thread } = props;
    return (
        <tr>
          <td>{thread.title}</td>
...
```

改为如下代码：

```
...
const Row = (props) => {
    const { thread } = props;
      return (
```

```
        <tr>
          <td>
            <Link to={`/threads/${thread._id}`}>{thread.title}</Link>
          </td>
...
```

帖子的标题就变成了超链接，单击标题后也会看到浏览器的地址栏中出现了该帖子的 ID。

接下来为组件 ThreadListPage 添加嵌套路由。在文件 ThreadListPage.jsx 中追加引用：

```
import { Switch, Route } from 'react-router-dom';
import ThreadPage from './ThreadPage';
```

随后将原来的组件 ThreadListPage 更名为 ThreadListTable。在该组件下面新建一个组件 ThreadListPage，代码如下：

```
const ThreadListPage = () => (
    <Switch>
        <Route exact path="/threads" component={ThreadListTable} />
        <Route exact path="/threads/:tid" component={ThreadPage} />
    </Switch>
);
```

如此一来，在组件 App 中，借由 URL"/threads"就会路由到组件 ThreadListPage，然后在 ThreadListPage 中再做进一步判断：如果 URL 后面有帖子 ID，就加载组件 ThreadPage，否则的话就显示 ThreadListTable 这个帖子列表。

需要注意的是，第二个 Route 的 path 上多了个":tid"，用来匹配帖子的 ID。一旦浏览器地址栏中的 URL 匹配到这个路由，对应组件（即 ThreadPage）的 props 中就会增加一个 match 键。

match 键的值是一个对象，内部又包含四个键：isExact，取布尔值，代表是否完全匹配；path，即路由的匹配路径；url，表示地址栏中的实际地址；params，也就是想要获取的匹配信息。

编辑文件 ThreadPage.jsx，将原来的

```
const ThreadPage = (props) => {
   const { tid } = props;
...
```

修改为如下代码：

```
const ThreadPage = (props) => {
   const { tid } = props.match.params;                    //从 params 解构出帖子 ID
...
```

就可以从帖子列表正常浏览任意帖子详情了。

同样地，组件 ProfilePage 由原来的

```
const ProfilePage = (props) => {
    const { username } = props;
...
```

改为如下代码：

```
const ProfilePage = (props) => {
    const { username } = props.match.params;
...
```

之后，就也可以从 URL 中获取到用户名，并显示出相对应的用户信息。

9.2.5 页面跳转

在本项目中，有两个操作需要用到页面跳转：一是用户退出登录后需要跳转到首页；二是用户删除帖子后需要退回帖子列表。

要想实现跳转，需先在文件 header.jsx 中追加引用 React Router 的 withRouter()函数：

```
...
import { withRouter } from 'react-router-dom';
...
```

并在结尾导出时，将组件本身作为参数传给 withRouter()函数：

```
...
export default withRouter(Header);
```

如此一来，一些路由信息就可以经由 props 传递给组件 Header，要获取的是其中的 history，也就是浏览记录。为组件 Header 添加 props，并从中解构出 history：

```
...
const Header = (props) => {
    const { history } = props;                              //从 props 中解构出 history
...
```

在登录成功时，将欲跳转到的页面 push(推送)给 history 即可：

```
...
    if (res.ok) {
        setAuth(false);
        setUser({});
        history.push('/');                                  //跳转到网站根目录
    } else {
...
```

接下来是删除帖子按钮 DeleteButton，同样地，在文件 DeleteButton.jsx 中引用并使用 withRouter()函数：

```
…
import { withRouter } from 'react-router-dom';
…
export default withRouter(DeleteButton);
```

在组件内，从 props 中同时解构出 tid 和 history：

```
…
const DeleteButton = (props) => {
    const { tid, history } = props; //从 props 中同时解构出帖子 ID 和浏览记录
…
```

最后，在删除帖子成功后跳转到帖子列表，代码如下：

```
…
    if (res.ok) {
        alert(result.message);
        history.push('/threads');    //跳转到帖子列表
    } else {
…
```

9.2.6 小结

本节学习了路由器 React Router 的使用，它能够使页面组件的更替与 URL 地址的变动同步更新，保持一致。

要使用 React Router，需要给 App 外部再包上一层 BrowserRouter 后挂载。超链接方面，要用 React Router 提供的组件 Link 取代普通的 HTML <a>标签。但像导航栏这种超链接，已经使用了 Bootstrap 特殊组件的情况，就只能借助于第三方库以实现二者兼顾。

React Router 中最重要的组件就是路由 Route，它通过 path 和 component 两个属性搭起了 URL 和渲染组件之间的桥梁。路由匹配到的组件还可以继续设置 Route，构成层级式的嵌套路由。

Route 的 path 中如果包含参数，可通过对应组件的 props.match 来提取，以做进一步处理。

若有页面跳转的需求，就要用到 React Router 的 withRouter()函数，并将待跳转组件作为参数传给 withRouter()函数。如此一来，该组件就可以从 props 中提取出浏览记录 history，再使用 history.push(欲跳转页面)即可。

视频讲解

9.3 React 状态管理

在 9.2 节，基本解决了 URL 和页面的同步问题，即路由问题，可依旧留下了几个课题。比如，按照此前的原型设计，首页的右侧应该根据用户的登录情况显示不同的内容；再比

如,有些组件,如回复帖子表单等,在游客浏览时就应该隐藏起来,断绝其调用接口的机会。

当然,每个组件都从浏览器里取出 token,然后请求后端判断登录状态也不是不可以。但一来写起来烦琐,二来增加服务器负担,三来无法实现多个组件联动。最好的方式还是用一个全局变量保留用户的登录状态,供其他组件全部共享。这就涉及了状态管理。

9.3.1 React 状态管理的前世今生

在前面曾经提到,React 的设计理念就是"一切皆组件,组件即函数",意味着输入确定,则输出的视图也就确定。这一设计理念也决定了 React 的数据流向是单向的、自上而下的。

迄今为止,props 的数据无一例外地来自父级组件,哪怕是与兄弟姐妹共享某个数据或函数,也仅仅是因为父组件"一碗水端平"式地将其分给了每个子女。

当然,利用这个特性,一种极端的做法就是由先祖统一管理,然后子子孙孙一代代地通过 props 传下去,也就相当于实现了全局状态的目的。然而这种方式过于烦琐,也不利于维护,真正需要的是跨代传递,如图 9.9 所示,也就需要用到状态管理器。

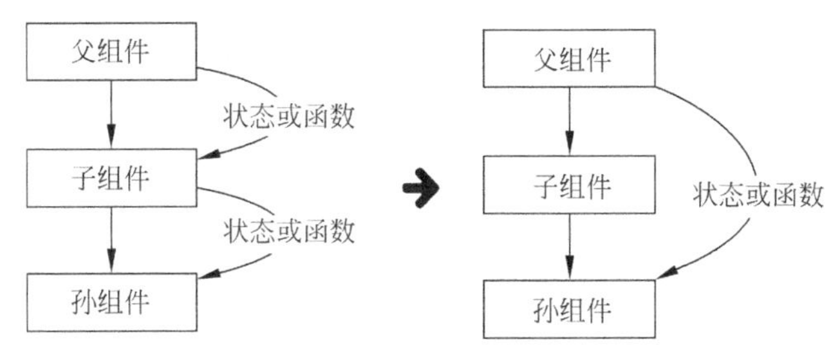

图 9.9 状态与函数的跨代传递

React 状态管理器中最有名的就是 Redux,可以说 React + Redux 时至今日还称得上是主流。然而用过 Redux 的人都知道,Redux 在流程上异常烦琐,结构上极为复杂,不是很利于项目的开发和维护。

作为后起之秀,Mobx 简洁很多,上手也非常容易,能够大大提高开发效率,成了 Redux 之后非常有力的竞争者。

然而在 React 16.8 版本后,又多了一个选择,那就是 React Hooks(钩子)之一——useContext。本书也将基于这个钩子来讲解状态管理。

9.3.2 上下文——Context

React 的 Context(上下文)本身其实并不是什么新概念,早就可以作为 React 的特性之一使用,但官方一直采取不推荐的态度。然而经过数次更新完善,再配上目前最新的钩子 useContext,已经可以非常稳定且便捷地使用它了。

所谓上下文,可以粗略地理解为一个全局变量。使用上下文的大体思路如下:

(1) 在顶级组件中用 createContext()函数创建一个上下文,并赋予其初始值。用 export 提供导出。

(2) 该组件的任意子组件所在模块都可以用 import 引用这个上下文。在子组件内使用 useContext,就可以获取该上下文的当前值。

（3）子组件的任一级上级组件都可以用 context. Provider 作为数据的提供者改变当前值。子孙组件获取到的将是最新一次改变。

基于这个思路，在 App. jsx 中追加引用并初始化用户相关的上下文 userContext，以对象 object 的形式存储。userContext 中包含四项内容：当前用户对象数据、判断是否已登录的布尔值以及分别改变二者的函数，具体代码如下：

```
...
import React, { createContext, useEffect, useState } from 'react';
import { HOST, PORT, DOMAIN } from '../config';

const userContext = createContext({                    //创建上下文
    user: {},                                          //当前用户对象数据
    setUser: () => {},                                 //改变用户对象的函数
    auth: false,                                       //是否已登录
    setAuth: () => {},                                 //改变登录状态的函数
});

const App = () => {
    const [user, setUser] = useState({});              //生成 user 状态
    const [auth, setAuth] = useState(false);           //生成 auth 状态
    useEffect(() => {
        authenticate();                                //组件加载以后就验证用户登录状态
    }, []);
    return (
        <div>
          <Header />
          ...
          <Footer />
        </div>
    );
};

export { userContext };                                //为子孙组件提供 userContext 的接口
export default App;
```

使用 useEffect，在组件 App 加载后，调用 authenticate()函数，并通过 setUser()函数和 setAuth()函数改变两个对应状态（user 和 auth）的值。authenticate()函数的具体实现为：

```
...
    const [user, setUser] = useState({});
    const [auth, setAuth] = useState(false);
    const authenticate = async () => {
        try {
          const body = await JSON.parse(localStorage.getItem(DOMAIN));
          //从浏览器获取用户名和凭证
          const res = await fetch(`${HOST}:${PORT}/api/users/auth`, { //调用 API
            method: 'POST',
            headers: { 'Content-Type': 'application/json' },
            body: JSON.stringify(body),
```

```
        });
        const result = await res.json();                    //将响应体转换为 JSON 格式
        if (res.ok) {                                       //如果请求成功
          setUser(result.data);                             //将 user 状态设为返回用户数据
          setAuth(true);                                    //将 auth 状态设为 true
        } else {                                            //如果请求失败
          alert(result.message);
        }
      } catch (err) {                                       //如果请求过程发生错误
        throw err;
      }
    };
    useEffect(() => {
...
```

从浏览器提取出用户名和 token,作为请求体调用用户验证的 API,获取响应体中的当前用户信息。如果用户已经登录,则将用户数据存入状态 user,并将登录状态 auth 由 false 改为 true。这样,App 就可以作为用户上下文 userContext 的提供者了:

```
...
    <userContext.Provider value={{
            user, setUser, auth, setAuth,
        }}>
        <Header />
        <Switch>
          ...
        </Switch>
        <Footer />
    </userContext.Provider>
...
```

将四项数据通过属性 value 写入上下文,在组件 App 中改变其初始值的同时,下级组件(可跨代)也都有权获取并改变其值了。

9.3.3 使用上下文——useContext

表示当前登录用户及登录状态的上下文已经准备好了,接下来完成首页。首页的主要技术难点在于导航栏退出与首页右侧切换显示组件的联动问题。但借助上节设置好的上下文 userContext,这个问题已经可以迎刃而解。

先修改导航栏 Header.jsx 的引用部分:

```
...
import React, { useContext } from 'react';
import { userContext } from './App';
...
```

并将原有的两套状态 state:

```
...
    const [user, setUser] = useState({});
    const [auth, setAuth] = useState(false);
...
```

改为从用户相关上下文 userContext 获取：

```
...
    const {
        user, setUser, auth, setAuth,
    } = useContext(userContext);
...
```

当然，useEffect()的部分也不需要了，全部删掉。导航栏组件 Header 修改完毕。

接下来轮到首页组件 HomePage，组件的登录和注册两个表单使用 React Bootstrap 的标签页(Tabs)组件实现，在文件 HomePage.jsx 中追加引用：

```
import React, { useState, useContext } from 'react';
import { Container, Row, Col, Tabs, Tab } from 'react-bootstrap';
import { Demo, Slogan } from './Introduction';
import RegisterForm from './RegisterForm';
import LoginForm from './LoginForm';
import { userContext } from './App';
...
```

接下来通过上下文获取到当前用户是否已经登录：

```
...
const HomePage = () => {
    const { auth } = useContext(userContext);
...
```

使用三元运算符根据用户登录状况来决定究竟是显示欢迎信息组件 Slogan 还是登录注册标签页组件 RegLogForm，代码如下：

```
...
        <Row>
            <Col sm={12} md={7} className="pr-1">
                <Demo />
            </Col>
            {auth
                ? (<Col sm={12} md={5} className="pl-0 d-flex align-items-stretch">
                    <Slogan />
                  </Col>)
                : <Col sm={12} md={5} className="pl-0"><RegLogForm /></Col>
            }
        </Row>
...
```

在文件 HomePage.jsx 中,组件 RegLogForm 的具体实现如下:

```
const RegLogForm = () => {
    const [mode, setMode] = useState('login');              //创建 mode 状态,初始值为 login
      return (
        < Tabs
          id = "homeTabs"
          activeKey = {mode}
          onSelect = {mode  => setMode(mode)}
        >
          < Tab eventKey = "login" title = "登录">
            < LoginForm />
          </Tab >
          < Tab eventKey = "register" title = "注册">
            < RegisterForm />
          </Tab >
        </Tabs >
    );
};
```

该组件中设置了 mode 这个状态,只能取值 login 或 register,用以控制显示注册标签栏还是登录标签栏。在单击任意一个标签后,会触发事件 onSelect,并使用 setMode()函数将模式状态改写为该标签的模式(login 或 register),读取该标签的对应组件。

为了让两个组件与导航栏 Header 完全联动,也需要用到上下文 userContext,先修改登录表单 LoginForm,追加引用:

```
import React, { useContext } from 'react';
import { userContext } from './App';
```

在组件内部获取 setUser()(设置用户信息)和 setAuth()(设置用户登录状态)这两个上下文中的函数:

```
const LoginForm = () => {
    const { setUser, setAuth } = useContext(userContext);
...
```

在请求函数 login()成功调用接口并获取响应体后,将用户登录状态改为 true(由于上下文的特性,这个改动是全局性质的),并修改当前用户的用户名:

```
...
          await localStorage.setItem(DOMAIN, JSON.stringify(data));
           setAuth(true);
           setUser({ username: result.data.username });
    } else {
...
```

为了让用户在注册成功后自动登录,在组件 RegisterForm 中也做类似处理,追加引用:

```
import React, { useContext } from 'react';
import { userContext } from './App';
```

并从上下文中获取 setAuth()函数：

```
...
const RegisterForm = () => {
    const { setAuth } = useContext(userContext);
...
```

然后将组件 LoginForm 中的 login()函数复制过来：

```
...
     const { setAuth } = useContext(userContext);
     const login = async (body) => {
         try {
         ...
         } catch (err) {
           throw err.message;
         }
     };
...
```

最后在注册成功后调用并执行 login()函数，代码如下：

```
...
const register = async (body) => {
    ...
    if (res.ok) {
        alert(result.message);
        login(body);
    } else {
...
```

至此，首页所有组件实现全联动，已经可以根据登录状态切换合适的渲染结果。

9.3.4 组件的权限判定

接下来判定用户权限，将用户无权使用的组件隐藏起来。

首先是导航栏 Header，个人中心只对登录用户开放，因此将 NavDropdown 部分套入三元运算符的状态判断：

```
...
    {auth
        ? (<NavDropdown title="个人中心" id="basic-nav-dropdown">
          <LinkContainer to={`/profile/${user.username}`}>
              <NavDropdown.Item href="#">个人信息</NavDropdown.Item>
          </LinkContainer>
```

```
            <LinkContainer to="/setting/">
                <NavDropdown.Item href="#">修改信息</NavDropdown.Item>
            </LinkContainer>
             </NavDropdown>)
        : null}
    ...
```

然后是帖子列表页面 ThreadListPage，游客无权发布新帖，所以隐藏“发布”按钮。在文件 ThreadListPage.jsx 中添加引用：

```
...
import React, { useState, useContext } from 'react';
import { userContext } from './App'
...
```

获取上下文中的 auth 信息：

```
...
const ThreadListTable = () => {
    const [threads, setThreads] = useState([]);
    const { auth } = useContext(userContext);
...
```

并用三元运算符判断：

```
...
    return (
        <Container>
          {auth
          ? <PostButton loadThreads = {loadThreads} />
          : null}
          <ThreadList loadThreads = {loadThreads} threads = {threads} />
...
```

最后是帖子详情页面 ThreadPage，“修改”和“删除”两个按钮显示与否，需要判断当前登录用户是不是该帖子的作者。首先还是在 ThreadPage.jsx 中追加引用并使用上下文：

```
...
import React, { useState, useContext } from 'react';
import { userContext } from './App';
...
const ThreadPage = (props) => {
    const { user, auth } = useContext(userContext);
...
```

之后通过用户名 username 的比对来判断当前登录用户(user)是不是该帖子的作者(author)，代码如下：

```
…
    return (
        < Container >
          {thread.author && user.username  ===  thread.author.username
          ? (< Row className = "m - 0">
            < ButtonGroup className = "ml - auto">
              < ModifyButton tid = {tid} loadThread = {loadThread} />
              < DeleteButton tid = {tid} />
            </ButtonGroup >
             </Row >)
          : null}
…
```

这里之所以要在实际比对前加上 thread. author 这个判断条件，是因为如果 thread. author 还没有读取到的话，thread. author. username 会引发报错。

回复表单也不对游客开放：

```
…
    {auth
      ? < ReplyForm tid = {tid} loadThread = {loadThread} />
      : null}
…
```

至此，Web 客户端基本开发完毕。

9.3.5　小结

在本节中，学习了 React 的状态管理。状态管理之所以重要，是因为在一个页面中，往往需要多个组件的状态联动，数据的跨代传递也就变得必要。

Redux 和 Mobx 都是 React 具有代表性的第三方状态管理器，但自从 React 16.8 版本公布了 Hooks 特性之后，官方的 useContext 成了更好的选择。

useContext 使用的大体思路：在顶级组件创建 Context 存储上下文(类似全局变量)，子孙组件可以通过 useContext 获取该上下文的当前值。而在传递途中，任意组件都有权更改其当前值。

基于用户登录状态的上下文，可以判断当前登录用户是否有权使用某组件，如否，则需要借助三元运算符将该组件隐藏起来。

视频讲解

9.4　服务端渲染

在 9.3.4 节末尾，之所以说 Web 客户端基本开发完毕，是因为产品在功能实现上已经完全达成了预定目标，然而还存在一个致命缺陷，那就是从首页打开应用没有问题，可从浏览器的地址栏输入某个页面的超链接，比如帖子列表页面 http://localhost:3000/threads/，却打不开。这是为什么？

9.4.1 SPA——单页面应用

根本原因在于,迄今为止开发的Web客户端是单页面应用(Single Page Application,SPA)。所谓单页面应用,顾名思义,就是只有一个页面的Web应用。

这个页面实质上就是文件夹static中的静态文件index.html,切换出的种种"页面"都是打包编译项目后挂载到其root节点上的JavaScript文件;而所谓的页面切换则是借助React Router假装改变浏览器地址栏的URL,并将其对应页面组件同步配合而成的"演出效果"。

到这里,想必读者已经明白了,首页的链接之所以能够正常打开,是因为向服务器实际发出了索取index.html的请求;而其他所有在React Router中定义的路由都仅仅是"障眼法",即通过单击导航栏超链接改变地址栏中显示的URL。这个行为本身并没有向服务器提出任何请求。

所以,打包后的client.js就是一个空壳(也可以理解为客户端),基本上,除了组件内部调用API和请求图片等静态文件之外,不会再向服务器发出任何请求。

这么做的优点如下。

(1) 无刷新。无论在页面上做出任何行为,页面都永远不会刷新,大大提高了用户体验。

(2) 服务器减负。页面的请求次数减少了,大大降低了服务器的负担。

(3) 前后端分离。SPA使前后端彻底分离开来,服务器是服务器,客户端是客户端,让开发分工职责明确。

(4) 后端可复用。基于(3),在不同设备上部署产品只需要更换客户端即可,所有客户端可共用一套后端,这不仅节省开发成本,也能保证跨平台产品之间的数据互通。

也有不可忽视的缺点如下。

(1) 无法直接请求特定页面。这也是本节开始提到的问题,无论什么页面都需要从首页作为入口间接进入。

(2) 不利于搜索引擎收录。基于(1),搜索引擎的爬虫也面临同样问题,只能够收录到首页而无法收录其他页面内容。

(3) 初次加载耗时长。因为客户端是所有"页面"的组件打包后统合而成,所以相对于普通页面来说,其体积较大,浏览器初次加载耗时较长。

那么有没有办法既能够保留SPA的优点,又能够克服SPA的缺点?答案就是服务端渲染。

9.4.2 SSR——服务端渲染

前面已学过请求/响应模型,平常上网浏览页面其实就是借助浏览器的地址栏发出请求,得到来自服务器的HTML文档响应。

既然如此,可以在服务器做一些工作,不直接返回HTML文档,而是以字符串的形式返回HTML模板,在模板里又加入请求页面所需的组件。这样一来,用户在浏览器里请求特定地址,获取包含组件在内的字符串,并将其渲染成普通HTML页面,在这个页面上继续单击链接，就又成了无刷新的 SPA，不就做到两全其美了吗？这就是服务端渲染（Server Side Rendering，SSR）的基本思路。

开启服务端渲染，需要修改文件 server.js，追加引用：

```
import React from 'react';
import ReactDOMServer from 'react-dom/server';
import { StaticRouter } from 'react-router-dom';
import App from './jsx/App';
```

随后，用一个字符串制作返回给客户端的 HTML 模板，具体实现如下：

```
...
const template = markup => (
    <!DOCTYPE html>
        <html>
          <head>
            <meta charset='utf-8'/>
            <title>xxBBS</title>
            <link rel="stylesheet" href="/css/bootstrap.min.css"/>
          </head>
          <body>
            <div id="root">${markup}</div>
            <script src="/client.js" async></script>
          </body>
        </html>
);
...
```

这个模板接收 markup（以字符串形式表示的组件）作为参数，并将其嵌入到挂载点 root 之中。

然后写一个 Express 中间件。所谓 Express 中间件，是在服务器接收请求到返回响应之间执行的函数。因此可以在中间件中对响应做些工作。代码如下：

```
...
const serverRender = (req, res, next) => {
    const markup = (
        ReactDOMServer.renderToString(
        <StaticRouter location={req.url} context={{}}>
          <App />
        </StaticRouter>)
      );                                              //将组件字符串化
      res.status(200).send(template(markup));         //模板化后作为响应返回
      next();                                         //运行下一个中间件
    };
...
```

在这个中间件中首先引用 App 这个顶级组件，并使用 React Router 的静态路由器 StaticRouter 将其包裹起来。其中的 location 参数就是用户在请求中指定的 URL。然后使用ReactDOMServer的renderToString()函数将所有组件转换为字符串，通过刚才定义的template()函数混合到模板，作为响应发给前端。最后的next()是为了接下来继续运行下一个中间件。

也不要忘了使用这个中间件：

```
...
      const app = express();
      app.use(bodyParser.json());
      app.use(express.static('static'));

      usersAPIs(app);
      threadsAPIs(app);

      app.use(serverRender);
...
```

需要特别注意的是中间件的顺序：bodyParser这个中间件务必放在API之前，否则在调用接口的时候请求体body传不过去；而服务器端渲染的这个中间件务必放在API的后面，否则也会报错。

另外，因为本应用变成了服务器端和客户端的混合渲染，别忘了在客户端文件client.js中将ReactDOM.render()改为ReactDOM.hydrate()：

```
...
ReactDOM.hydrate(
    <BrowserRouter>
        <App />
    </BrowserRouter>
    , root,
);
...
```

最后，因为在服务器端文件server.js中引用了App.jsx，导致后端也涉及React组件的编译。所以在配置文件webpack.config.js的后端部分也要加入Babel编译器和对以.jsx为扩展名的文件的识别：

```
...
    externals: nodeExternals(),
      resolve: {
        extensions: ['.js', '.jsx'],
      },
      module: {
        rules: [{
          test: /\.(js|jsx)$/,
          exclude: /node_modules/,
          loader: 'babel-loader',
          options: {
            presets: ['@babel/preset-env', '@babel/preset-react'],
```

```
                plugins: ['@babel/plugin-transform-runtime'],
            },
        }],
    },
},
...
```

9.4.3 SEO——React Helmet

SEO即Search Engine Optimization，意为搜索引擎优化。一个网站，仅仅做到服务端渲染还不够，要想提高网站的知名度，还需要尽一切可能针对搜索引擎优化，以达到被搜索引擎更多、更好地收录的目的。

SEO是一门大学问，因为不是本书的侧重点，所以不做过多讲解，感兴趣的读者可以自行阅读相关书籍。一般来说，最简单的优化方式是从<meta>标签着手，修改页面的标题、关键词和描述。

在9.4.2节中，已经完成了网站的服务端渲染，但所有页面都是基于同一个HTML模板，这导致所有页面标题都一模一样。因此除了页面所需组件markup外，还需要传给模板另一个参数——React Helmet。

React Helmet是一个基于React的HTML文档头自定义库。首先执行如下安装命令：

```
$ cnpm install react-helmet --save
```

在服务器端入口文件server.js中追加引用：

```
...
import { Helmet } from 'react-helmet';
...
```

修改此前定义的HTML模板template()为如下代码：

```
const template = (markup, helmet) => (
    `<!DOCTYPE html>
    <html>
        <head>
            ${helmet.meta.toString()}
            ${helmet.title.toString()}
            <link rel="stylesheet" href="/css/bootstrap.min.css"/>
        </head>
        <body>
            <div id="root">${markup}</div>
            <script src="/client.js" async></script>
        </body>
    </html>`
);
```

中间件 serverRender 也要加以修改：

```
...
    const helmet = Helmet.renderStatic();                //Helmet 的静态渲染
    res.status(200).send(template(markup,helmet));  //与 markup 一并作为参数传入模板中
    next();
};
...
```

在组件 App 中也追加引用 Helmet：

```
import { Helmet } from 'react-helmet';
```

并定义一些 Helmet 的基本信息，比如：

```
...
    <Helmet
         titleTemplate = "%s | xxBBS —— 连接你和我"
         meta = {[
              { name: 'charset', content: 'utf-8' },
              { name: 'description', content: '全世界最不为人所知的电子留言板' },
           ]}
    />
    <Header />
...
```

之后，只需要给想加标题的页面组件加上标题即可，比如，在页面组件文件 HomePage.jsx 中引用 Helmet 后加上：

```
...
const HomePage = () => {
    const { auth } = useContext(userContext);
    return (
        <Container fluid>
         <Helmet title = "首页" />
...
```

再比如，帖子列表页面组件文件 ThreadListPage.jsx 的组件 ThreadListTable：

```
...
    return (
        <Container>
          <Helmet title = "帖子列表" />
          {auth
...
```

甚至变量也可以作为标题，比如帖子详情页面组件 ThreadPage：

```
...
    return (
        < Container >
            < Helmet title = {thread.title} />
...
```

还有组件 ProfilePage 的字符串拼接：

```
...
    return (
        < Container >
            < Helmet title = {`${username}的个人信息`} />
...
```

以此类推。打开浏览器切换页面时，对应标题都出现在了浏览器的页面标签栏。

至此，终于彻底完成了 Web 客户端的开发工作。至于如何部署 Web 端应用正式上线，请参见第 12 章。

9.4.4 小结

前几章开发出的应用叫作单页面应用(SPA)，虽然有无刷新、减轻服务器负担等优点，但是有着不能够直接请求特定页面、不利于 SEO 等软肋。

实现服务端渲染(SSR)既能够保留 SPA 的优点，又可以克服其缺点。具体方案是书写一个用字符串表示的 HTML 模板，在获取用户的请求 URL 后，找到相应的组件，转换为字符串加入该 HTML 模板，再将包含组件和模板在内的整个字符串作为响应发给前端供浏览器渲染。

但做到这里还不足以优化搜索引擎的收录，最好使用 React Helmet 库自定义 HTML 文档头。在该库的帮助下，修改每个页面的标题、关键词和描述，以达到 SEO 的目的。

第10章

桌面客户端开发

10.1 Electron

视频讲解

在第9章中，已经彻底完成了Web端产品的开发。本章的目标是将其以最低成本移植为横跨Windows、Mac OS和Linux三大桌面平台的程序。这就需要用到Electron。

10.1.1 简介

Electron是由著名的项目托管平台GitHub开发的，用来构建跨平台桌面程序的库。跨平台桌面程序古而有之，无甚稀奇，但Electron的特色在于它使用HTML、CSS和JavaScript来构建，其基本原理是将Chrome浏览器引擎和Node.js合并到同一个运行环境，然后再打包为相应平台的程序。

因此Electron从本质来说，并不是某个UI库的JavaScript版本，而是由JavaScript控制的，以Web页面作为UI的浏览器。

但若因此觉得用Electron充其量只能做一个Toy App（玩具应用）出来，就大错特错了。事实上有越来越多的大公司，比如微软和Facebook，使用Electron创建产品，而且有些产品不乏知名度，甚至可以说是同类产品中的佼佼者。GitHub自家的桌面端自不必说，此外还有通信软件的Skype和代码编辑器Visual Studio Code。

Electron作为桌面端与Web端的混合体，兼备二者的特性。一方面可以像开发Web端应用一样开发桌面端程序；另一方面也可以像普通的桌面应用一样调用摄像头、打印机和扫描仪等硬件资源，甚至像苹果计算机Mac独有的Docker和Touchbar都可以调用。

更重要的是，由于Electron的这个特性，已经掌握了Web开发的人可以迅速上手开发桌面程序，这节省的是学习成本；而已经开发好的Web应用也可以将API和UI组件复用过来，这节省的是开发成本；一套代码多平台编译，这节省的是移植和维护成本。

Electron主要由两部分构成：一是主进程（main），二是渲染进程（renderer）。主进程可以看作连接操作系统和渲染进程的桥梁，而渲染进程就相当于渲染页面的窗口。二者将在后节详述。

10.1.2 最小用例

首先新建一个文件夹 BBS，然后在命令行工具中使用 cd 命令进入 BBS 所处路径，并用 npm 新建一个项目：

```
$ npm init
```

接下来全局安装 Electron：

```
$ cnpm install electron --save -g
```

执行

```
$ electron
```

看到 Electron 的欢迎界面，说明安装成功。

在项目根目录下新建一个文件 index.js 作为程序入口，首先引用 Electron：

```
const { app, BrowserWindow } = require('electron');
```

并从中解构出 app 和 BrowserWindow：app 负责应用的整体操作，BrowserWindow 是浏览器窗口类，通过实例化出浏览器窗口对象以启动渲染进程。

接下来使用 app 监听三个事件：

(1) ready。也就是在桌面应用启动，完成了初始化的时候：

```
let win;
const createWindow = () => {
    win = new BrowserWindow({                                //创建 800 * 600 的窗口
        width: 800,
        height: 600,
        WebPreferences: {
            nodeIntegration: true,                           //这句是为了支持 React
        },
    });
    win.loadURL(`file://${__dirname}/index.html`);          //加载 index.html 作为窗口内容
    win.on('closed', () => { win = null; });                 //如果关闭，清空
};
app.on('ready', () =>{                                       //如果应用启动
    createWindow();                                          //创建窗口
});
```

这时候执行的 createWindow() 函数是将 BrowserWindow 实例化为一个宽 800 像素、高 600 像素的窗口。然后用这个对象读取 HTML 文档的绝对路径，最后用这个窗口监听

closed 事件，如果窗口关闭，就彻底将窗口对象清空。

此处之所以将变量 win 写在函数外部，是为了防止内存自动回收机制清除 win 而导致窗口关闭。

（2）window-all-closed。也就是所有窗口关闭的时候：

```
app.on('window-all-closed', () => {
    if (process.platform !== 'darwin') {                    //在非 Mac OS 上
        app.quit();                                         //彻底退出应用
    }
});
```

注意，此处做了一个平台判断。这是因为在苹果计算机的 Mac OS 上，关闭窗口后，应用也依旧会在 dock 中残留，单击后又会再次被激活运行。因此，如果判定出并非 Mac OS，则彻底退出应用。

（3）active。也就是应用再次激活的时候：

```
app.on('activate', (_e,
    hasVisibleWindows) => {
      if (!hasVisibleWindows) {                             //如果没有可见窗口
        createWindow();                                     //创建窗口
    }
});
```

如(2)所述，该事件只在 Mac OS 上有效，激活后再次执行 createWindow()函数创建窗口。

最后，在根目录下新建 index.html，也就是应用窗口将要渲染的页面：

```
<!DOCTYPE html>
<html>
    <head>
        <meta charset="utf-8"/>
        <title>Hello Electron</title>
    </head>
    <body>
        <h1>Hello Electron</h1>
    </body>
</html>
```

在命令行工具下执行

```
$ electron index.js
```

就会看到“Hello Electron”字样，如图 10.1 所示。

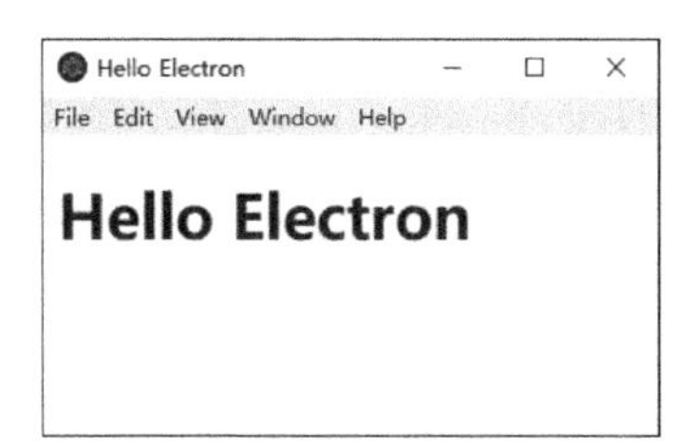

图 10.1　Electron 的最小用例

10.1.3 项目结构

Electron 在项目组织结构方面，有别于在第 9 章开发的 Web 端项目，需要做些调整。

首先在根目录下新建一个存放源代码的文件夹 src，并置放两个子文件夹：main 和 renderer，分别存放主进程和渲染进程的源代码。

然后将文件 index.js 移入文件夹 src/main 中，在同文件夹中新建文件 createWindow.js，并将 createWindow()函数从 index.js 剪切出来移入 createWindow.js。此外，因为将开始使用 Webpack 打包，已经可以用 import 取代 require：

```
import { BrowserWindow } from 'electron';


let win;
const createWindow = () => {
    win = new BrowserWindow({
        width: 800,
        height: 600,
        WebPreferences: {
          nodeIntegration: true,
        },
    });
    win.loadURL(`file://${__dirname}/../index.html`); //注意!html 文档的相对路径变成了../
    win.on('closed', () => {
        win = null;
    });
};
export { win };                         //除了 createWindow 外窗口本身也提供导出接口
export default createWindow;
```

也不要忘了在 index.js 中引用 createWindow()函数：

```
import { app } from 'electron';
import createWindow from './createWindow';
...
```

接下来在项目根目录 BBS 下安装 Webpack：

```
$ cnpm install webpack webpack-cli webpack-node-externals --save-dev
```

并在根目录下新建一个名为 build 的文件夹，用来存放编译后的文件，以及打包器配置文件 webpack.config.js，写入如下代码：

```
const nodeExternals = require('webpack-node-externals');


module.exports = {
      mode: 'development',
```

```
        target: 'electron-main',           //目标是打包 electron-main 进程
        entry: './src/main/index.js',
        output: {
          path: `${__dirname}/build`,
          filename: 'main.js',
        },
        devtool: 'source-map',
        node: {
          __filename: false,               //为了获取绝对路径
          __dirname: false,                //为了获取绝对路径
        },
        externals: nodeExternals(),
    };
```

此处之所以加上一个名为"node"的键，是因为按照 Webpack 的默认配置，打包后的__dirname 会被替换成/，倘若被打包代码需要依赖__dirname 获取文件所在的绝对路径（就像在 createWindow()函数中所写的那样），就有必要加上这句。

于是，打包后的文件会被编译到文件夹 build 中，修改 package.json，追加如下自定义命令：

```
...
    "scripts": {
        "build": "webpack",
        "start": "electron ./build/main.js",
        "dev": "npm run build && npm run start"
    },
...
```

在命令行工具输入

```
$ npm run dev
```

后即可自动打包并正常执行。

10.1.4 菜单

可以说，Web 应用和桌面端应用在视觉上的主要区别之一就在于菜单栏。如果想让产品看起来更像桌面端应用，就需要对菜单进行定制。

使用 Electron 自定义菜单，需要用到 Electron 库中的模块 Menu。模块 Menu 中有一个名为 buildFromTemplate()的函数，可以将 JavaScript 数据对象转换为菜单。

每一条 Electron 菜单项的参数都必须至少包括 role（角色）、label（标签）和 type（类型）其中之一。主要使用到的菜单项参数如下：

（1）role。role 是菜单项的预定义行为。如果要实现的功能已经被 Electron 预定义，就最好不要自己实现。因为这些 role 已经提供了在该平台上最佳的原生体验。Electron 预定

义的主要角色如表 10.1 所示。

表 10.1 Electron 菜单主要角色的功能

角色	功能
undo	撤销
redo	重做
cut	剪切
copy	复制
paste	粘贴
selectAll	全选
delete	删除
minimize	最小化
close	关闭
quit	退出
reload	重载
toggledevtools	切换开发工具
toggleFullScreen	切换全屏
resetzoom	重置缩放
zoomin	放大
zoomout	缩小
editMenu	默认编辑菜单
windowMenu	默认窗口菜单

（2）label 和 accelerator（快捷键）。如果已经使用了 role，label 和 accelerator 都会自动设为该平台默认的适当值。

（3）type。可以从 separator（分隔线）、checkbox（多选）或 radio（单选）中取值。

（4）icon（图标）。可以使用 PNG 或 JPG 格式的图片作为图标。但最好使用 PNG 格式，因为 PNG 支持透明和无损压缩。

（5）submenu（子菜单）。如果有二级菜单就需要用到这个。

（6）enabled（可用）、visible（可见）和 checked（勾选）。都取布尔值，其中 checked 只限于 type 为单选或多选的类型。

（7）click（单击）。如果需要自定义行为，可在这里传入对应函数。

基于上述菜单项参数，在文件夹 src/main 下新建一个名为 menu.js 的文件，用来存储桌面应用的菜单相关设定。具体代码如下：

```
import { app, Menu, dialog } from 'electron';

const sayHello = () =>
    dialog.showMessageBox({
      message: '你好',
```

```
    });                                              //打招呼函数
const template = [
{
    label: '测试',
    submenu: [
        {
          label: '打招呼',
          click: sayHello,                           //单击后调用打招呼函数
        },
        { type: 'separator' },                       //分割线
        {
          role: 'close',                             //预定义的关闭菜单项
          label: '关闭',
        },
    ],
}];
const menu = Menu.buildFromTemplate(template);       //基于上面模版生成实际菜单
export default menu;                                 //供外部引用该菜单
```

在开头从 Electron 中引用了菜单模块 Menu 和对话框模块 dialog，基于对话框模块 dialog 的 showMessageBox()函数定义了打招呼函数 sayHello()，并在 template 中定义了一个简单的菜单模板，然后使用 Menu 的 buildFromTemplate()函数基于这个菜单模板生成真正的菜单。

最后，在文件 index.js 中引用并启用该菜单：

```
import { app, Menu } from 'electron';
import createWindow from './createWindow';
import menu from './menu';

app.on('ready', () => {
    createWindow();                                  //创建窗口
    Menu.setApplicationMenu(menu);                   //为应用设置菜单栏
});
```

菜单效果如图 10.2 所示。

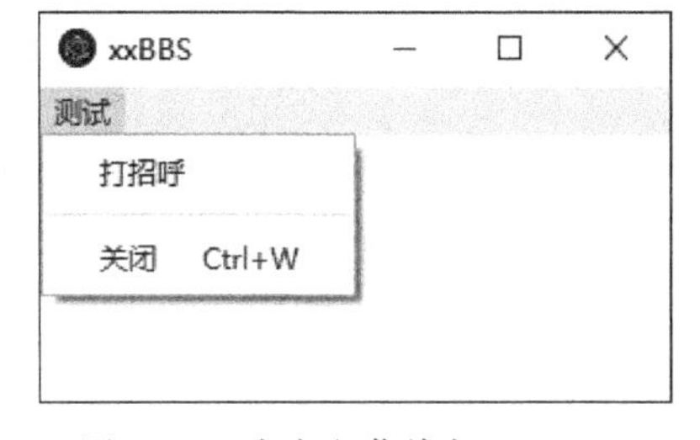

图 10.2　自定义菜单在 Windows 系统上的显示效果

需要注意的是，虽然该菜单在 Windows 系统上没有任何问题，但在 Mac OS 上，应用的第一个菜单项会被当作初始项而导致“测试”字样无法正常显示。因此，为了实现菜单的全平台兼容，还需要给文件 menu.js 加上一条特别针对 Mac OS 的判断及相应菜单定制：

```
...
    if (process.platform === 'darwin') {   //判断平台如果是 Mac OS 的话
        template.unshift({                 //在菜单最前新增一个标准的 Mac OS 应用菜单项
        label: app.getName(),
        submenu: [
            { role: 'about' },
            { type: 'separator' },
            { role: 'services' },
            { type: 'separator' },
            { role: 'hide' },
            { role: 'hideothers' },
            { role: 'unhide' },
            { type: 'separator' },
            { role: 'quit' },
          ],
        });
    }
    const menu = Menu.buildFromTemplate(template);
...
```

这样一来，即便用户使用的是 Mac OS，本应用也能像其他的 Mac 台式机应用一样，在菜单栏最前面添加一个 Mac OS 应用初始菜单项。于是，自定义的菜单项“测试”也就可以正常显示了。效果如图 10.3 所示。

图 10.3　自定义菜单在 Mac OS 上的显示效果

10.1.5　UI 库

Electron 有如下两个比较主流的 UI 库。

1. Photon

GitHub 星数：8939。

官方网站：http://photonkit.com/。

Photon 从界面上来看，是彻头彻尾的 Mac OS 应用风格。此外，它与 Bootstrap 的运作机制一样，是借助预定义 class 类来渲染样式的，无法直接当作 React 组件使用。

2. React Desktop

GitHub 星数：8197。

官方网站：http://reactdesktop.js.org/。

React Desktop 在界面上，准备了两套完全不同的组件：一是完全的 Mac OS 风格；二是 Windows 10 的扁平化设计风格。针对不同平台使用不同风格的组件会让应用看起来更加"地道"。而且这个项目本就是基于 React 开发的，组件的使用上与 React 的用法一致。

因此，单从设计理念来看，React Desktop 似乎更胜一筹。然而在对这两个库实际使用比较后，笔者认为 React Desktop 至少到本书截稿为止，还远不够成熟：一是组件自身的视觉效果尚不尽如人意；二是组件的数量过少，很多实用性高的组件，特别是布局类的组件都还完全没有实现。

因此，本书将基于 Photon 进行讲解并实现应用的桌面端移植。对 React Desktop 感兴趣的读者可自行体验。

在官方网站首页（http://photonkit.com/）单击 Download Photon 下载，解压后将 css 和 fonts 两个文件夹移到项目根目录下。就已经可以像此前的 Bootstrap 一样，通过给元素附加预设 class 来使用 Photon 组件了。

为了最大限度降低项目移植成本，复用已开发的组件，在本例中将混用 Photon 和 Bootstrap 两个 UI 库。

将 Bootstrap 的样式库 bootstrap.min.css 也复制到根目录下的文件夹 css，在 index.html 中引用，并加上 Photon 的窗口样式：

```
...
<head>
    <meta charset="utf-8" />
        <title>xxBBS</title>
        <link rel="stylesheet" href="./css/bootstrap.min.css"/>
        <link rel="stylesheet" href="./css/photon.min.css" />
    </head>
...
```

特别需要注意的是，要把 Photon 的样式表置于 Bootstrap 样式表下面，以便在二者的 class 命名发生冲突时，以 Photon 的样式为准（即覆盖掉 Bootstrap 的样式）。

接下来在项目根目录下，执行如下命令安装 React 相关依赖库：

```
$ cnpm install react react-dom react-bootstrap --save
```

以及翻译器 Babel：

```
$ cnpm install babel-loader @babel/core @babel/preset-env @babel/preset-react
@babel/plugin-transform-runtime @babel/runtime --save-dev
```

修改配置文件 webpack.config.js，添加 renderer 部分的打包配置，代码如下：

```
module.exports = [{
    ... //此前的 main 进程打包配置
},
{
      mode: 'development',
      target: 'electron-renderer',
      entry: './src/renderer/index.jsx',
      output: {
        path: `${__dirname}/build`,
        filename: 'renderer.js',
      },
      devtool: 'source-map',
      resolve: {
        extensions: ['.js', '.jsx'],
      },
      module: {
        rules: [{
          test: /\.(js|jsx)$/,
          exclude: /node_modules/,
          loader: 'babel-loader',
          options: {
            presets: ['@babel/preset-env', '@babel/preset-react'],
            plugins: ['@babel/plugin-transform-runtime'],
          },
        }],
      },
},
];
```

与 Web 客户端一样，为 index.html 添加挂载点以及引用：

```
...
<body>
    <div id="root"></div>
    <script src="./build/renderer.js"></script>
</body>
...
```

在文件夹 src/renderer 下添加渲染进程的入口文件 index.jsx：

```
import React from 'react';
import ReactDOM from 'react-dom';

const App = () => {                                    //定义 App 组件
    return (
        <button className="btn btn-large btn-positive">
            Hello Photon
        </button>
    );
```

```
};

const root = document.querySelector('#root');                    //定位到 root 元素
ReactDOM.render(<App />, root);                                  //将 App 组件挂载到 root 元素
```

执行后可显示 Hello Photon 按钮。

再给 App 组件添加一个 Bootstrap 样式的组件，先在文件夹 src/renderer/index.js 中追加引用：

```
...
import { Alert } from 'react-bootstrap';
...
```

然后追加 Bootstrap 的组件 Alert：

```
...
    return (
        <div>
          <button className="btn btn-large btn-positive">
          Hello Photon
          </button>
          <Alert variant="primary">
          Hello React Bootstrap
          </Alert>
        </div>
    );
...
```

重启 Electron，如图 10.4 所示，可以看到两个组件都显示正常。这说明在 Electron 桌面应用中，Photon 组件可以与 React Bootstrap 组件混用并共存。

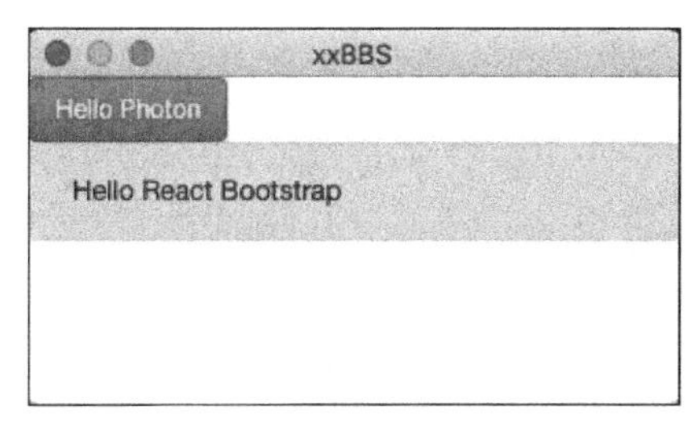

图 10.4　Photon 与 React Bootstrap 组件并存

10.1.6　两个进程之间的通信

前面提到，Electron 有两个进程：一个是主进程；另一个是渲染进程。这两个进程一旦启动，就各自为政。然而，就如同此前由多组件构成的 Web 端页面一样，既然同处一个页面内，就免不了彼此的数据传输或相互联动。作为桌面端程序，最常见的就是在菜单中做出某个行为，而导致主界面产生一些变化；又或者，在主界面做出一些动作，而导致某个菜单项

变为灰色不可用。在 Electron 中，菜单属于主进程，主界面则属于渲染进程。那么二者将如何实现联动呢？

Electron 中这两个进程间的数据传输采用名为 IPC（Inter-Process Communication，进程间通信）的机制。该机制的基本思路是：在主进程，通过窗口对象（即 BrowserWindow 类的实例，详见 10.1.2 节）的方法 webContents. send()向渲染进程发送消息；渲染进程借助 Electron 模块 ipcRenderer. on()函数接收来自主进程的消息，并用 ipcRenderer. send()函数发回；主进程再用模块 ipcMain. on()函数接收来自渲染进程的消息，整个过程如图 10.5 所示：

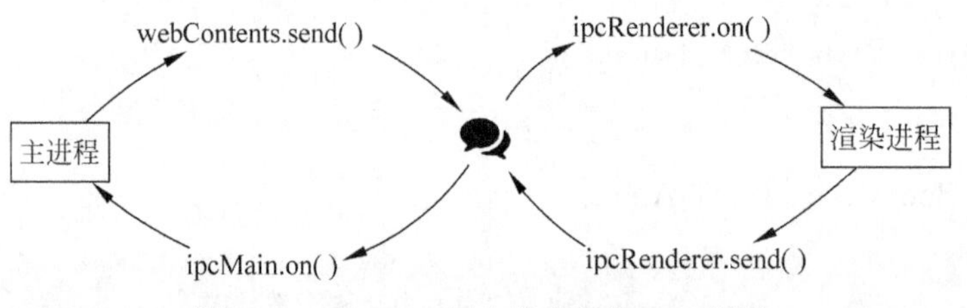

图 10.5　Electron 两个进程间的 IPC 机制

首先修改文件 menu. js，将 createWindow. js 中的窗口引用进来：

```
import { win } from './createWindow';
```

然后新增一个名为 changeColor()的函数，作用是在 color 频道上发布信息（即本例中的字符串"primary"）：

```
const changeColor = () => {
    win.WebContents.send('color', 'primary');
};
```

修改菜单模板，为菜单添加一个标签为“变蓝色”、id 为 changeColor 的菜单项，并在单击后调用 changeColor()函数，将初始状态 enabled 设为 false，即不可用：

```
...
const template = [
    {
        label: '测试',
        submenu: [
          {
            label: '打招呼',
            click: sayHello,
          },
          {
            label: '变蓝色',
            click: changeColor,
            id: 'changeColor',
            enabled: false,
          },
...
```

修改文件 src/renderer/index.jsx，首先追加引用：

```
import React, { useState } from 'react';
import { ipcRenderer } from 'electron';
```

接着在组件 App 内部初始化状态 color，并使用 Electron 的 ipcRenderer 模块监听 color 频道：

```
const App = () => {
    const [color, setColor] = useState('positive');      //创建 color 状态,初始值为 positive
    ipcRenderer.on('color', (e, color) => {
        setColor(color);                                  //使用监听信息更新状态
    });
    return (
...
```

一旦在该频道监听到来自主进程的信息，就将该信息赋值给状态 color。

增加一个 toggleMenu()函数，用来通过频道 toggle 向主进程发送信息，并将该函数绑定到按钮的单击事件 onClick：

```
...
    const toggleMenu = () => {                            //切换菜单函数
        ipcRenderer.send('toggle', true);                 //向 toggle 频道发送 true
    };
    return (
        <button
            className = {`btn btn - large btn - ${color}`}
            onClick = {() => toggleMenu()}
          >
            Hello Photon
        </button>
    );
...
```

最后打开主进程入口文件 src/main/index.js，也追加引用：

```
import { app, Menu, ipcMain } from 'electron';
import menu from './menu';
```

在 app.on()内部通过 id 定位到菜单项 changeColor，并监听频道 toggle，一旦收到来自渲染进程的信息，就将可用变为不可用，不可用变为可用，以实现状态切换。代码如下：

```
...
app.on('ready', () => {
    createWindow();
    Menu.setApplicationMenu(menu);
    const item = menu.getMenuItemById('changeColor');    //定位菜单项 changeColor
    ipcMain.on('toggle', (e, msg) => {                   //监听 toggle 频道
```

```
            if (msg) {                                          //如果信息为 true
              item.enabled = !item.enabled;                     //改该菜单项为可用
            }
        });
    });
    ...
```

在命令行工具中运行如下命令启动项目：

```
$ npm run dev
```

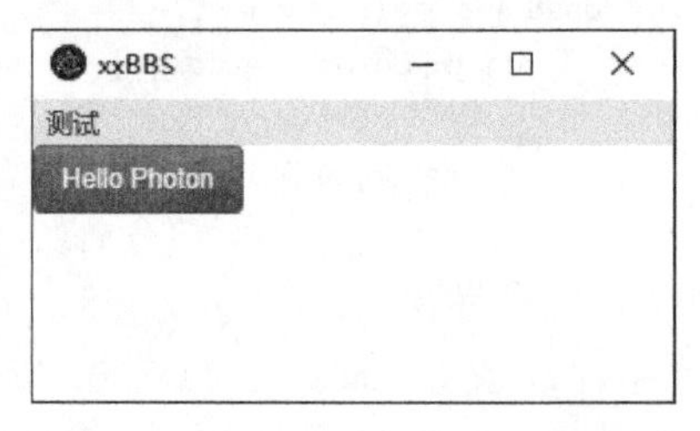

图 10.6　Electron 两进程间通信示例

“变蓝色”菜单项的初始状态为灰色不可用，单击 Hello Photon 按钮后，该菜单项转为可用；此时单击“变蓝色”菜单项，可见 Hello Photon 按钮变为蓝色。这说明两个进程之间成功实现相互通信，如图 10.6 所示。

10.1.7　小结

在本节中，学习了 Electron 的构成：一个是渲染进程，也就相当于此前渲染 Web 客户端的浏览器窗口；另一个是主进程，将渲染进程和操作系统连接起来。

基于这个构成，适度调整了桌面客户端的项目结构：在源代码文件夹 src 中，一个子文件夹命名为 main，用来存放主进程源代码；另一个子文件夹命名为 renderer，用来存放渲染进程源代码，第 9 章所开发的 Web 客户端组件在 10.2 节复用时也要放在这里。

菜单是 Web 应用与桌面应用在视觉上的一个重要区别。Electron 可以根据不同的操作系统生成并定制相应的菜单。

Electron 的主流 UI 库有 Photon 和 React Desktop 两个。在本书中将主要采用 Photon，并混用 React Bootstrap 完成界面开发。

主进程和渲染进程本来各自为政，但借助 IPC 机制可以打破二者之间的壁垒，实现消息相互传递。也为在 10.2.2 节中实现菜单栏和主界面间的互动打下了基础。

视频讲解

10.2　Web 端应用的桌面端移植

经过 10.1 节的准备之后，可以正式开始 Web 端的桌面端移植工作了。Web 端与桌面端的核心区别在于：桌面端并不需要复杂的多页面切换，要尽可能保持主界面的稳定。借助菜单和工具栏的操作针对主界面内容进行处理。

因此移植的基本思路：①以帖子为主界面核心内容；②添加菜单栏和工具栏，借助 IPC 机制确保三者同步。

移植的基本原则：①完全使用 Web 客户端的模型和 API；②尽可能使用 Web 客户端已开发的组件；③在此基础上，部分界面调整为 Photon 组件的样式。

10.2.1　组件复用与接口调用

桌面端程序并不需要丰富的首页内容，将登录注册页面作为核心界面的入口即可。因此首页应该仅由登录和注册的表单构成。这两个表单早在开发 Web 客户端时就已经完成，因此本节的主题是如何复用这两个现成的组件。

在文件夹 src/renderer 下新建文件 RegLogPage.jsx 作为桌面客户端入口页面，并基于 Photon 的标签页预设类完成组件 Tab，其具体实现如下：

```
import React, { useState } from 'react';
import LoginForm from './LoginForm';
import RegisterForm from './RegisterForm';

const Tab = (props) => {
    const { selected, setSelected } = props;  //接收父组件传来的选中状态及改变状态的方法
    return (
        <div className = "tab-group">
          <div
            className = {selected === 1 ? 'tab-item active' : 'tab-item'}
            onClick = {() => setSelected(1)}
          >
            <span className = "icon icon-cancel icon-close-tab" />
            登录
          </div>
          <div
            className = {selected === 2 ? 'tab-item active' : 'tab-item'}
            onClick = {() => setSelected(2)}
          >
            <span className = "icon icon-cancel icon-close-tab" />
            注册
          </div>
        </div>
    );
};

const RegLogPage = () => {
    const [selected, setSelected] = useState(1);//创建 Tab 标签页选中状态,默认为 1,即登录页
    return (
        <Tab selected = {selected} setSelected = {setSelected} />
    );
};

export default RegLogPage;
```

其中，通过父组件 RegLogPage 为子组件 Tab 传入控制选中的状态 selected：取值为 1，则显示登录标签；取值为 2，则显示注册标签。

接下来将第 9 章完成的 Web 客户端中的 App.jsx、LoginForm.jsx 和 RegisterForm.jsx 三个组件复制到渲染进程文件夹 src/renderer 下，将配置文件 config.js 放到文件夹 src 下。

然后针对顶级组件文件 App.jsx 稍做改动，引用部分只留：

```
import React, { createContext, useEffect, useState } from 'react';
import RegLogPage from './RegLogPage';
import { HOST, PORT, DOMAIN } from '../config';
```

在组件 App 内部添加原来写在组件 Header 中的退出函数 logout()：

```
...
const App = () => {
    const [user, setUser] = useState({});
    const [auth, setAuth] = useState(false);
    const logout = async () => {
        try {
          const data = JSON.parse(await localStorage.getItem(DOMAIN));
          const res = await fetch(`${HOST}:${PORT}/api/users/logout`, {
            method: 'POST',
            headers: { 'Content-Type': 'application/json' },
            body: JSON.stringify(data),
          });
          const result = await res.json();
          if (res.ok) {
            setAuth(false);
            setUser({});
          }
        } catch (err) {
          throw err;
        }
    };
    const authenticate = async () => {
...
```

渲染部分改为如下代码：

```
...
    return (
        <userContext.Provider value={{
          user, setUser, auth, setAuth,
          }}
        >
         <div className="m-0 p-0 w-100">
           {auth
           ? <h1>登录中</h1>
           : <RegLogPage />}
         </div>
       </userContext.Provider>
    );
...
```

即可。

并在渲染进程入口文件 index.jsx 中将 10.1 节用来练习的组件 App 删掉，而改为从文件 App.jsx 中引用组件 App：

```
import App from './App';
```

最后，修改文件 RegLogPage.jsx，追加引用 React Boostrap：

```
...
import { Container, Row, Col } from 'react - bootstrap';
...
```

并在渲染部分将两个表单包含进去，如果状态 selected 为 1，则显示登录表单；如果状态为 2，则显示注册表单：

```
...
    return (
        <div>
          <Tab selected = {selected} setSelected = {setSelected} />
          <Container className = "mt - 5">
            <Row className = "justify - content - center">
              <Col sm = {12} md = {6} className = "border p - 3">
                {selected === 1
                ? <LoginForm />
                : <RegisterForm />}
              </Col>
            </Row>
          </Container>
        </div>
    );
...
```

因为涉及后端 API 的调用，需要另开一个命令行工具窗口，执行第 9 章最终完成的项目。在保持接口服务开启的状态下启动 Electron，可以看到两个表单不仅完美显示，而且可正常调用与注册、登录相关的 API，如图 10.7 所示。

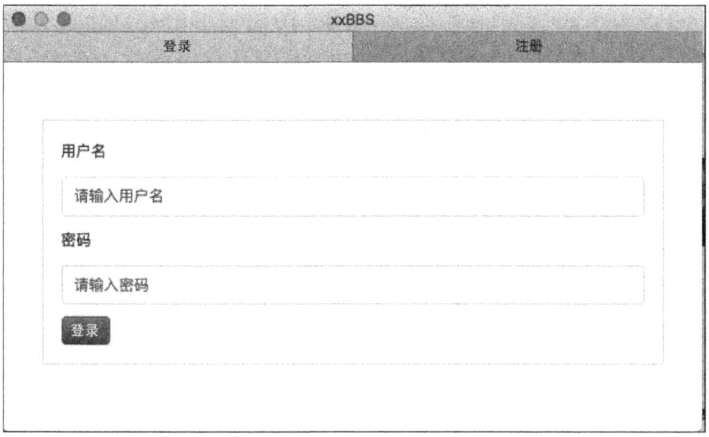

图 10.7　桌面端程序的注册、登录界面

10.2.2 菜单与主界面的联动

在用户成功登录后，还需要在菜单中设置“退出”菜单项。因为菜单部分属于主进程，而主界面属于渲染进程，这就涉及了两个进程间的联动问题(详情请参照 10.1.6 节)。

首先在菜单中添加“退出”菜单项，修改菜单文件 src/main/menu.js 的模板常量 template 为如下代码：

```
const template = [
    {
        label: '账户',
        submenu: [
          {
            label: '退出登录',
            click: logout,
            id: 'logout',
            enabled: true,
          },
          { type: 'separator' },
          {
            role: 'close',
            label: '关闭',
          },
        ],
  }];
```

单击“退出”菜单项后调用 logout()函数：

```
…
const logout = () => {
    win.WebContents.send('logout', true);                          //向 logout 频道发送信息
};
…
```

接着修改渲染进程中的 App.jsx，从 Electron 中追加引用 ipcRenderer 模块：

```
import { ipcRenderer } from 'electron';
```

并监听频道 logout，如用户单击，则调用 logout()函数并修改与登录状态相关的 state：

```
…
    useEffect(() => {
        authenticate();
    }, []);
    ipcRenderer.on('logout', (e, msg) => {                         //监听 logout 频道
        if (msg) {                                                 //如果接收到信息
          logout();                                                //调用退出函数
          setAuth(false);                                          //设用户登录状态为 false
          setUser({});                                             //设用户信息为空
```

```
        }
    });
    return (
...
```

如果用户处于未登录状态，也就无权使用“退出”功能。因此需要修改文件 src/main/index.js、监听频道 logoutMenuItem，代码如下：

```
...
app.on('ready', () => {
    createWindow();
    Menu.setApplicationMenu(menu);
    const item = menu.getMenuItemById('logout');              //定位 logout 菜单项
    ipcMain.on('logoutMenuItem', (e, msg) => {                //监听 logoutMenuItem 频道
        item.enabled = msg;                                   //切换"退出"菜单项的可用状态
    });
});
...
```

如果传过来的信息为假(即用户尚未登录)，则让“退出登录”菜单项变灰不可用，反之则可用。

而登录状态的判断是在文件 App.jsx 的 authenticate()函数中，具体实现如下：

```
...
    if (res.ok) {
        setUser(result.data);
        setAuth(true);
        ipcRenderer.send('logoutMenuItem', true);             //如果用户已经登录，返回 true
    } else {
        ipcRenderer.send('logoutMenuItem', false);            //否则返回 false
    }
...
```

因为用户在登录后也会改变登录状态，所以需要在组件 LoginForm 中也追加引用 ipcRenderer 模块：

```
...
import { ipcRenderer } from 'electron';
...
```

并在成功登录后向频道 logoutMenuItem 发送消息：

```
...
        setAuth(true);
        setUser({ username: result.data.username });
        ipcRenderer.send('logoutMenuItem', true);
        //向 logoutMenuItem 频道发送消息表明用户登录了
    } else {
...
```

最后回到组件 App 中，在调用 logout()函数退出成功后发送消息给主进程：

```
...
    if (res.ok) {
        setAuth(false);
        setUser({});
        ipcRenderer.send('logoutMenuItem', false);
    }
...
```

至此，完成了登录状态与菜单的联动。

10.2.3 桌面端中的页面切换

虽然在桌面端程序中，主界面相对固定，很少进行页面切换。但帖子作为主界面的核心内容，从"帖子列表页"切换到"帖子详情页"还是有必要的。既然涉及页面切换，就需要再次用到 React Router，执行如下命令安装：

```
$ cnpm install react-router-dom --save
```

安装好后，将在 Web 客户端开发好的五个组件：Thread.jsx（帖子详情组件）、ThreadList.jsx（帖子列表组件）、ThreadPage.jsx（帖子详情页面）、ThreadListPage.jsx（帖子列表页面）以及 ReplyForm.jsx（回复表单）复制到桌面端项目文件夹的 src/renderer 下。

在文件 App.jsx 中追加引用：

```
import ThreadListPage from './ThreadListPage';
```

并将登录后的画面由原来的：

```
...
    {auth
      ? <h1>登录中</h1>
      : <RegLogPage />}
...
```

改为渲染帖子列表页面 ThreadListPage：

```
...
    {auth
      ? <ThreadListPage />
      : <RegLogPage />}
...
```

因为桌面端并不需要 SEO，在组件 ThreadListPage 和 ThreadPage 中，可将所有与 React Helmet 相关的语句删掉，同时也删掉这两个页面中所有对按钮组件 PostButton、ModifyButton 和 DeleteButton 的引用和使用。

修改渲染进程入口文件 src/renderer/index.jsx，添加引用：

```
import { BrowserRouter } from 'react-router-dom';
```

并像 Web 客户端一样，用浏览器路由将组件 App 包裹起来：

```
ReactDOM.render(<BrowserRouter><App /></BrowserRouter>, root);
```

继续修改文件 ThreadListPage.jsx，追加引用 useEffect 和 withRouter：

```
...
import React, { useState, useEffect, useContext } from 'react';
import { Switch, Route, withRouter } from 'react-router-dom';
...
```

并用 withRouter 将导出接口包裹起来：

```
...
export default withRouter(ThreadListPage);
```

最后，借助从 props 中解构出的 history，让组件 ThreadListPage 在加载后就跳转到路由"/threads"：

```
...
const ThreadListPage = (props) => {
    const { history } = props;                           //从 props 中解构出浏览记录
    useEffect(() => {                                    //组件加载后
        history.push('/threads');                        //就跳转
    }, []);
    return (
        <Switch>
...
```

此外，因为头像文件并不在桌面客户端内，其获取地址也需要由本机路径改为远程请求，修改文件 Thread.jsx，追加引用：

```
...
import { HOST, PORT } from '../config';
...
```

并修改 UserCard 的头像标签为如下代码：

```
...
    <img
        width={64}
        height={64}
        className="mr-3 img-thumbnail round"
        src={author.avatar
            ?`${HOST}:${PORT}/upload/${author.avatar}`
```

```
                : `${HOST}:${PORT}/img/avatar.png}
        alt = {author.username}
    />
...
```

重启 Electron，登录后自动切换到帖子列表页面，单击任意帖子可进入帖子详情页面，头像也可以正常从服务器远程获取，如图 10.8 所示。

图 10.8　桌面端程序的帖子详情界面

10.2.4　工具栏与底栏的实现

桌面客户端与 Web 客户端在视觉上的一个重要区别就是菜单栏。除了菜单栏以外，工具栏和底栏也是区分桌面端程序与否的重要表征。

在文件夹 src/renderer 下新建文件 Header.jsx，作为工具栏组件。其具体实现如下：

```
import React from 'react';

const Header = () => {
    return (
        <header className = "toolbar toolbar-header fixed-top">
          <div className = "toolbar-actions">
            <div className = "btn-group">
```

```
              <button className = "btn btn - default">
                <span className = "icon icon - logout" />
              </button>
            </div>
            <div className = "btn - group">
              <button className = "btn btn - default">
                <span className = "icon icon - plus" />
              </button>
              <button className = "btn btn - default">
                <span className = "icon icon - doc - text" />
              </button>
              <button className = "btn btn - default">
                <span className = "icon icon - trash" />
              </button>
            </div>
          </div>
        </header>
    );
};

export default Header;
```

其中,将工具栏分做了两个按钮组(即 photon 库的预设样式类 btn-group):第一组只有一个按钮,显示为“退出”;第二组由三个帖子操作相关的按钮构成:分别是“新增”“编辑”和“删除”。并为整个工具栏添加 Bootstrap 的预设样式 fixed-top,使工具栏一直固定在应用最顶部。

接下来在文件夹 src/renderer 下添加底栏文件 Footer.jsx,具体实现如下:

```
import React from 'react';
import { withRouter } from 'react - router - dom';

const Footer  =  (props)  => {
    const { history, location }  =  props;       //从 props 中获取浏览记录和页面位置
    const goBack  =  ()  => {                     //返回帖子列表函数
        history.push('/threads');                  //跳转到帖子列表页面
    };
    return (
        <footer className = "toolbar toolbar - footer fixed - bottom">
          <div className = "toolbar - actions">
            {location.pathname  ===  '/threads'
            ? null
            : (<button className = "btn btn - default" onClick = {()  => goBack()}>
              返回
              </button>)
            }
```

```
            </div>
        </footer>
    );
};

export default withRouter(Footer);
```

这里使用了 location. pathname === '/threads'，借助当前页面路径（即浏览器地址栏内容，但在桌面客户端中不可见）来判断当前页面究竟是帖子列表页面还是帖子详情页面，如果是后者，则在底栏增加个返回列表页面的按钮。另外，为了将底栏固定在底部，也加上了 Bootstrap 预设样式类 fixed-bottom。

因为工具栏和底栏的固定，会导致中间内容有一部分被遮挡，所以将帖子列表组件 ThreadListTable（在文件 ThreadListPage. jsx 中）和帖子详情组件 ThreadPage 中的 Container 都添加预设样式类：

```
...
<Container className = "mt - 5 mb - 5">
...
```

为上下都留出一定高度的间距，以不被工具栏和底栏遮挡住。

在文件 ThreadListPage. jsx 中追加引用工具栏和底栏：

```
...
import Header from './Header';
import Footer from './Footer';
...
```

并在组件 ThreadListPage 中渲染，代码如下：

```
...
    return (
        <div>
          <Header />
          <Switch>
            <Route exact path = "/threads" component = {ThreadListTable} />
            <Route exact path = "/threads/:tid" component = {ThreadPage} />
          </Switch>
          <Footer />
        </div>
    );
...
```

重启 Electron，如图 10.9 所示，工具栏和底栏都可以正常显示。

图 10.9 桌面客户端的工具栏和底栏

10.2.5 工具栏与主界面的联动

工具栏上右侧的三个按钮，单从功用来看，分别对应 Web 端组件 PostButton、ModifyButton 和 DeleteButton。因此先将此前 Web 客户端的这三个 jsx 文件复制到桌面客户端的渲染进程文件夹 src/renderer 下。

首先修改文件 PostButton.jsx，追加引用 withRouter()函数：

```
...
import { withRouter } from 'react-router-dom';
...
```

再包住组件 PostButton 导出：

```
...
export default withRouter(PostButton);
```

从 props 中解构出当前位置 location：

```
...
const PostButton = (props) => {
    const { location } = props;
...
```

再将原来的 Bootstrap 样式按钮

```
...
    <Button variant = "outline-success" size = "sm" onClick = {() => showModal()}>
        发布新帖
    </Button>
...
```

改为 Photon 样式按钮：

```
...
    return (
        <div className = "d-inline">
          <button
            className = "btn btn-default"
            disabled = {location.pathname !== '/threads'}
            onClick = {() => showModal()}
          >
            <span className = "icon icon-plus" />
          </button>
...
```

即可。外部的标签< div >之所以加上了预设样式类 d-inline，是为了让这个按钮能与其他工具栏按钮在同一行显示，并通过 disabled 属性让该按钮只在帖子列表页面内可用。

为了在发布帖子后实现帖子列表的实时更新，需将组件 ThreadListTable 的 loadThreads() 函数作为上下文传递给组件 PostButton。为文件 ThreadListPage.jsx 追加引用：

```
import React, { useState, useEffect, createContext } from 'react';
```

创建帖子上下文 threadListContext：

```
...
const threadsContext = createContext({
    threads: [],                                    //帖子列表,初始值为空
    setThreads: () => {},                           //修改帖子列表的函数
    loadThreads: () => {},                          //读取帖子列表的函数
});
...
```

导出上下文：

```
...
export { threadsContext };
```

并提供上下文：

```
...
return (
    <threadsContext.Provider value = {{ threads, setThreads, loadThreads }}>
        <Header />
```

```
            <Switch>
              <Route exact path="/threads" component={ThreadListTable} />
              <Route exact path="/threads/:tid" component={ThreadPage} />
            </Switch>
            <Footer />
        </threadsContext.Provider>
    );
    ...
```

于是，帖子列表页面 ThreadListPage 成了上下文的提供者，需将原来写在组件 ThreadListTable 中的状态声明语句

```
...
const [threads, setThreads] = useState([]);
...
```

以及 loadThreads()函数全部移到组件 ThreadListPage 中。ThreadListTable 也就简化成为如下代码：

```
...
const ThreadListTable = () => (
    <Container className="mt-5 mb-5">
        <ThreadList />
    </Container>
);
...
```

因此，组件 ThreadList 本来通过解构 props 所获取到的状态与函数

```
...
const { loadThreads, threads } = props;
...
```

也需要改为从上下文获取。追加如下语句引用上下文：

```
...
import React, { useEffect, useContext } from 'react';
import { threadsContext } from './ThreadListPage';
...
```

并使用该上下文：

```
...
const { loadThreads, threads } = useContext(threadsContext);
...
```

同样地，在组件 PostButton 中也追加引用钩子 useContext：

```
import React, { useState, useContext } from 'react';
import { threadsContext } from './ThreadListPage';
```

改原来的从 props 中解构

```
...
const { loadThreads } = props;
...
```

为从上下文解构：

```
...
const { loadThreads } = useContext(threadsContext);
...
```

至此，新增帖子按钮 PostButton 修改完毕。只需要在工具栏组件 Header 中引用这个按钮：

```
import PostButton from './PostButton';
```

并将工具栏中原来的新增帖子按钮

```
...
    < button className = "btn btn - default">
        < span className = "icon icon - plus" />
    </button >
...
```

替换为 PostButton 组件：

```
...
    < PostButton />
...
```

打包重启 Electron，会发现新增帖子后，已经可以实时更新帖子列表了，也即实现了工具栏与主界面的联动。

修改帖子按钮（ModifyButton）与删除帖子按钮（DeleteButton）的实现基本与此无异，就不再赘述。读者可自行实现或参考本书源代码。在第 12 章将继续探讨如何发布桌面客户端。

10.2.6 小结

本节学习了如何将 Web 客户端高效移植为桌面客户端。

在视觉的层面，桌面端与 Web 端的最大的区别在于工具栏、菜单栏和底栏；使用层面上是要尽可能地保持主界面核心内容的相对稳定，主要通过操作工具栏与菜单栏改变主界面内容。

因此，移植的指导思想：①完全使用Web端的后端部分；②尽可能复用已开发的Web前端组件；③部分组件调整为Photon的样式，以使其视觉上更接近桌面端；④实现工具栏、菜单栏与主界面的联动。按照这个指导思想，就可以用最小成本完成桌面端移植工作。

在联动方面，又分为两种情况：①菜单栏与主界面的联动，因为二者分属主进程和渲染进程，所以采取10.1.6节所说的IPC机制；②工具栏与主界面的联动，因为同属渲染进程，只需要像Web应用一样，将待管理状态提到上级组件中作为Context（上下文），就可以供全部子孙组件共享并实现组件间联动。

第 11 章 移动客户端开发

视频讲解

11.1 React Native

在 Web 端与桌面端开发完成后，只剩下最后的移动端开发。可以说，伴随着手机的普及，移动互联网的发展也呈现井喷态势。在移动互联网时代，产品的移动端移植与部署可谓重中之重。本章的目标就是继续将已开发好的 Web 客户端以极低成本移植为可在 Android 和 iPhone 两大移动平台上执行的程序。为实现这一目标，React Native 是一个非常好的选择，特别是对于已经掌握了 React 的开发者来说。

11.1.1 简介

传统的移动端开发方式大致有三种：

(1) 原生应用开发。所谓原生应用开发，就是使用原生语言开发的手机应用。Android 系统使用 Java 编程语言，iOS 系统则使用 Object-C 或 Swift 编程语言。由于使用原生语言，因此在性能上可以实现最优化。但是也因此不能跨平台，否则需要开发并维护两套完全不同的系统，甚至可能需要招募两个完全不同的团队，成本过高。

(2) 网页应用。即在手机浏览器上访问 Web 应用。就像第 9 章已经开发好的 Web 客户端，本身已经支持了响应式，让用户在移动端浏览器中访问倒也未尝不可。可 Web 应用与移动端应用毕竟有区别，在手机上的用户体验很差。

(3) 混合应用。它是前两者的混合折中方案，它使用原生应用中的 WebView 组件来渲染 HTML 页面，视觉效果上有些类似原生，但性能消耗极大。

React Native 走出了第四条路，也就是使用 JavaScript 语言编写原生应用。单从用户的使用体验来说，它与真正的原生应用几无二致。

而且，同为 Facebook 的产品之一，React Native 继续沿用了 React 的设计理念和开发风格。如果说 Node. js 的出现使得前端开发人员的能力范围延伸至后端，那么 React

Native 的出现又使得 React 系前端开发人员无缝过渡到移动端。

因此，对于一个以 React 为技术栈核心的开发团队或个人，在移动端开发方面，React Native 可谓不二之选。

11.1.2 最小用例

正常的 React Native 开发需要使用苹果的 Xcode 或 Android Studio 开发环境，而且涉及非常烦琐的配置。但有一个叫作 Expo(官方网站为 https://expo.io/)的工具可以为开发和调试省下诸多麻烦，而且无须为 Android 或 iOS 准备两套不同代码。

首先执行如下命令以安装 Expo：

```
$ cnpm install expo-cli -g
```

注意，这是一个全局安装，安装好后，就可以在命令行工具中直接使用如下命令初始化移动客户端的项目：

```
$ expo init BBS
```

执行后，系统会问一系列问题：

(1) Choose a template，选择 blank，生成一个空应用。与其他几个现成的项目模板相比，空应用模板更利于初学者深入学习并理解 React Native 的项目构成及运作机制。

(2) Please enter a few initial configuration values，输入初始配置值。此处只需输入项目名 BBS 即可。

待安装完成后(依赖库总文件数近 3 万，耗时较长，需要有耐心)，将项目根目录下 App.js 中的组件 App

```
export default function App{
    return (
        <View style={styles.container}>
          <Text>Open up App.js to start working on your app!</Text>
        </View>
    );
}
```

修改为如下代码：

```
export default App = () =>
  (<View style={styles.container}>
      <Text>Hello React Native!</Text>
   </View>
  );
```

然后在命令行工具中进入到项目根目录的路径下，使用命令

```
$ expo start
```

即可开启 Expo 服务的 LAN（局域网）模式。程序会自动用浏览器打开 http://localhost:19002（本机端口号为 19002），显示 Expo 信息页，如图 11.1 所示。

图 11.1 Expo 信息页面

这种连接模式要求开启 Expo 服务的计算机与调试项目的手机必须处于一个局域网内（开手机热点并用计算机连接亦可）。

此外，也可以用

```
$ expo start --tunnel
```

开启 Tunnel（隧道）模式，该模式不受局域网的限制，但是速度可能慢一些。可根据所处开发环境决定使用何种模式。

接下来，在官方网站的 Tools 页面（https://expo.io/tools/#client）可找到 Expo 客户端的商店链接。iPhone 用户可直接在苹果应用商店搜索 Expo Client 并安装，安卓用户若无法进入 Google Play 商店，也可在该页面单击 Download APK 下载并传至手机安装。

在 iPhone 或安卓手机上安装好 Expo 客户端后，打开客户端并扫描浏览器中 Expo 信息页面给出的二维码，即可开始在手机上编译项目。

待编译成功后，会在手机上看到"Hello React Native!"字样，说明项目编译并执行成功。效果如图 11.2 所示。

图 11.2　React Native 的最小用例

11.1.3　Props 与 State

与 React 一样，React Native 也可以接收来自父组件的 props。在文件 App.js 内新建组件 NameCard：

```
...
const NameCard = (props) => {
    const { user } = props;                                    //从 props 中解构 user
    return (
        <View>
          <Text>{user.username}</Text>
          <Text>{user.age}</Text>
        </View>
    );
};
...
```

与 React 语法一样，return 无法返回多个组件。因此，如果想返回同级组件，就需要使用< View ></View >包裹起来。

修改组件 App：

```
...
export default App = () => {
    const user = { username: 'Wu', age: 99 };
    return (
        <View style = {styles.container}>
          <NameCard user = {user} />
        </View>
    );
};
...
```

如此一来，就可以将用户数据 user 传给子组件 NameCard 的 props。

同样，React Native 也可以使用 state。并且在 Expo 的最新版本中，已经可以使用 Hooks（钩子）特性。因此，在 App.js 中追加引用：

```
import React,{useState} from 'react';
import { StyleSheet, Text, View, Button } from 'react-native';
```

并修改组件 NameCard 为：

```
const NameCard = (props) => {
    const { user } = props;                           //从 props 中解构出 user
    const [age, setAge] = useState(user.age);         //设置年龄状态
    const addAge = () => {
        setAge(age + 1);                              //调用 setAge()函数后年龄加 1
    };
    return (
        <View>
          <Text>{user.username}</Text>
          <Text>{age}</Text>
          <Button title = " + " onPress = {() => addAge()} />
        </View>
    );
};
```

通过 useState 将 age 设为状态，初始值设为从 props 解构出的值，并在 NameCard 中新增一个按钮，每次单击该按钮时，调用 addAge()函数，更新状态 age，使年龄加 1，如图 11.3 所示。

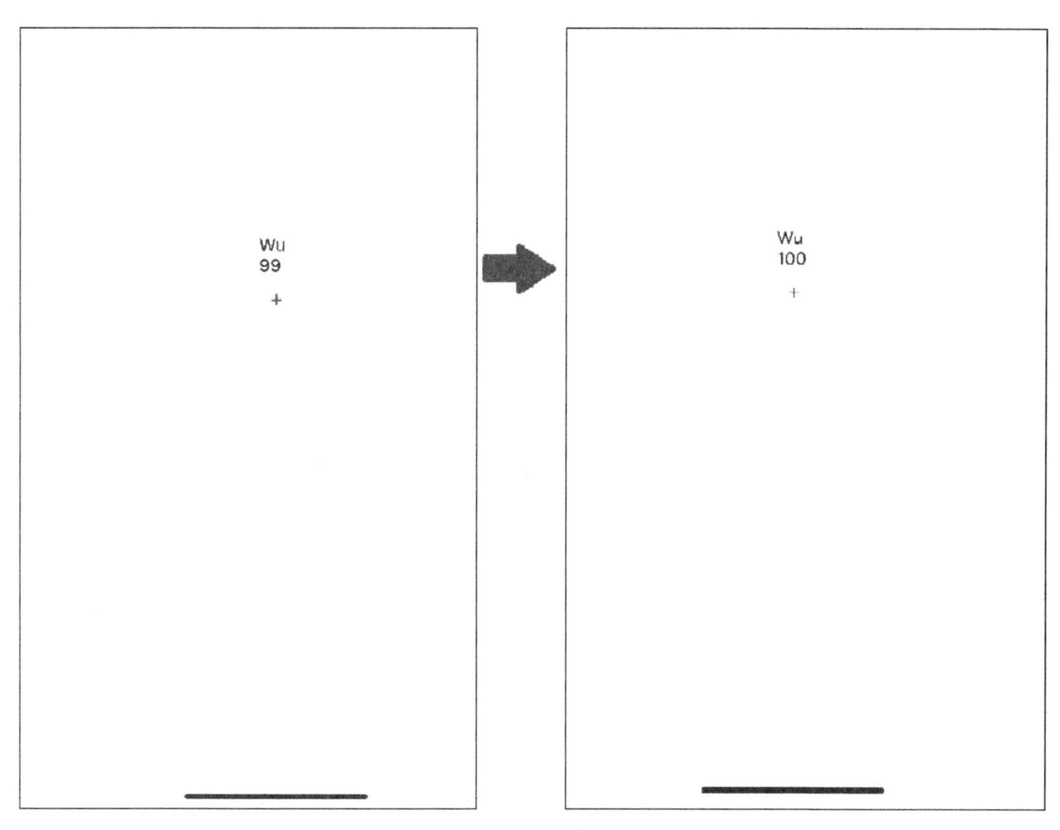

图 11.3　React Native 使用 props 和 state1

11.1.4　调用 API

首先在组件 App 中改 user 为 users，增加一条数据，并将每条数据都通过数组迭代方法 map()映射为对应的 NameCard：

```
export default App = () =>{
    const users = [{username: 'Wu',age: 99},
                   {username: 'Wang',age: 66}];              //改为多条数据
    const rows = users.map((user,idx) =>< NameCard key = {idx} user = {user}/>)
                                                             //通过 map 映射为 NameCard
    return(
        < View style = {styles.container}>
          {rows}
        </View >
    )
};
```

重启 Expo 服务，可看到两条数据皆正常显示，如图 11.4 所示。

为了让组件在加载后读取数据，先追加引用 useEffect：

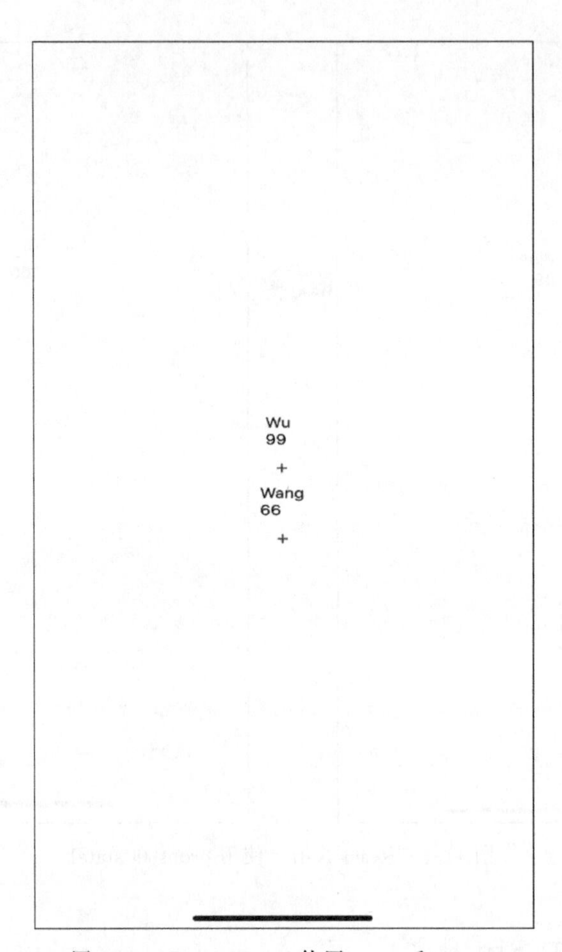

图 11.4　React Native 使用 props 和 state2

```
import React, { useState, useEffect } from 'react';
```

并更改组件 App 渲染前的部分为：

```
...
export default App = () => {
    const [users, setUsers] = useState([]);      //将用户列表声明为状态
    useEffect(() => {
        setUsers([{ username: 'Wu', age: 99 },
          { username: 'Wang', age: 66 }]);
    }, []);                                      //组件加载后用此假数据更新用户列表状态
    const rows = users.map((user, idx) => <NameCard key = {idx} user = {user} />);
                                                 //将每条数据映射为 NameCard
    return (
...
```

其中，用 useState 将用户数据列表 users 设为了状态，初始值为空数组；useEffect 使组件在读取后将 users 更新为预设的假数据，同时也就更新了渲染视图。

接下来的目标是用 API 请求过来的真实数据取代硬编码写入的假数据。先回到第 9 章完成的 Web 客户端，将配置文件 config.js 中的 localhost 改为主机所在的局域网 IP 地址，局域网 IP 地址在命令行工具中输入 ipconfig 后按 Enter 键即可查到(Mac OS 和 Linux 系统的命令为 ifconfig)，比如像这样：

```
export const HOST = 'http://10.0.1.148';
...
```

单开两个命令行工具窗口，分别开启 MongoDB 服务以及包含后端 API 在内的 Web 服务。

在保持数据库服务和 API 服务开启的状态下，将 Web 客户端项目中的配置文件 config.js 复制到手机客户端项目的根目录下，并在文件 App.jsx 中引用：

```
import {HOST,PORT} from './config'
```

为 App 增加 loadUsers()函数，用来远程调用 API 获取用户数据。在 useEffect 中，也只调用这个函数就可以了：

```
...
export default App = () => {
    const [users, setUsers] = useState([]);                     //用户列表状态
    const loadUsers = async () => {                             //API 调用函数
        try {
          const res = await fetch(`${HOST}:${PORT}/api/users`, { method: 'GET' });
                                                                //发出获取用户的请求
          const result = await res.json();                      //将响应转换为 JSON 格式
          if (res.ok) {                                         //如果请求成功
            setUsers(result.data);                              //用响应数据更改用户列表状态
          } else {                                              //如果请求失败
            alert(result.message);                              //报错
          }
        } catch (err) {                                         //如果请求过程中发生错误
          alert(err.message);
        }
    };
    useEffect(() => {
        loadUsers();                                            //调用 loadUsers()函数
    }, []);
    const rows = users.map((user, idx) => <NameCard key={idx} user={user} />);
    return (
...
```

刷新应用，会看到服务器上的数据正确显示在了手机上，如图 11.5 所示。

图 11.5　React Native 调用 API 获取真实用户数据

11.1.5　路由

React Native 的路由不再使用 React Router，而使用 React Navigation（官方网站为 https://reactnavigation.org/）。首先在命令行工具中安装：

```
$ expo install react - navigation
```

然后再安装：

```
$ expo install react - navigation - stack react - native - gesture - handler react - native - reanimated
```

这里之所以使用 expo 命令而非 cnpm 命令安装，是为了确保库版本与 Expo 的兼容性。

安装好后，在根目录下新建文件夹 screen，用来存放所有“屏幕”（就相当于 Web 端的“页面”）文件。所有移动端 UI 组件构成屏幕文件，而屏幕文件又借由 React Navigation 自由切换。

这里需要引入一个叫作堆栈(stack)的概念,对于初学者来说,一个比较形象的理解就是柴火堆:有闲柴火时就继续在堆上置放,用柴火的时候也是从上面开始拿,即后入先出(Last In First Out,LIFO)的顺序。屏幕也是一样,新屏幕会一层层盖住旧屏幕,移除新屏幕后,下面的旧屏幕就逐渐显露出来,如图 11.6 所示。

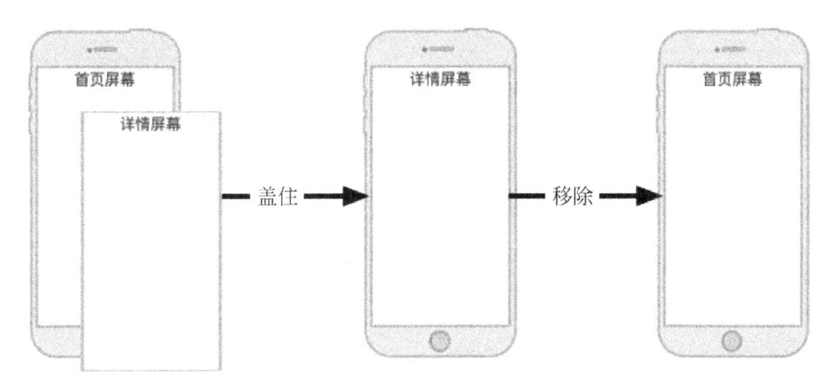

图 11.6 屏幕堆栈

React Navigation 的屏幕堆栈是通过 createStackNavigator()函数来实现的,在函数中以 Object 对象数据类型来指定屏幕的名称及其对应组件。在文件夹 screen 下新建名为 RootStack.js 的文件,并写入:

```
import React from 'react';
import { Text, View, Button } from 'react-native';
import { createStackNavigator } from 'react-navigation-stack';

const HomeScreen = () => (                              //首页屏幕的组件
    <View style={styles}>
        <Text>首页</Text>
    </View>
);

const RootStack =
    createStackNavigator({                              //创建堆栈式导航
      Home: {                                           //屏幕名为 Home
        screen: HomeScreen,                             //对应组件为 HomeScreen
      },
    });

const styles = {                                        //屏幕组件的样式定义
    flex: 1,
    backgroundColor: '#fff',
    alignItems: 'center',
    justifyContent: 'center',
};

export default RootStack;
```

在 App.js 中则需要使用 createAppContainer()函数创建出应用容器，且将堆栈导航组件 RootStack 引用并置入。修改 App.js，删除此前所有代码，改为如下代码：

```
import { createAppContainer } from 'react-navigation';
import RootStack from './screen/RootStack';

const App = createAppContainer(RootStack);                          //创建应用容器

export default App;
```

接下来为文件 RootStack.js 新增一个详情屏幕组件 DetailScreen：

```
...
const DetailScreen = () =>{
    return(
        <View style={styles}>
            <Text>详情</Text>
        </View>
    )
}
...
```

并注册在组件 RootStack 中：

```
...
const RootStack = createStackNavigator({
     Home: {
         screen: HomeScreen,
     },
    Detail: {
         screen: DetailScreen,
     },
});
...
```

被 createStackNavigator()函数包裹住的所有组件都可以通过 props 获取导航器 navigation。为了让两个页面能够彼此相互切换，需要各自增加一个绑定事件 onPress 的按钮，并调用导航器 navigation 的两个方法：一个是 navigate()，用来导航到某屏幕；另一个是 goBack()，用来回到上个屏幕。

首页屏幕组件 HomeScreen 改为：

```
...
const HomeScreen = (props) =>{
     const {navigation} = props;                          //从 props 解构出 navigation
    return(
        <View style={styles}>
          <Text>首页</Text>
```

```
            <Button title = "查看详情"
                    onPress = {() => navigation.navigate("Detail")}/>
          </View>
      )
}
...
```

详情屏幕组件则为：

```
...
const DetailScreen = (props) =>{
    const {navigation} = props;                          //从 props 解构出 navigation
     return(
          <View style = {styles}>
            <Text >详情</Text >
             <Button title = "返回"
             onPress = {() => navigation.goBack()}/>
          </View>
      )
}
...
```

两个屏幕之间还可借助导航互传参数。修改 HomeScreen 的 Button 为：

```
<Button
      title = "查看详情"
      onPress = {() => navigation.navigate("Detail",{"title":"今天天气很好"})}
   />
...
```

这样，从 DetailScreen 的 props 中就可以获取到传过来的标题信息，并在渲染部分将其显示出来：

```
...
const DetailScreen = (props) =>{
    const {navigation} = props;                          //从 props 解构出 navigation
    const title = navigation.getParam('title');          //从 navigation 获取标题
    return(
        <View style = {styles}>
            <Text >{title}</Text >
            <Button title = "返回" onPress = {() => navigation.goBack()}/>
        </View>
    )
}
...
```

效果如图 11.7 所示。

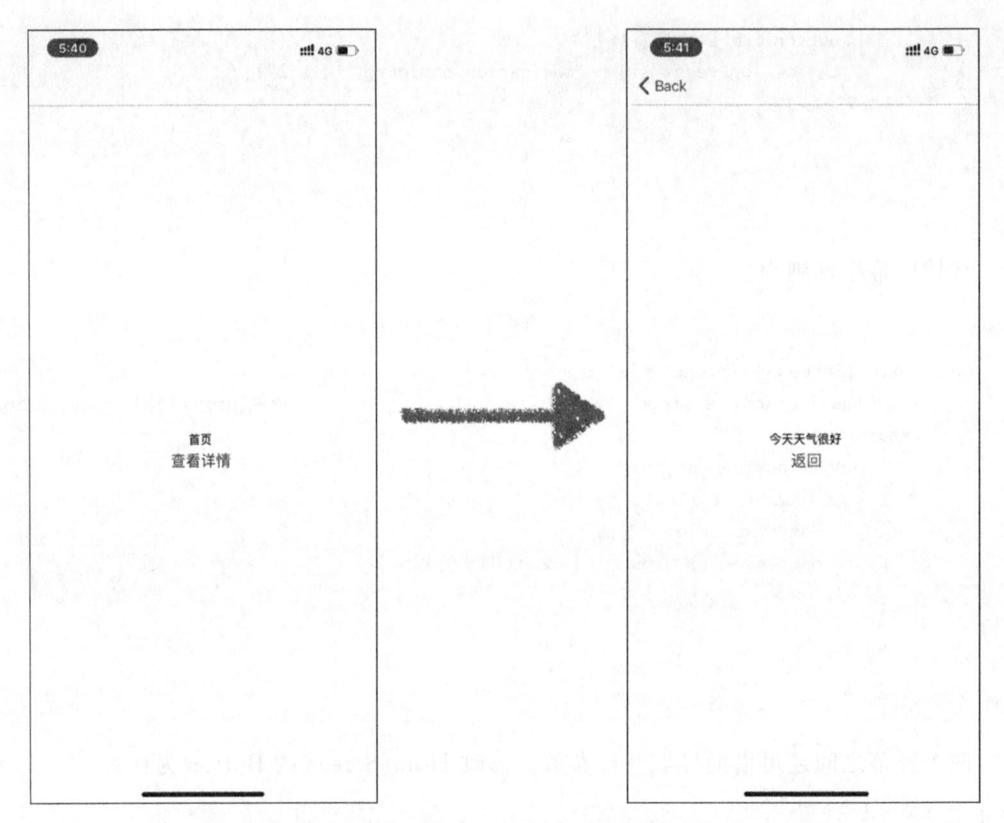

图 11.7　React Native 的导航传参

11.1.6　UI 库

React Native 有如下两个比较主要的 UI 组件库。

1. React Native Elements

GitHub 星数：15 880。

官方网站：https://react-native-training.github.io/react-native-elements/。

React Native Elements 毫无疑问是最受欢迎的 React Native 组件库，但其组件其实并不是非常丰富。

2. NativeBase

GitHub 星数：11 884。

官方网站：https://docs.nativebase.io/。

论组件丰富程度，NativeBase 是移动端 UI 的佼佼者，其中的 Drawer（抽屉）和 FABs（浮动按钮）都是移动端 App 的常用组件。NativeBase 在设计上也尽可能地使用 JSX 语法，减少 props，以达到提高组件灵活性的目的。

本书将选用 NativeBase 作为移动端组件库。

首先在命令行工具下安装：

```
$ expo install native-base
```

NativeBase的基本布局结构：视图最顶层使用Container（可以取代React Native的View组件），内部自上而下为Header（标题栏）、Content（实际内容）和Footer（底栏）。

修改文件RootStack.js，将原来从React Native引用的组件全部改为从NativeBase引用：

```
import { Container, Icon, Text, Button } from 'native-base';
```

此外，NativeBase的按钮组件Button与普通React Native组件的使用方法不同，其文本必须用组件Text显示。因此，修改首页屏幕组件HomeScreen为：

```
...
const HomeScreen = (props) => {
    const { navigation } = props;
      return (
        <Container style={styles.content}>
          <Text>首页</Text>
          <Button success
            style={styles.button}
            onPress={() => navigation.navigate('Detail', { title: '今天天气很好' })}
          >
              <Icon name="paw" />
            <Text>查看详情</Text>
          </Button>
        </Container>
    );
};
...
```

详情屏幕组件DetailScreen的Button为：

```
...
const DetailScreen = (props) => {
     const { navigation } = props;
     const title = navigation.getParam('title');
     return (
        <Container style={styles.content}>
          <Text>{title}</Text>
          <Button
            style={styles.button}
            onPress={() => navigation.goBack()}
          >
              <Icon name="arrow-back" />
            <Text>返回</Text>
          </Button>
        </Container>
    );
};
...
```

最后，定义两个视图的样式：

```
...
const styles = {
    content: {
        flex: 1,
        backgroundColor: '#fff',
        alignItems: 'center',
        justifyContent: 'center',
    },
    button: {
        alignSelf: 'center',
    },
};
...
```

重新执行 Expo 后，即可看到更加美观的按钮，如图 11.8 所示。

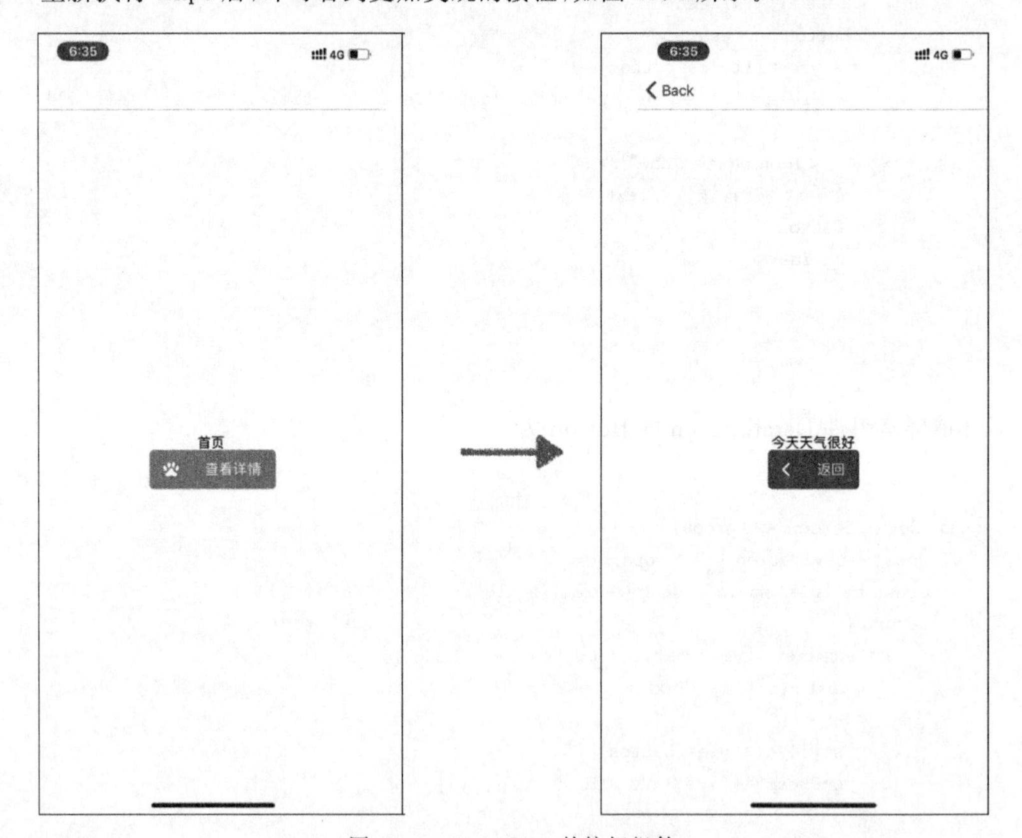

图 11.8　NativeBase 的按钮组件

如果在安卓手机上出现 fontFamily "Roboto_medium" is not a system font and has not been loaded through Font. loadAsync 字样，说明手机内系统字体不包括 Roboto_medium，暂时选择 Dismiss 关掉就好，将在 11.2 节探讨解决这个问题的方法。

11.1.7 小结

由于智能手机的普及和移动互联网的兴盛，移动端在整个产品线的开发和部署中都尤为重要。而 React Native 既可以使用 JavaScript 语言，又可以编写原生应用。最重要的是，对于已经掌握了 React 的学习者来说，学习成本可以说近乎于零。

因为 React Native 涉及安卓与 iPhone 的跨设备调试，所以强烈推荐使用 Expo 工具。React Native 从语法上基本与 React 无异，沿袭了 React 的 props 与 state 的概念，而且在最新版本中也可以使用 React 的最新 Hooks 特性。

React Native 中，远程调用 API 需要写实际的 IP 地址，在调试的过程中，改为自己的局域网 IP 地址即可。

路由方面，不再使用 React Router，而是改用 React Navigation。React Navigation 不仅包含路由，也集成了很多现成的手机界面框架，比如底栏标签式、页面叠加式或者左侧抽屉式等。

UI 方面，本书采用 NativeBase 组件库。可以取代掉 React Native 那些相对简陋的组件。带来更加赏心悦目的视觉效果。

11.2 Web 端应用的移动端移植

视频讲解

在经过 11.1 节的准备之后，可以正式开始将 Web 客户端移植为移动客户端。因为 UI 方面移动端和 Web 端差距比较大，所以将以 NativeBase 组件为主，而后端完全复用此前的接口和模型即可。

11.2.1 读取画面的实现

在正式开始移动端的开发工作前，需要确立基本的屏幕切换流程。

在用户打开应用后，首先应当进入读取屏幕(AuthLoadingScreen)，读取用户的 username 和 token 来判断用户是否已经登录。如果用户未登录则显示登录注册界面(AuthStack)，否则则正式进入主界面(MainStack)。主界面采用经典的底部标签导航栏，分为帖子和用户两个频道，如图 11.9 所示。

首先执行下方命令追加安装依赖库：

```
$ expo install react-navigation-stack react-navigation-drawer react-navigation-tabs
```

并在 App.js 中追加引用四种不同的导航：开关导航(createSwitchNavigator)、堆栈导航(createStackNavigator)、底部标签导航(createBottomTabNavigator)和抽屉导航(createDrawerNavigator)：

```
import React from 'react';
import {createAppContainer,createSwitchNavigator} from 'react-navigation';
import {createStackNavigator} from 'react-navigation-stack';
import {createDrawerNavigator} from 'react-navigation-drawer';
import {createBottomTabNavigator} from 'react-navigation-tabs';
...
```

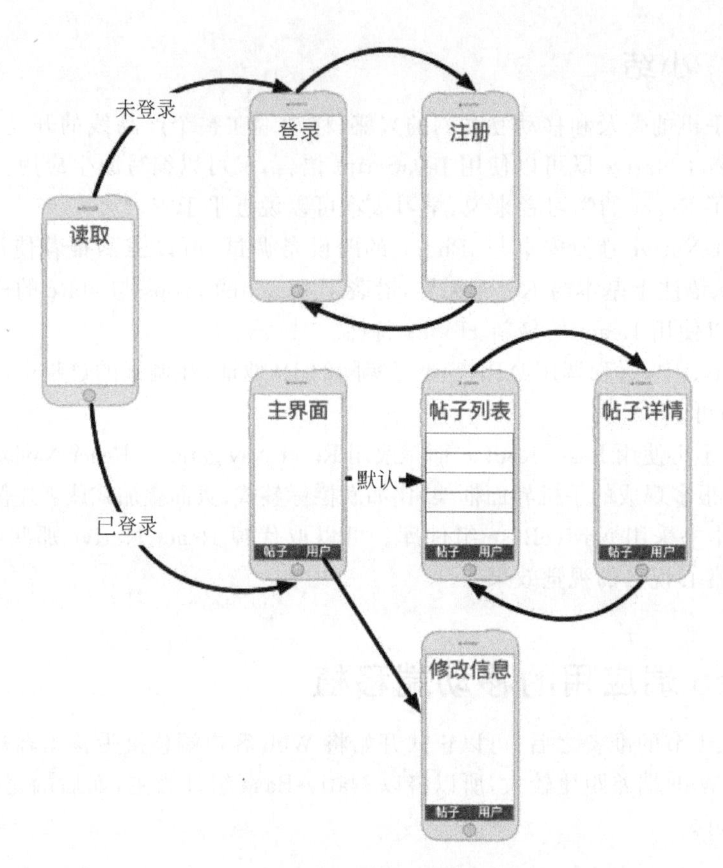

图 11.9 屏幕切换流程

堆栈导航就是那种一页盖住一页，撤去后又露回前一页的导航方式；底部标签导航就是大多手机 App 所采用的底栏下方数个按钮切换频道的方式；抽屉导航是可开合的侧栏；而开关导航则是确保每次只显示一个屏幕的导航，以此作为应用的入口再合适不过了。

从文件夹 screen 中删除 11.1 节所写的 RootStack.js，转而在 App.js 中使用开关导航创建组件 RootSwitch：

```
...
const RootSwitch = createSwitchNavigator(
    {
        "AuthLoading": AuthLoadingScreen,                    //登录信息读取屏幕
    },
    {
        "initialRouteName": "AuthLoading",                   //默认路由
    }
)

const App = createAppContainer(RootSwitch);                  //创建应用容器
...
```

在开关导航中规定了一个屏幕为 AuthLoadingScreen，并将其作为导航的首屏幕以读取用户登录信息。接下来在文件夹 screen 下新建文件 AuthLoadingScreen.js，其引用部分如下：

```
import React,{useEffect} from 'react';
import {Container,Content} from 'native-base';
import {
        ActivityIndicator,
        AsyncStorage,
        StatusBar,
        Alert,
} from 'react-native';
import {HOST,PORT} from '../config';
```

从 React Native 中引用了几个组件：ActivityIndicator 是客户端在加载时的旋转指示器；AsyncStorage 就相当于此前 Web 客户端中所使用的 localStorage 的移动端版；StatusBar 是状态栏；Alert 是为了弹出对话框，也就相当于 Web 端的内置函数 alert()。

接下来实现读取屏幕组件 AuthLoadingScreen：

```
...
const AuthLoadingScreen = (props) => {        //稍后需要使用 props 中的 navigation
    useEffect(() => {
        bootstrapAsync();                     //组件被加载时调用函数
    }, []);
    return (
        <Container>
          <Content>
            <ActivityIndicator />
            <StatusBar barStyle = "default" />
          </Content>
        </Container>
    );
};

export default AuthLoadingScreen;
```

在组件被加载时调用 bootstrapAsync()函数，其具体实现如下：

```
...
const AuthLoadingScreen = (props) => {
    const bootstrapAsync = async () => {
        try {
          const username = await AsyncStorage.getItem('username'); //获取用户名
          const token = await AsyncStorage.getItem('token');       //获取凭证
          const data = {                                           //组成 data
```

```
            username,
            token,
          };
          const res = await fetch(`${HOST}:${PORT}/api/users/auth`, {//调用登录验证接口
            method: 'POST',
            headers: { 'Content-Type': 'application/json' },
            body: JSON.stringify(data),
          });
          const result = await res.json();                      //将响应转换为 JSON 格式
          if (res.ok) {                                           //如果请求成功
            Alert.alert('Main');
          } else {                                                //如果请求失败
            Alert.alert(result.message);
          }
        } catch (err) {                                           //如果请求过程出错
          Alert.alert(err.message);
        }
      };
      useEffect(() => {
...
```

与 Web 端验证用户状态的流程类似，移动端也需要先从本地存储系统 AsyncStorage 取出此前存储在手机应用内的用户名和 token，然后调用后端 API 验证，如果失败则报错。

另外，某些安卓设备上会因为缺少 roboto_medium 字体而报错，所以也需要在 AuthLoadingScreen 组件中一并加载。可在命令行工具中安装 expo-font：

```
$ expo install expo-font
```

并在文件 AuthLoadingScreen.js 的顶部追加引用该库：

```
...
import * as Font from 'expo-font';
...
```

新增 loadFonts() 函数如下：

```
...
    const loadFonts = async () => {
        await Font.loadAsync({                                     //加载字体
          Roboto: require('../node_modules/native-base/Fonts/Roboto.ttf'),
          Roboto_medium: require('../node_modules/native-base/Fonts/Roboto_medium.ttf'),
        });
    };
...
```

并在 useEffect 中一并调用：

```
...
    useEffect(() => {
        bootstrapAsync();
        loadFonts();
    }, []);
...
```

即可在所有设备上正常显示字体。

在 App.js 中引用 AuthLoadingScreen 组件：

```
...
import AuthLoadingScreen from './screen/AuthLoadingScreen';
...
```

启动后端 API 以及 Expo，手机显示“没有获取到用户名”，说明调用后端的登录验证接口成功。

11.2.2 注册登录的实现

初次使用移动端应用时，当然是无法从 AsyncStorage 中获取到任何信息的，所以验证失败后应该跳转到注册登录界面。为组件 RootSwitch 添加如下代码：

```
const RootSwitch = createSwitchNavigator(
    {
        AuthLoading: AuthLoadingScreen,
        Auth: AuthStack,
    },
    {
        initialRouteName: 'AuthLoading',
    },
);
```

这里之所以命名为 AuthStack 而非 AuthScreen，是因为涉及登录和注册两个屏幕，理应使用堆栈导航实现。在 App.js 中追加如下代码：

```
...
import LoginScreen from './screen/LoginScreen';                //稍后实现
import RegisterScreen from './screen/RegisterScreen';          //稍后实现

const AuthStack = createStackNavigator({
      "Login": {
            "screen": LoginScreen,                              //登录屏幕
            "navigationOptions": { "title": "登录" }
      },
      "Register": {
```

```
            "screen": RegisterScreen,                       //注册屏幕
            "navigationOptions": { "title": "注册" }
        }
});
...
```

在组件 AuthLoadingScreen 中修改调用用户验证接口失败的情况：

```
...
    if (res.ok) {                                           //如果请求成功
        props.navigation.navigate('Main');                  //切换到主界面
    } else {                                                //如果请求失败
        Alert.alert(result.message);
        props.navigation.navigate('Auth');                  //切换到登录注册界面
    }
...
```

在文件夹 screen 下新增 LoginScreen.js 和 RegisterScreen.js 两个文件，分别代表登录屏幕和注册屏幕。首先实现 LoginScreen 的渲染部分：

```
import React, { useState } from 'react';
import { AsyncStorage, Alert } from 'react-native';
import { Container, Content, Form, Item, Label, Input, Button, Text, Right } from 'native-base';
import { HOST, PORT } from '../config';

const LoginScreen = (props) => {
    const [username, setUsername] = useState(null);         //用户名状态
    const [password, setPassword] = useState(null);         //密码状态
    return (
        <Container style={{ backgroundColor: 'white' }}>
          <Content padder>
            <Form>
              <Item>
                <Label>用户名</Label>
                <Input onChangeText={username => setUsername(username)} />
              </Item>
              <Item>
                <Label>密码</Label>
                <Input secureTextEntry onChangeText={password => setPassword(password)} />
              </Item>
              <Button block success style={{ margin: 10 }} onPress={() => login()}>
                <Text>登录</Text>
              </Button>
            </Form>
            <Right>
              <Text onPress={() => props.navigation.navigate('Register')}>注册</Text>
```

```
            </Right>
          </Content>
        </Container>
    );
};

export default LoginScreen;
```

这里需要注意的是，之所以将用户名和密码用 useState 设为状态，是因为移动客户端无法再像 Web 客户端那样获取表单，只能通过 onChangeText 监听用户在输入栏内做的每一次更改，并将其值更新到状态中。这样，提交表单的时候直接从状态中获取用户输入即可。

并实现登录函数 login()：

```
...
    const [username, setUsername] = useState(null);
    const [password, setPassword] = useState(null);
    const login = async () => {                                    //调用 API 的请求函数
      try {
        const data = { username, password };                       //将用户名和密码组合为数据
        const res = await fetch(`${HOST}:${PORT}/api/users/login`, {//调用登录 API
          method: 'POST',
          headers: { 'Content-Type': 'application/json' },
          body: JSON.stringify(data),
        });
        const result = await res.json();                           //将响应体转换为 JSON 格式
        if (res.ok) {                                              //如果请求成功
          await AsyncStorage.setItem('username', result.data.username);
                                                    //将用户名存到客户端的 AsyncStorage
          await AsyncStorage.setItem('token', result.data.token);
                                                    //将登录凭证存到客户端的 AsyncStorage
          Alert.alert(result.message);                             //显示信息
          props.navigation.navigate('Main');                       //跳转到主界面
        } else {                                                   //如果请求失败
          Alert.alert(result.message);
        }
      } catch (err) {                                              //如果请求过程出错
        Alert.alert(err.message);
      }
    };
    return (
...
```

这样，用户在登录后显示“登录成功”信息，单击注册则转往注册页面，如图 11.10 所示。注册页面（RegisterScreen.js）与登录页面（LoginScreen.js）的做法大同小异，就不再赘述，

读者可自行实现或参考随书视频与源代码。

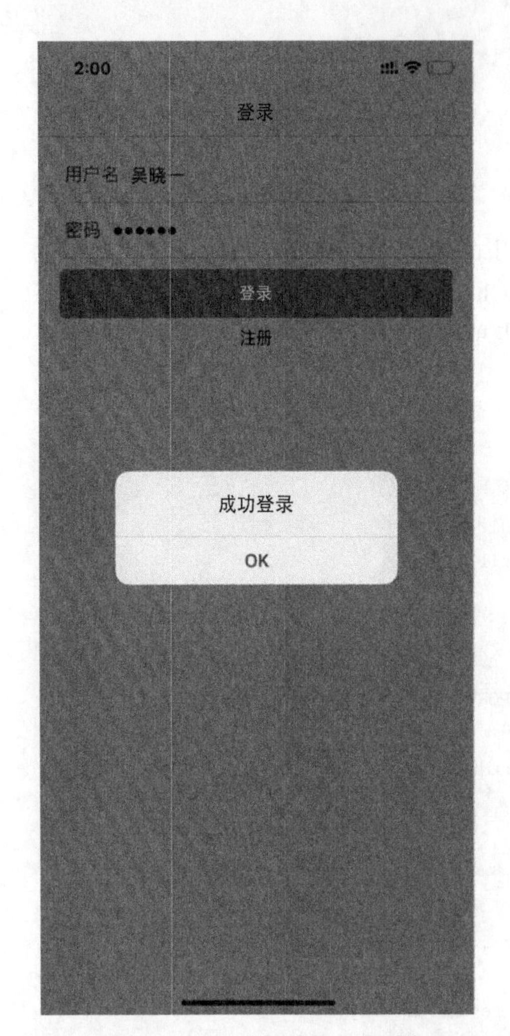

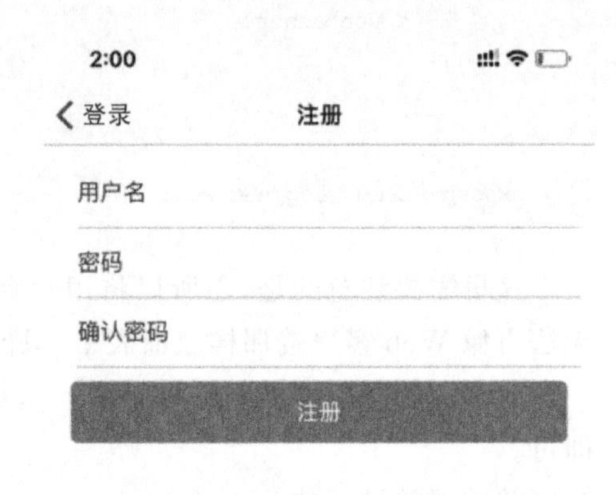

图 11.10　移动端注册、登录界面

11.2.3　主界面的实现

主界面包含了帖子列表和用户信息的频道切换，因此采用底部标签导航的方式非常合适。标签导航栏的图标可以使用 NativeBase 提供的现成图标，但首先需要在 App.js 中追加引用：

```
...
import { Icon } from 'native-base';
...
```

然后为 App.js 新增组件 MainTab，其具体实现如下：

```
...
const MainTab = createBottomTabNavigator({
    ThreadStack: {
        screen: ThreadStack,
        navigationOptions: {
          title: '帖子',
          tabBarLabel: '帖子',
          tabBarIcon: ({ focused }) => <Icon active = {focused} name = "ios-people" />,
        },
      },
      UserStack: {
        screen: UserStack,
        navigationOptions: {
          title: '用户',
          tabBarLabel: '用户',
          tabBarIcon: ({ focused }) => <Icon active = {focused} name = "ios-man" />,
        },
    },
});
...
```

这意味着为底部导航栏创建两个标签栏：一个是帖子堆栈(ThreadStack)；另一个是用户堆栈(UserStack)。在 tabBarLabel 中定义标签名，在 tabBarIcon 中使用 name 属性定义图标。当选中标签时，focused 就会变为 true，使得图标的属性 active 也变为 true，即激活状态。MainTab 完成后在 RootSwitch 中加载即可生效：

```
...
const RootSwitch = createSwitchNavigator(
    {
        AuthLoading: AuthLoadingScreen,
        Auth: AuthStack,
        Main: MainTab,                                    //底部标签导航
    },
...
```

接下来，为了实现两个频道的堆栈，需先在文件夹 screen 下新建三个屏幕文件：UserScreen.js、ThreadListScreen.js 和 ThreadDetailScreen.js，并为三个文件都写入类似

```
import React from 'react';
import { Container, Content, Text } from 'native-base';

const UserScreen = (props) => {
    return (
        <Container>
          <Content padder>
```

```
                <Text>
                用户屏幕
                </Text>
            </Content>
        </Container>);
};

export default UserScreen;
```

的简单渲染来占位，稍后再回来具体完善这三个屏幕。

写好后，别忘了回到 App.js 中引用：

```
...
import ThreadListScreen from './screen/ThreadListScreen';
import ThreadDetailScreen from './screen/ThreadDetailScreen';
import UserScreen from './screen/UserScreen';
...
```

并基于这三个屏幕在 App.js 中实现帖子堆栈和用户堆栈，代码如下：

```
...
const ThreadStack = createStackNavigator({
    ThreadList: {
        screen: ThreadListScreen,
        navigationOptions: { title: '帖子' },
    },
    ThreadDetail: {
        screen: ThreadDetailScreen,
        navigationOptions: { title: '帖子详情' },
    },
});

const UserStack = createStackNavigator({
    User: {
        screen: UserScreen,
        navigationOptions: { title: '用户' },
    },
});
...
```

如图 11.11 所示，重启 Expo，已经可以在手机上登录账号并单击底部标签切换页面了。

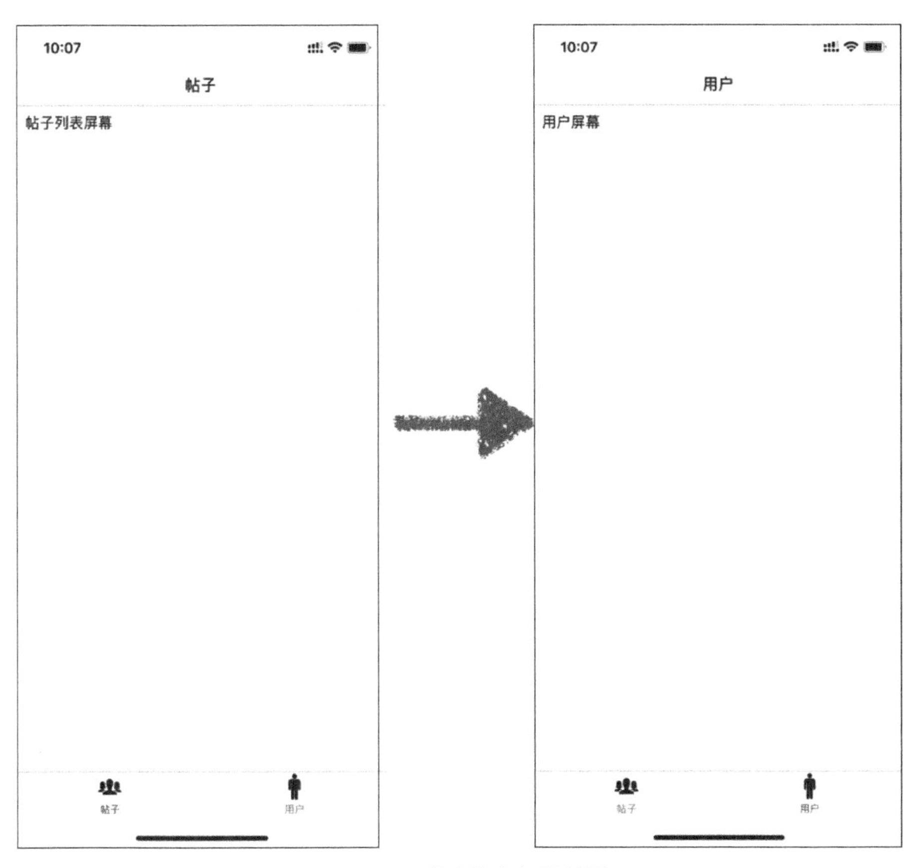

图 11.11 移动端底部导航栏

11.2.4 抽屉侧栏的实现

除了登录、注册之外，也要实现用户退出。这个功能在 Web 客户端中放在了导航栏，在桌面客户端中放在了菜单栏，在移动客户端中放在 Header（标题栏）里也可以，但可开合的抽屉侧栏更加合适。

实现抽屉导航需要调用 createDrawerNavigator()函数，并存为组件 HomeDrawer，代码如下：

```
...
const HomeDrawer = createDrawerNavigator(
    {
        Thread: ThreadStack,                                //将帖子堆栈置于抽屉导航中
    },
    {
        drawerWidth: 200,                                   //抽屉宽度
        drawerPosition: 'left',                             //抽屉位置
        contentOptions: {
          initialRouteName: 'Thread',                       //将帖子堆栈作为默认画面
        },
        contentComponent: SideDrawer,                       //抽屉的实际组件
```

```
    },
  );
  ...
```

然后在文件夹 screen 下新建文件 SideDrawer.js，具体实现抽屉组件 SideDrawer。首先完成渲染部分，代码如下：

```
import React, { useState, useEffect } from 'react';
import { Button, Text, Container, Content, Card, CardItem, Body, Left, Thumbnail } from
'native-base';
import { AsyncStorage, Alert } from 'react-native';
import { HOST, PORT } from '../config';

const SideDrawer = (props) => {
    const [user, setUser] = useState({});                          //创建用户状态
    useEffect(() => {
        getUser();                                                 //调用 getUser()函数获取用户
    }, []);
    return (
        <Container>
          <Content>
            <Card style={{ marginTop: 50 }}>
              <CardItem>
                <Left>
                  <Thumbnail source={{
                    uri: user.avatar
                    ? `${HOST}:${PORT}/upload/${user.avatar}`
                    : `${HOST}:${PORT}/img/avatar.png`,
                    }}
                  />
                  <Body>
                    <Text>欢迎!</Text>
                    <Text note>{user.username}</Text>
                  </Body>
                </Left>
              </CardItem>
            </Card>
            <Button full light onPress={() => logout()}>
              <Text>退出</Text>
            </Button>
          </Content>
        </Container>
    );
};

export default SideDrawer;
```

抽屉侧栏的渲染部分主要由两个子组件构成：一个是卡片，用来展示用户头像和欢迎信息；一个是按钮，用来触发退出行为。在卡片的头像部分，还做了一个判断，如果用户已经上传过头像，则显示上传头像，否则显示默认头像。按钮用了属性 full，可让其宽度充满侧栏，看起来更加美观。

在组件加载后，调用 getUser()函数获取用户信息，该函数的具体实现为：

```
...
    const [user, setUser] = useState({});
    const getUser = async () => {                             //获取用户信息函数
        try {
          const username = await AsyncStorage.getItem('username');
                                                              //从 AsyncStorage 中获取用户名
          const res = await fetch(`${HOST}:${PORT}/api/users/${username}`, {
                                                              //远程调用 API
            method: 'GET',
          });
          const result = await res.json();                    //将响应转换为 JSON 格式
          if (res.ok) {                                       //如果请求成功
            setUser(result.data);                             //根据响应体修改用户状态
          } else {                                            //如果请求失败
            Alert.alert(result.message);
          }
        } catch (err) {                                       //如果请求过程中发生错误
          Alert.alert(err.message);
        }
    };
...
```

在单击“退出”按钮后，则触发退出函数 logout()：

```
...
const logout = async () => {                                  //退出函数
      try {
          const username = await AsyncStorage.getItem('username'); //获取用户名
          const token = await AsyncStorage.getItem('token'); //获取登录凭证
          const data = {                                      //装入 data
            username,
            token,
          };
          const res = await fetch(`${HOST}:${PORT}/api/users/logout`, {
                                                              //远程请求退出 API
            method: 'POST',
            headers: { 'Content-Type': 'application/json' },
            body: JSON.stringify(data),
          });
          if (res.ok) {                                       //如果请求成功
            setUser({});                                      //修改用户状态为空
            props.navigation.navigate('Auth');                //跳转到注册登录界面
          }else {                                             //如果请求失败
            Alert.alert(res.message);
          }
      } catch (err) {                                         //如果请求过程中发生错误
          throw err;
      }
    };
    useEffect(() => {
...
```

完成组件 SideDrawer 后，回到 App.js 中引用：

```
...
import SideDrawer from './screen/SideDrawer';
...
```

现在帖子堆栈组件已被置于抽屉组件之中，因此在组件 MainTab 中将原来的 ThreadStack 替换为 HomeDrawer：

```
...
const MainTab = createBottomTabNavigator({
    HomeDrawer: {
        screen: HomeDrawer,
...
```

重启 Expo，登录后在帖子列表屏幕上用手指从左向右滑，就会滑出抽屉侧栏，单击“退出”按钮后重新返回注册登录界面，如图 11.12 所示。

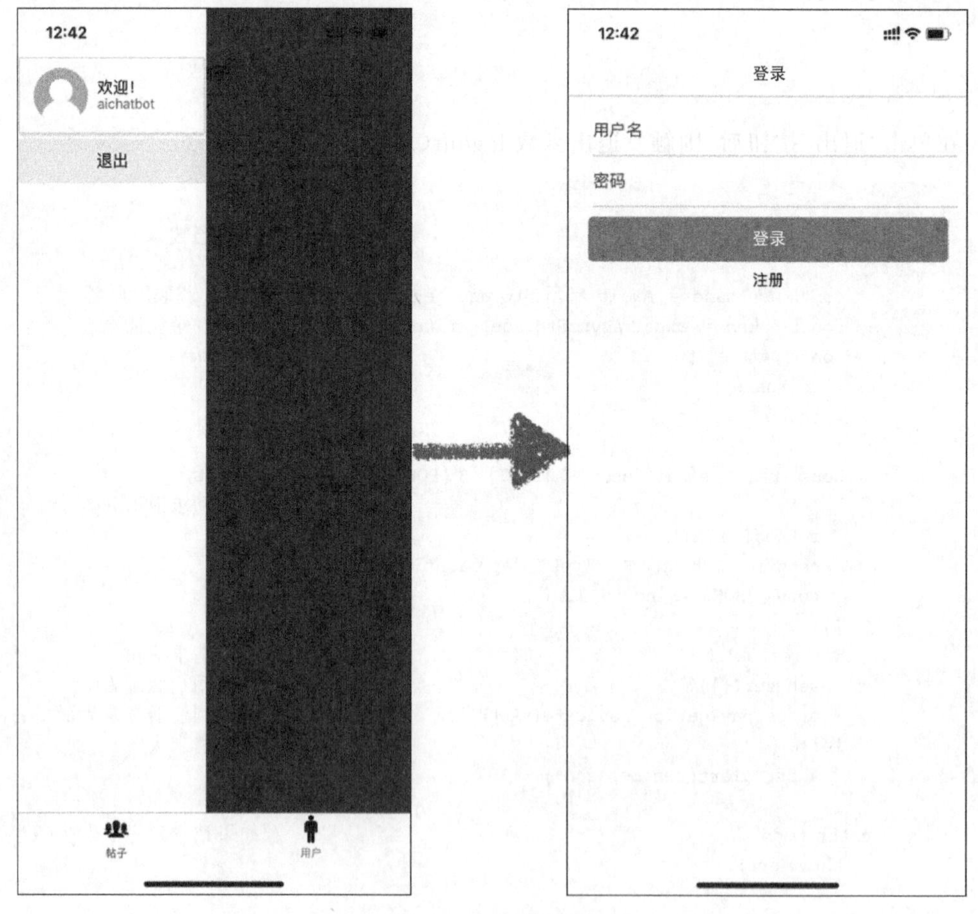

图 11.12　抽屉侧栏

11.2.5 帖子列表的实现

帖子堆栈组件 ThreadStack 由两个子屏幕构成：帖子列表屏幕(ThreadListScreen)和帖子详情屏幕(ThreadDetailScreen)。在 11.2.3 节已经借助堆栈导航连接起来，实现了彼此切换。本节将讲解帖子列表屏幕的具体实现方法。

先完成其引用和渲染部分，代码如下：

```
import React, { useState, useEffect } from 'react';
import { Container, Content, List, ListItem, Text, Body, Right, Icon } from 'native-base';
import {Alert} from 'react-native';
import { HOST, PORT } from '../config';

const ThreadListScreen = () => {
    const [threads, setThreads] = useState([]);              //设置帖子列表状态
    const items = threads.map((thread, idx) => <ThreadItem key={idx} thread={thread} />);
    //将每条帖子映射为 ThreadItem
    return (
        <Container>
          <Content>
            <List>
              {items}
            </List>
          </Content>
        </Container>
    );
};

export default ThreadListScreen;
```

帖子列表的具体渲染使用了 NativeBase 的列表组件 List，List 中每一项都是一条帖子数据，映射为帖子组件 ThreadItem。

在帖子列表被加载后，使用 loadThreads()函数调用后端 API 读取帖子数据：

```
...
    const [threads, setThreads] = useState([]);
    const loadThreads = async () => {                         //帖子列表请求函数
        try {
          const res = await fetch(`${HOST}:${PORT}/api/threads`, { method: 'GET' });
                                                              //调用 API
          const result = await res.json();                    //将响应转换为 JSON 格式
          if (res.ok) {                                       //如果请求成功
            setThreads(result.data);                          //根据请求体修改帖子列表状态
          } else {                                            //如果请求失败
```

```
            Alert.alert(result.message);
          }
        } catch (err) {                          //如果请求过程发生错误
          Alert.alert(err.message);
        }
    };
    useEffect(() => {
        loadThreads();                           //组件被加载后调用
    }, []);
    const items = threads.map((thread, idx) => <ThreadItem key={idx} thread={thread}
...
```

帖子组件 ThreadItem 的具体实现需要借助 NativeBase 的列表项组件 ListItem，用来显示移动端风格列表的每一行：

```
...
const ThreadItem = (props) => {
    const { thread } = props;                    //从父组件获取单条帖子数据
    return (
        <ListItem>
          <Body>
            <Text>{thread.author.username}</Text>
            <Text note>{thread.title}</Text>
          </Body>
          <Right>
            <Icon name="arrow-forward" />
          </Right>
        </ListItem>
    );
};
...
```

行内使用的组件 Body 代表了每行的主体内容，这里以帖子作者和帖子标题为例，都是从父组件传来的 props 中解构获取。右侧还放了一个右箭头图标，以便单击后查看正文。这就又涉及 11.1.5 节所讲的导航传参问题。

ThreadItem 是在帖子列表屏幕组件 ThreadListScreen 内定义的子组件，需要借助 props 获取到从 ThreadListScreen 传递过来的导航信息。于是，先用 ThreadListScreen 获取到导航器 navigation：

```
...
const ThreadListScreen = (props) => {
    const { navigation } = props;
...
```

再将其并传给子组件 ThreadItem：

```
...
const items = threads.map((thread, idx) =>
        <ThreadItem key={idx} thread={thread} navigation={navigation}/>)
...
```

在 ThreadItem 中就可以解构出这个导航器：

```
...
const ThreadItem = (props) =>{
    const { thread, navigation} = props;
...
```

并将导航器的导航函数 navigate()绑定在图标的单击事件上，同时附加帖子相关参数：

```
...
    <Icon
      name="arrow-forward"
      onPress={() => navigation.navigate('ThreadDetail', { thread })}
    />
...
```

如此一来，在帖子详情屏幕组件 ThreadDetailScreen 中就可以执行如下代码

```
...
const ThreadDetailScreen = (props) => {
    const thread = props.navigation.getParam('thread');
...
```

获取到帖子信息，从而实现两个屏幕之间帖子相关参数的传递。

最后将帖子详情屏幕的显示内容修改为获取到的帖子标题：

```
...
    <Text>
          {thread.title}
    </Text>
...
```

重启 expo 服务，如图 11.13 所示。

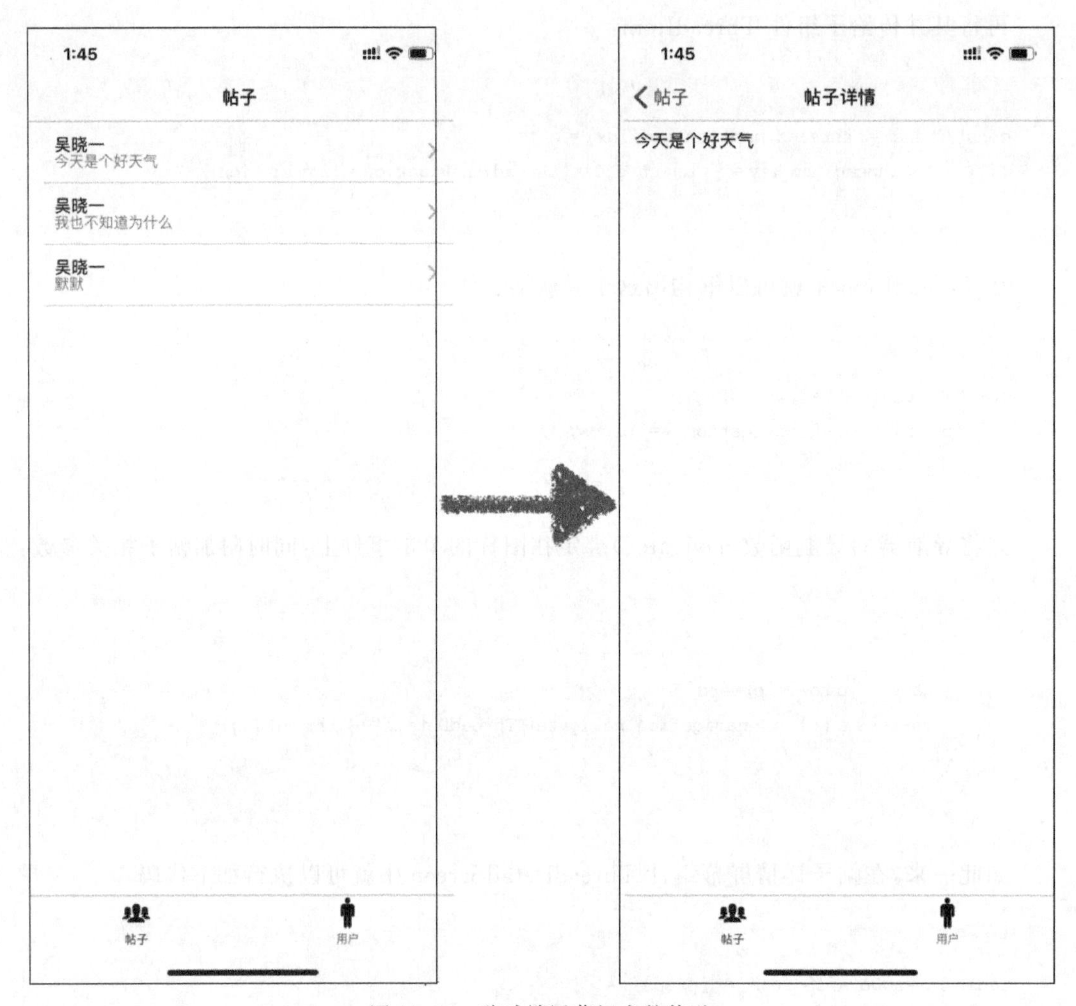

图 11.13　移动端屏幕间参数传递

11.2.6　帖子详情的实现

接下来是帖子详情屏幕的实现。先来完成基本的引用和渲染，代码如下：

```
import React, { useState, useEffect } from 'react';
import { Container, Content, Text, Card, CardItem, Left, Right, Thumbnail, Body } from 'native-base';
import { Alert } from 'react-native';
import { HOST, PORT } from '../config';

const ThreadDetailScreen = (props) => {
    const tid = props.navigation.getParam('thread')._id;     //获取帖子 ID
    const [thread, setThread] = useState({});                 //设置帖子状态
    const [comments, setComments] = useState([]);             //设置评论列表状态
    const commentCards = comments.map((comment, idx) =>
```

```
      <ContentCard key={idx} data={comment} />); //将每条评论映射为内容卡片,组为评论列表
    if (!thread.author) return null;            //如果没获取帖子作者,则不要继续渲染
    return (
      <Container>
        <Content>
          <ContentCard data={thread} />
          {commentCards}
        </Content>
      </Container>
    );
};

export default ThreadDetailScreen;
```

如 11.2.5 节所述,在单击帖子列表组件后将该帖子作为参数传递给帖子详情屏幕,也就可以从中获取帖子的 ID 作为稍后调用 API 的参数。同时使用 useState()设置两个状态:帖子 thread 和回复列表 comments,初始值分别是空对象和空数组。用数组迭代方法 map()将每条回复都映射为一个 ContentCard(内容卡片),而帖子本身 thread 则直接作为单独一个 ContentCard,用来显示作者信息和回复内容等。

内容卡片组件 ContentCard 的具体实现为:

```
...
const ContentCard = (props) => {
    const { data } = props;                    //从父组件获取内容数据
      return (
        <Card>
          <CardItem>
            <Left>
              <Thumbnail source={{
                uri: data.author.avatar
                ? `${HOST}:${PORT}/upload/${data.author.avatar}`
                : `${HOST}:${PORT}/img/avatar.png`,
            }}
              />
              <Body>
                <Text>{data.author.username}</Text>
                <Text note>{data.author.description}</Text>
              </Body>
            </Left>
            <Right>
              <Text note>
                {new Date(data.posttime).toLocaleString()}
              </Text>
```

```
            </Right>
          </CardItem>
          <CardItem>
            <Body>
              <Text>{data.content}</Text>
            </Body>
          </CardItem>
        </Card>
    );
};
...
```

其渲染部分主要由两行构成：一行分为左、中、右，分别是头像、姓名和个人描述、发表日期；另一行则是正文内容。

在帖子详情屏幕 ThreadDetailScreen 加载后，需要调用 API 获取该帖子的数据以更改帖子内容和回复列表的状态：

```
...
    const [comments, setComments] = useState([]);
    const loadThread = async () => {                          //帖子详情的请求函数
      try {
      const res = await fetch(`${HOST}:${PORT}/api/threads/${tid}`, { method: 'GET' });
                                                              //发起请求
      const result = await res.json();                        //将响应转换为 JSON 格式
      if (res.ok) {                                           //如果请求成功
        setThread(result.data.thread);                        //更改帖子状态
        setComments(result.data.comments);                    //更改回复列表状态
      } else {                                                //如果请求失败
        Alert.alert(result.message);
      }
    } catch (err) {                                           //如果请求过程发生错误
      Alert.alert(err.message);
    }
};
useEffect(() => {                                             //在组件加载后
    loadThread();                                             //调用 loadThread()函数
}, []);
const commentCards = comments.map((comment, idx) =>
    <ContentCard key={idx} data={comment} />);
...
```

如图 11.14 所示，重启 Expo，再次单击任意帖子，可以看到以卡片形式呈现的帖子详情。

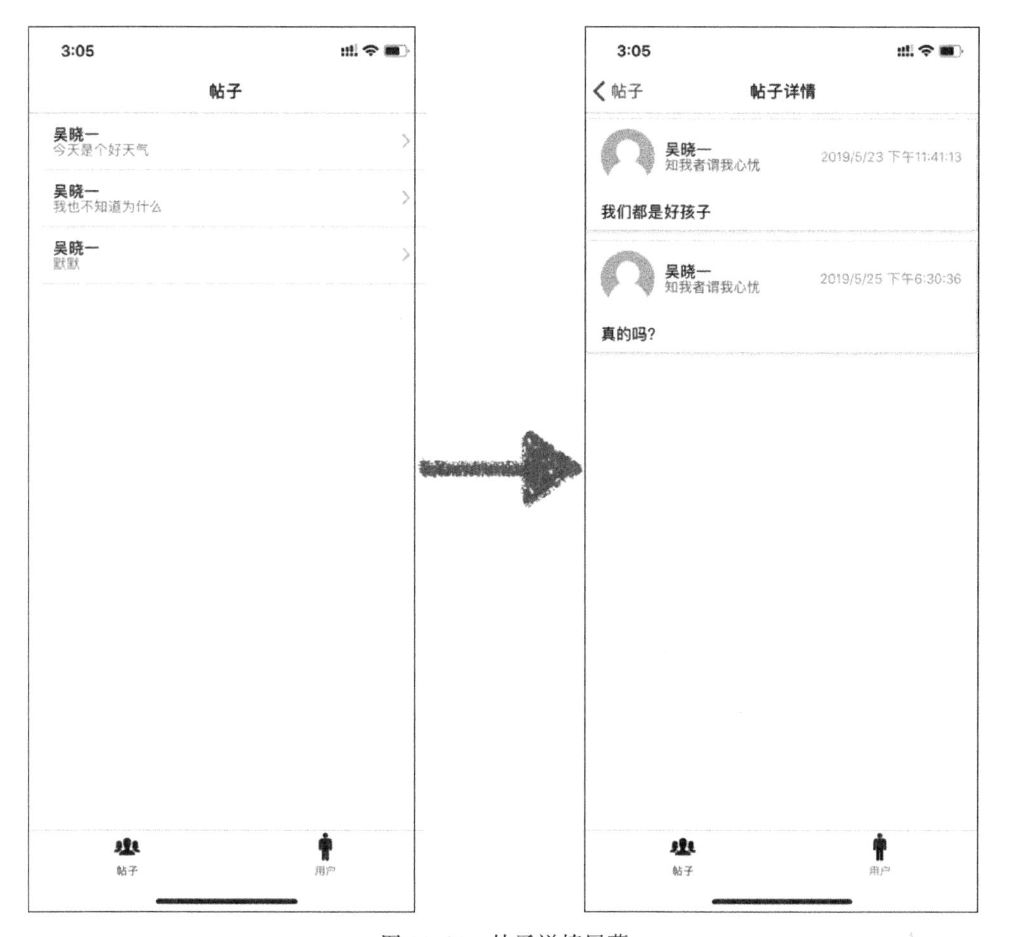

图 11.14　帖子详情屏幕

11.2.7　用户信息修改的实现

最后只剩下用户信息修改屏幕(UserScreen),这涉及一个重要的技术点,就是如何通过手机上传图片到服务器上。

对此,Expo 提供了两个组件：Permissions 和 ImagePicker。ImagePicker 既可以调用手机摄像头拍摄的照片,也可以调用手机相册里的照片；而 Permissions 可以获取使用二者的权限。

此外,还需要使用 React Native 的组件 Image 和 TouchableOpacity。Image 用来实时显示图片；TouchableOpacity,顾名思义,是一个可触透明组件,用来包住 Image,以便单击 Image 组件后触发上拉菜单,供用户选择上传图片来源。

至于上拉菜单则使用 NativeBase 的组件 ActionSheet 实现。而想要使用 ActionSheet,又需要将顶级的组件使用名为 Root 的组件包裹起来。

在理顺上述组件的使用逻辑后,首先需要修改的是顶级组件 App,在文件 App.js 中追加引用：

```
...
import { Icon, Root } from 'native-base';
...
```

并改原来的语句

```
...
const App = createAppContainer(RootSwitch);
...
```

为如下代码：

```
...
const AppContainer = createAppContainer(RootSwitch);
const App = () => <Root><AppContainer /></Root>;
...
```

这样，就可以使用上拉组件 ActionSheet 了。但为了获取到手机相机和相册权限，还需要在命令行工具中执行如下命令安装：

```
$ expo install expo-permissions expo-image-picker
```

安装成功后，先写出 UserScreen 的引用和渲染部分：

```
import React, { useState, useEffect } from 'react';
import * as ImagePicker from 'expo-image-picker';
import * as Permissions from 'expo-permissions';
import { Image, TouchableOpacity, Alert, AsyncStorage } from 'react-native';
import { Container, Content, Form, Item, Label, Input, ActionSheet, Button, Text } from 'native-
base';
import { HOST, PORT } from '../config';

const UserScreen = () => {
      const [description, setDescription] = useState(null);   //创建个人描述状态
      const [imguri, setImguri] = useState('null');           //创建图片状态
      useEffect(() => {                                       //在组件被加载后
         loadUser(); //调用 loadUser()获取登录用户信息
      }, []);
      return (
         <Container>
           <Content padder>
             <Form>
               <Item>
                 <Label>个人描述</Label>
                 <Input onChangeText = {description => setDescription(description)}>{description}
                </Input>
               </Item>
               <Item>
```

```
                    <Label>上传头像</Label>
                    <TouchableOpacity onPress={() => ActionSheet.show(
                      {
                        options: ['拍照', '相册', '取消'],
                        cancelButtonIndex: 2,
                        title: '上传头像',
                      },
                      (buttonIndex) => {
                        if (buttonIndex == 0) {
                          onTakePic();
                        } else if (buttonIndex == 1) {
                          onChoosePic();
                        }
                      },
                    )}
                    >
                      <Image
                        style={{ width: 150, height: 150, backgroundColor: '#dddddd' }}
                        source={{ uri: imguri }}
                      />
                    </TouchableOpacity>
                  </Item>
                  <Button block success style={{ margin: 10 }} onPress={() => edit()}>
                    <Text>修改个人资料</Text>
                  </Button>
                </Form>
              </Content>
            </Container>
        );
};

export default UserScreen;
```

渲染部分是一个表单，由两个 Item（输入项）和一个 Button（按钮）构成：第一个输入项用来修改个人描述；第二个输入项用来上传用户头像；按钮则用来提交修改。

修改个人描述。每次在个人描述输入框的更改都会触发 setDescription()函数，用目前的输入文本更改状态。

上传用户头像。在包裹着图片的可触透明组件 TouchableOpacity 被单击后触发，使用 ActionSheet.show()弹出上拉菜单，并给出“拍照”“相册”和“取消”三个选项。选择“拍照”选项，触发 onTakePic()函数，选择“相册”选项，则触发 onChoosePic()函数。

提交修改。单击按钮后触发 edit()函数，并调用 API 修改用户个人描述，上传新头像。

为了让组件被加载后就将用户当前的个人描述和头像渲染出来，需在 useEffect()中调用 loadUser()函数。loadUser()函数的具体实现如下：

```
...
    const loadUser = async () => {
        try {
            const username = await AsyncStorage.getItem('username'); //获取用户名
            const res = await fetch(`${HOST}:${PORT}/api/users/${username}`, { method: 'GET' });
                                                                        //调用 API
            const result = await res.json();                            //将响应转换为 JSON 格式
            const user = result.data;                                   //将响应体中的 data 设为 user
            if (res.ok) {                                               //如果请求成功
              const avatar = user.avatar ? `${HOST}:${PORT}/upload/${user.avatar}` : `${HOST}:
              ${PORT}/img/avatar.png`;                                  //获取头像
              setImguri(avatar);                                        //用头像链接更新状态
              setDescription(user.description);                         //更新用户个人描述状态
            } else {                                                    //如果请求失败
              Alert.alert(result.message);
            }
        } catch (err) {                                                 //如果请求过程中出错
            Alert.alert(err);
        }
    };
    useEffect(() => {                                                   //加载后
        loadUser();                                                     //调用 loadUser()函数
    }, []);
...
```

调用相机函数 onTakePic()与调用相册函数 onChoosePic()的实现大同小异：

```
...
    const onTakePic = async () => {
        await Permissions.askAsync(Permissions.CAMERA);      //获取使用相机权限
        const { cancelled, uri } = await ImagePicker.launchCameraAsync({}); //启动相机
        if (!cancelled) {                                               //如果没取消
          setImguri(uri);                                               //用拍照的照片更新状态
        }
    };
    const onChoosePic = async () => {
        await Permissions.askAsync(Permissions.CAMERA_ROLL);//获取使用相册权限
        const { cancelled, uri } = await ImagePicker.launchImageLibraryAsync(); //启动相册
        if (!cancelled) {                                               //如果没取消
          setImguri(uri);                                               //用相册的图片更新状态
        }
    };
...
```

最后是修改 edit()函数的实现，因为涉及图片上传，所以需要用到 FormData：

```
...
    const edit = async () => {
      try {
        const formData = new FormData();                    //实例化 FormData
        const username = await AsyncStorage.getItem('username'); //获取用户名
        const token = await AsyncStorage.getItem('token');//获取用户凭证
        await formData.append('username', username);        //插入用户名
        await formData.append('token', token);              //插入用户凭证
        await formData.append('description', description); //插入个人描述
        await formData.append('avatar', { uri: imguri, type: 'multipart/form-data', name: 'temp' });
                                                            //插入图片
        const res = await fetch(`${HOST}:${PORT}/api/users`, {
                                                            //调用修改用户信息的 API
          method: 'PATCH',
          body: formData,                                   //用 formData 做请求体
        });
        const result = await res.json();                   //将响应转换为 JSON 格式
        if (res.ok) {                                       //如果请求成功
          Alert.alert(result.message);
        } else {                                            //如果请求失败
          Alert.alert(result.message);
        }
      } catch (err) {                                       //如果请求过程中出错
        Alert.alert(err.message);
      }
    };
...
```

重启服务，上传头像并单击“修改个人资料”按钮，在帖子详情中就也可以看到头像及个人描述了，如图 11.15 所示。

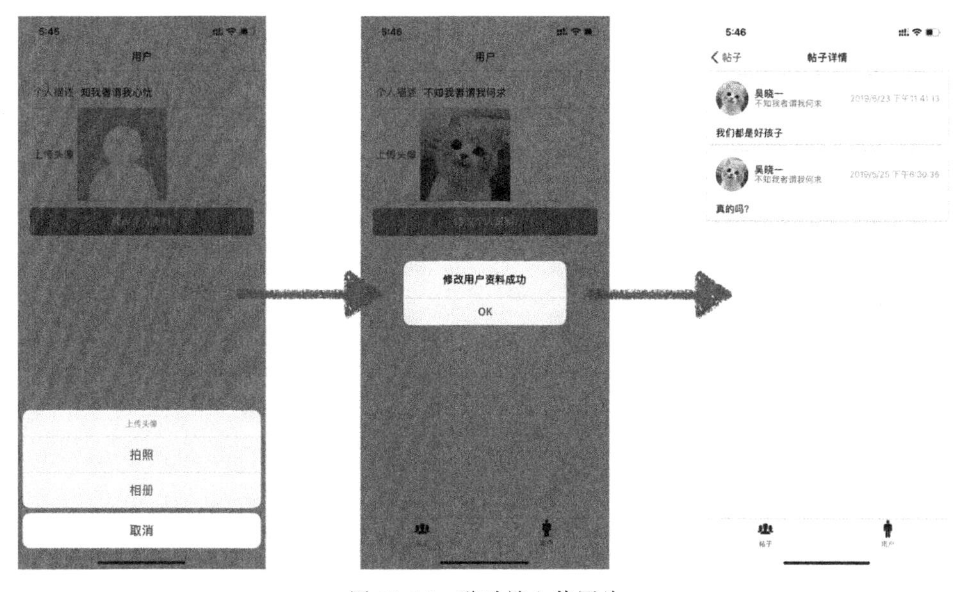

图 11.15 移动端上传图片

至此，移动客户端的开发告一段落。至于如何使其上架手机应用商店，请参看第 12 章。

11.2.8 小结

在经过 11.1 节的准备活动后，本节正式将 BBS 项目的 Web 客户端移植为了移动客户端。

Web 端和移动端的 UI 差别较大，特别是 HTML 标签已经无法使用，因此只复用后端的模型和接口。UI 方面以 NativeBase 组件库为主。

ReactNavigation 提供了很多适用于移动端的导航方式，比如开关导航、堆栈导航、底部标签导航和抽屉导航，它们各有各的应用场景。

作为应用的入口，在读取画面中，使用了开关导航，以确保每次只显示一个屏幕。

如果用户尚未登录，则用堆栈导航完成登录屏幕和注册屏幕的切换。

如果用户已经登录，则用底部标签导航显示“帖子”和“用户”两个基本频道。

且使用抽屉导航显示用户基本信息并提供“退出”按钮。

帖子列表屏幕和帖子详情屏幕也使用了堆栈导航，而且通过传递参数的方式让帖子详情屏幕调用 API 获取特定的帖子信息。

用户信息修改屏幕涉及手机上传图片的技术点，组合应用了多个组件，包括 Expo 的 Permissions 和 ImagePicker，React Native 的 Image、TouchableOpacity 以及 NativeBase 的 ActionSheet。想要使用 ActionSheet，还需将顶级的组件使用组件 Root 包起来。

第 12 章

产品部署

12.1 Web 端部署

视频讲解

在第 9 章完成了 Web 客户端的全部开发工作。本节将基于这个已经开发好的 Web 应用，探讨如何使其上线，让全世界都能够借助互联网访问到这个 BBS 站点并利用该服务。

12.1.1 购买主机

在整个 Web 客户端的开发过程中，无论开发还是调试，都是在本机上进行的。用 Express（详见 6.1 节）开启 HTTP 服务，并监听 3000 号端口。每当接收到来自外界的请求，就返回对应的响应。无论用浏览器访问页面，还是经由 Postman 调用接口，一直在用

```
http://localhost:3000
```

其中，3000 毫无疑问指的是 3000 号端口，那么这个 localhost 指的是什么？ localhost 实际上等价于 127.0.0.1。可以试着启动项目，并在浏览器中输入

```
http://127.0.0.1:3000
```

会发现同样可以访问到站点。

这个 127.0.0.1 就是本机的 IP 地址。IP 地址是互联网相关协议的一个重要组成部分，相当于互联网给每台计算机分配的一个编号，如果把计算机看成电话，那么 IP 地址就相当于电话号码，这也是计算机之间互相通信的基础。

然而，127.0.0.1 仅仅是本机地址，倘若没有一个公网 IP，外界是无法访问到服务的。获取公网 IP 的比较简单的方式就是购买主机服务商的产品。

就国内来说，比较有影响力的主机服务主要有阿里云（官方网站为 https://www.

aliyun.com/）和腾讯云（官方网站为 https://cloud.tencent.com/）。本书以阿里云为例，讲解主机服务的购买方法。

首先在官方网站找到云服务器 ECS 的购买页面（https://www.aliyun.com/product/ecs），单击“立即购买”按钮后注册或登录账号。随后有“一键购买”和“自定义购买”两个选项。若是初学者，则推荐用“一键购买”方式。

地域即主机所处的位置，主要有中国和海外之分，关系到外界打开站点时的访问速度。如果站点主要面向国内用户，毫无疑问选择国内主机；如果主要面向海外用户，则可以考虑购买海外主机。国内主机（香港除外）的价格相对来说便宜一些。

实例规格就是主机的性能，关系到主机的处理速度。对于绝大多数初上线的站点来说，基本的 1 个 CPU 和 1GB 内存足够用了。

镜像是主机的操作系统。出于系统的运维考虑，强烈推荐选择 Ubuntu。

其余选项根据自己的情况，酌情处理即可。

购买之后，可以在阿里云首页的控制台页面中找到“云服务器管理控制台”，在侧栏中选择“实例”，并在顶栏选择主机的对应地域后，就可以看到已经购买到的主机及其公网 IP，如图 12.1 所示。

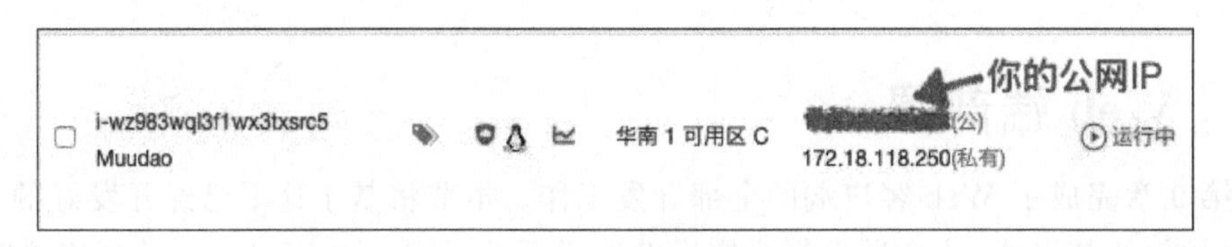

图 12.1 阿里云主机

12.1.2 产品部署

现在有了公网 IP 及主机，可以正式开始部署工作了。部署工作大体分为三步：编译产品、上传主机以及开启服务。

(1) 编译产品。首先修改 src 文件夹下的配置文件 config.js，将其中的常量 HOST 由 localhost 改为公网 IP 地址，比如：

```
export const HOST = 'http://119.110.120.111';                //改为公网 IP 地址
```

然后修改打包配置文件 webpack.config.js，将两处 mode 全都改为产品模式：

```
mode: 'production',
```

在命令行工具输入

```
$ npm run build
```

就可以用更小的空间打包出服务器端和客户端文件。

(2) 上传主机。接下来需要将服务器端文件、客户端文件以及静态文件传到云主机上。在 Mac OS 和 Linux 系统上可以使用终端的 scp 命令（Windows 10 的最新版本也可以使用该命令了）进行远程复制，但相对更通用且简单的方式是使用 FileZilla（官方网站为 https://filezilla-project.org/）。

在官方网站根据所用的平台下载并安装 FileZilla 后打开，在"主机"文本框中输入公网 IP 地址；在"用户名"文本框中输入 root；"密码"则使用购买阿里云时所用的注册密码；"端口"使用 22 号。单击"快速连接"按钮就可以成功连到主机了，如图 12.2 所示。

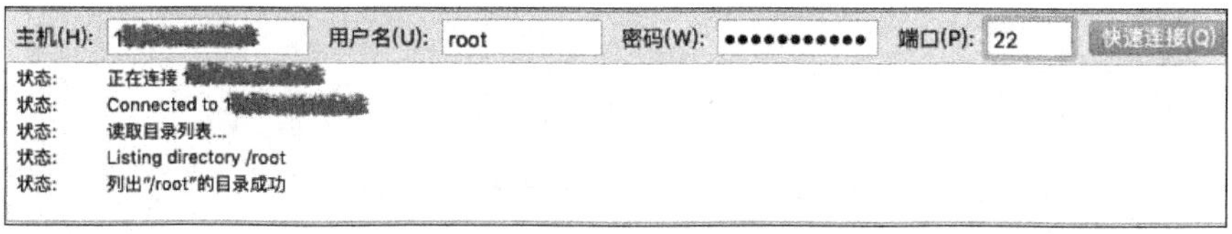

图 12.2 FileZilla 连接

连接到主机后，可在 FileZilla 界面的右侧新建一个 BBS 文件夹。并从左侧或外部将项目中的文件夹 build、static 以及文件 package.json 拖入其中。

(3) 开启服务。将项目的服务器端文件和客户端文件传到主机后，还需要远程操作主机开启服务。

首先在阿里云的"云服务器管理控制台"页面，找到购买的主机实例。在右侧选择"更多"→"网络和安全组"→"安全组配置"选项。

在"安全组列表"中单击"配置规则"，然后单击"添加安全组规则"按钮，"端口范围"选 3000，也就是本服务所使用的端口，"授权对象"填写 0.0.0.0/0 即可，如图 12.3 所示。

图 12.3 阿里云安全组创建规则

回到“云服务器管理控制台”页面，在右侧选择“更多”→“密码/密钥”→“修改远程连接密码”选项。在弹出的对话框中将密码修改成六位。

然后单击实例右侧的“远程连接”，输入刚才修改好的远程连接密码即可。在“管理终端”页面中，在 login 文本框中输入 root，在 password 文本框中输入阿里云的注册密码（注意此处不是“远程连接密码”），按 Enter 键即可连接到远程主机，如图 12.4 所示。

```
Ubuntu 18.04.1 LTS iZwz983wql3f1wx3txsrc5Z tty1

iZwz983wql3f1wx3txsrc5Z login: root
Password:
Last login: Sun May 26 11:00:41 CST 2019 from 120.35.181.76 on pts/0
Welcome to Ubuntu 18.04.1 LTS (GNU/Linux 4.15.0-33-generic x86_64)

 * Documentation:  https://help.ubuntu.com
 * Management:     https://landscape.canonical.com
 * Support:        https://ubuntu.com/advantage

 * Ubuntu's Kubernetes 1.14 distributions can bypass Docker and use containerd
   directly, see https://bit.ly/ubuntu-containerd or try it now with

     snap install microk8s --classic

 * Canonical Livepatch is available for installation.
   - Reduce system reboots and improve kernel security. Activate at:
     https://ubuntu.com/livepatch

Welcome to Alibaba Cloud Elastic Compute Service !

root@iZwz983wql3f1wx3txsrc5Z:~# _
```

图 12.4 阿里云远程连接主机

连接后，在远程主机输入

```
$ apt install mongodb
```

即可安装 MongoDB。类似地，输入

```
$ apt install nodejs
```

可安装 Node.js。使用

```
$ cd /
```

转到主机的根目录。在根目录下，使用

```
$ mkdir data
```

进入 data 文件夹后，再用

```
$ mkdir db
```

新建一个 db 子文件夹，以此作为 MongoDB 的存储路径。再输入

```
$ mongod &
```

可以让 MongoDB 的服务在后台运行。接下来用

```
$ cd ~/BBS
```

回到并进入刚才创建好的 BBS 文件夹。使用

```
$ npm i
```

根据 package. json 安装所有的库，用

```
$ npm run start &
```

在后台开启服务，就可以关闭掉“管理终端”页面了。

在浏览器输入购买的主机 IP 地址后加上 3000 号端口，比如：

```
http://119.110.120.111:3000
```

就可以看到与本机调试时同样的效果，但因为现在产品已经部署到了公网上，全世界任何人都可以访问到本服务了。

进一步，也可以在阿里云购买域名，并绑定到主机的 IP 地址，这样用户在访问服务的时候就不必再输入一长串数字了。

12.1.3　小结

本节主要讲解了 Web 客户端的部署问题。

在开发调试阶段，都是使用本机的 IP 地址访问服务。但要让外界访问到本服务，首先需要一个公网 IP。

获取公网 IP 最简便的方式是购买主机服务商的产品。国内最有影响力的主机服务分别是阿里云和腾讯云。

购买云主机后，主要部署工作分为三步：①编译产品；②上传主机；③开启服务。

编译产品主要有两个工作：一是修改配置文件，改 localhost 为公网 IP；二是修改打包配置文件，切换到产品模式并重新编译。

上传主机方面，可以使用 FileZilla，因为有图形化界面，所以上手非常容易。

至于开启服务，可以使用阿里云自带的远程连接主机功能，安装好 MongoDB 和 Node. js，就可以正式启动服务了。

此外，还可以继续做购买域名、申请备案、反向代理、内网穿透、HTTPS 等一系列工作，以提高用户体验和产品的稳定性、安全性。

12.2　桌面端部署

视频讲解

在第 10 章完成了桌面客户端的开发工作。本节将基于这个项目，继续探讨如何将其构建为可实际在各个平台运行的桌面应用，以及如何将其打包为可安装文件，以便对外发布。

12.2.1 可执行文件

可执行文件，顾名思义，就是在系统上可以直接双击执行的文件。不同系统的可执行文件也会有所区别，比如 Windows 系统上就是.exe 文件，Mac OS 则是.app 等。想要将Electron 项目转换为各个平台上的可执行文件，需要用到 Electron packager。

Electron packager 是基于 Electron 的跨平台打包器，它能够将 Electron 项目生成为各个平台上的可执行文件。

目前支持的平台如下：Windows (32/64b)、Mac OS 和 Linux (x86/x86_64)。

首先打开命令行工具，用 cd 进入到桌面客户端的项目根目录下，安装 electron-packager：

```
$ cnpm install electron-packager --save-dev
```

并在根目录下新建文件夹 dist，用来存放打包后的可执行文件。

Electron packager 的打包命令基本格式为：

```
electron-packager <项目路径> <项目名> --platform=<平台> --arch=<架构> --out=<输出路径>
```

最后创建出的可执行文件将会放在<输出路径>/<项目名>-<平台>-<架构>文件夹下。

其中，平台可选 linux、win32、darwin 或 all(全平台)；架构可选 x86 还是 x64。如果在打包命令中使用--all 参数，则平台和架构两个参数都可以省略，转而输出平台和架构的全部组合。如果省略项目名参数，则会以 package.json 中 name 键的值为准。

基于该格式，在 package.json 添加打包命令：

```
"scripts": {
    ...
        "pack": "electron-packager ./build --all --out=./dist"
    ...
}
```

使用 Electron packager 打包的项目路径(即上面的./build)下，除了需要置放 Webpack 编译好的主进程入口文件 main.js 和渲染进程入口文件 renderer.js，还要放入入口 HTML 文件 index.html、样式文件夹 css、字体文件夹 fonts 以及 package.json。

由于打包后的 main.js 将与 index.html 变为同级，所以需要修改 src/main/createWindow.js 中的窗口创建函数 createWindow()。将原来的语句

```
...
win.loadURL(`file://${__dirname}/../index.html`);
...
```

改为如下语句：

```
...
win.loadURL(`file://${__dirname}/index.html`);
...
```

而 index.html 也由于和 renderer.js 变为同级，所以改原来的语句

```
...
<script src="./build/renderer.js"></script>
...
```

为如下语句：

```
...
<script src="./renderer.js"></script>
...
```

因为桌面端程序将依旧调用 Web 端的 API，所以也需要修改配置文件 src/config.js，改常量 HOST 为 12.1 节在阿里云购买的公网 IP，即已经部署了 Web 应用的云主机地址。

此外还要修改 package.json 的 main 值为 main.js，并将打包配置文件 webpack.config.js 中的两个进程的 mode 都改为产品模式，即 production。修改好后，在命令行工具中使用如下命令打包：

```
$ npm run build
```

将 package.json、index.html、文件夹 css 和 fonts 全部复制到 build 文件夹后，在命令行工具输入如下命令即可：

```
$ npm run pack
```

各平台打包出的可执行文件如图 12.5 所示。

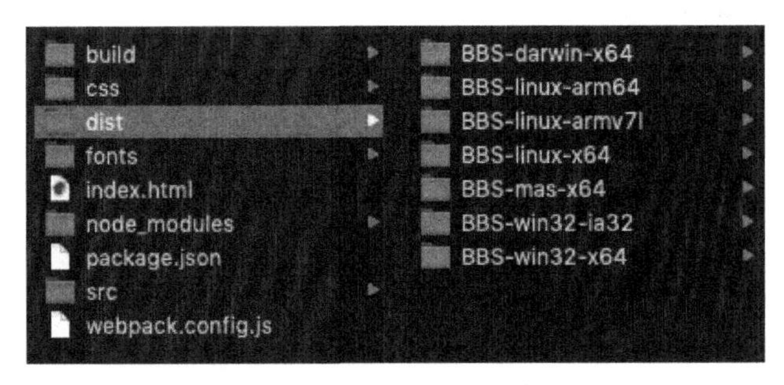

图 12.5 全平台打包出的可执行文件

倘若执行该命令后报错，并提示 Unable to determine Electron version. Please specify an Electron version 字样，请检查 package.json 中的 dependencies 中是否包含 electron。若无，则说明尚未在项目中安装 Electron（此前是全局安装）。在项目根目录下执行如下命令

安装：

```
$ cnpm install electron -- save
```

安装完成后，确保文件 build/package. json 里包含 Electron 版本信息即可。

12.2.2 可安装文件

经过 Electron packager 打包后的文件，已经可以在各个平台上双击执行。但这只能算作"绿色版"软件。基于业务的需求，大多情况还是要打包成可安装文件。本节按照平台顺序分别讲解 Windows、Mac OS 和 Linux 上的安装文件打包方法。

1. Windows

Windows 打包安装文件的方式有很多，官方网站推荐的有 electron-winstaller、electron-wix-msi 等。但更方便的方式可能是 Inno Setup(官方网站为 http://www. jrsoftware. org/isinfo. php)。

在官方网站的下载页(http://www. jrsoftware. org/isdl. php)下载 Inno Setup 的最新版本并在 Windows 系统上安装。

安装好后启动，选择 File→new 选项，创建新的打包脚本。在填写应用程序信息(Application Information)时，必须填入应用名(Application Name)和应用版本(Application Version)。

接下来填写应用程序文件夹(Application Folder)，即用户安装后程序的所在位置。将应用文件夹名称(Application Folder Name)设为项目名即可。

然后设置应用文件(Application Files)，单击 Browse(浏览)按钮找到应用主程序，即 Electron packager 打包文件夹中的. exe 文件。并使用 Add folder 添加这个文件夹，如图 12.6 所示。

图 12.6 应用文件设置

最后是编译器设定(Compiler Settings),填写输出文件夹和输出文件名(即打包后的安装文件)即可。也可以顺便传入桌面端应用的图标。

在打包完成后,就得到了可安装文件。双击可安装文件后如图 12.7 所示,可以像普通 Windows 程序一样正常安装。

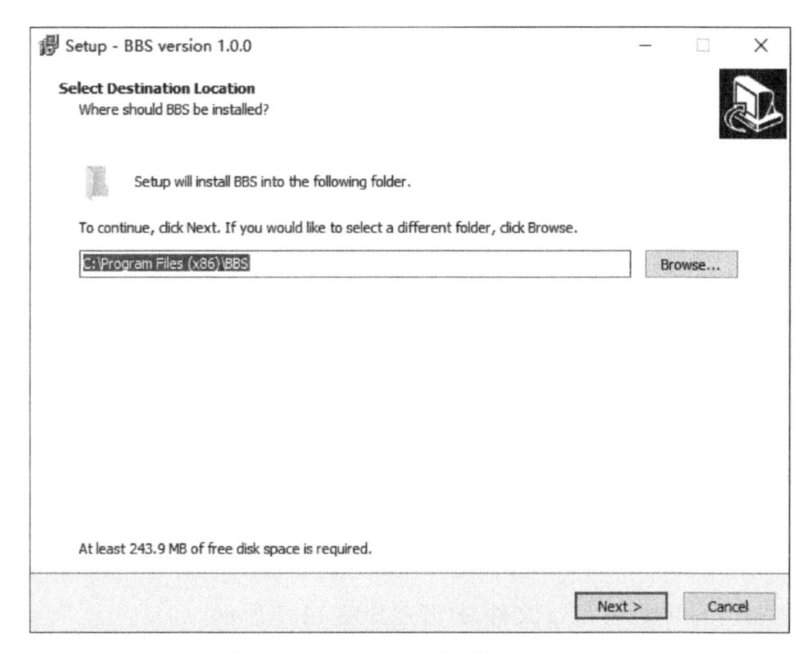

图 12.7　Windows 桌面端安装界面

安装后执行,显示的也完全是 Windows 程序的界面风格,如图 12.8 所示。

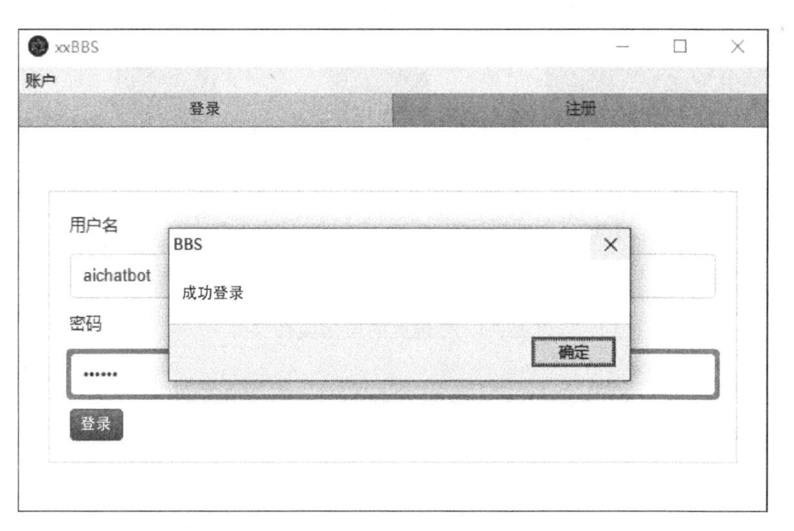

图 12.8　Windows 桌面端程序执行界面

2. Mac OS

Mac OS 方面,并不存在类似 Windows 上的这种可安装文件。安装软件时大多使用苹果计算机独有的压缩镜像文件,即.dmg 格式文件。

可使用 create-dmg（https://github.com/andreyvit/create-dmg）将 Electron 打包后的可执行文件转换为压缩镜像文件。

首先在 Mac 计算机上打开终端，按照 https://brew.sh/index_zh-cn 的提示在终端安装 brew：

```
$ /usr/bin/ruby -e "$(curl -fsSL https://raw.githubusercontent.com/Homebrew
/install/master/install)"
```

然后使用 brew 安装 create-dmg：

```
$ brew install create-dmg
```

其使用格式为：

```
create-dmg <输出 dmg> <应用文件夹>
```

若要添加应用图标，还可以加上--icon <图标路径>。

在终端中用 cd 进入项目根目录，输入如下命令即可：

```
create-dmg ./dist/BBS.dmg ./dist/BBS-darwin-x64
```

在文件夹 dist 下可找到.dmg 文件，打开后如图 12.9 所示。

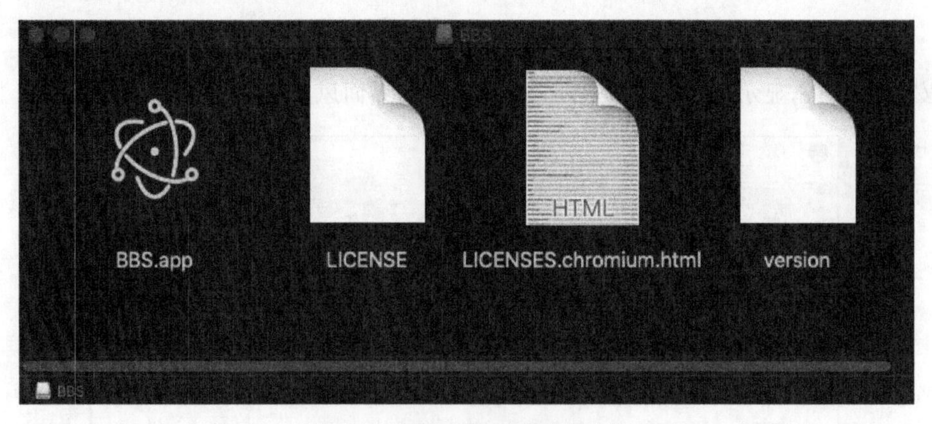

图 12.9　打包后的压缩镜像文件

双击 BBS.app，即可打开 Mac OS 版桌面端程序，如图 12.10 所示。

3. Linux

首先在 Linux 系统（推荐使用 Ubuntu）下全局安装 electron-installer-debian：

```
$ sudo cnpm install electron-installer-debian -g
```

其使用格式为：

```
electron-installer-debian --src <应用文件夹> --dest <输出文件夹> --arch <架构>
```

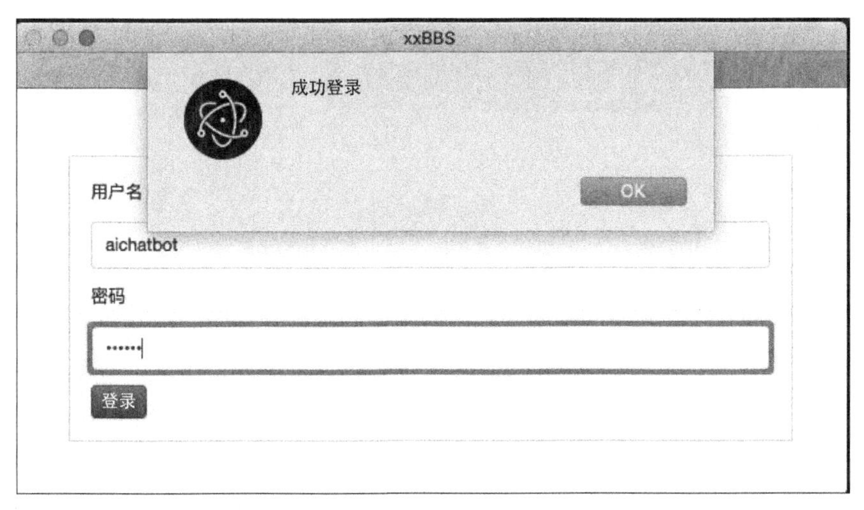

图 12.10 Mac OS 版桌面端程序执行界面

此外，需要注意的是，electron-installer-debian 要求 package.json 的 description 值不可为空。因此，如果直到现在还没给文件 package.json 加过应用描述，则需在 dist/BBS-linux-x64/resources/app 中修改 package.json，添加一句应用描述。保存后在终端中使用 cd 进入项目根目录，并执行如下命令：

```
$ electron-installer-debian --src ./dist/BBS-linux-x64 --dest ./dist --arch amd64
```

稍待片刻，就会在文件夹 dist 下看到名为 bbs_1.0.0_amd64.deb 的文件。双击后弹出如图 12.11 所示的界面，单击“安装”按钮。

图 12.11 Linux 桌面端程序安装界面

安装完成后，就可以在“显示应用程序”中找到该文件，双击执行后可以看到 Linux 应用程序的窗口，如图 12.12 所示。

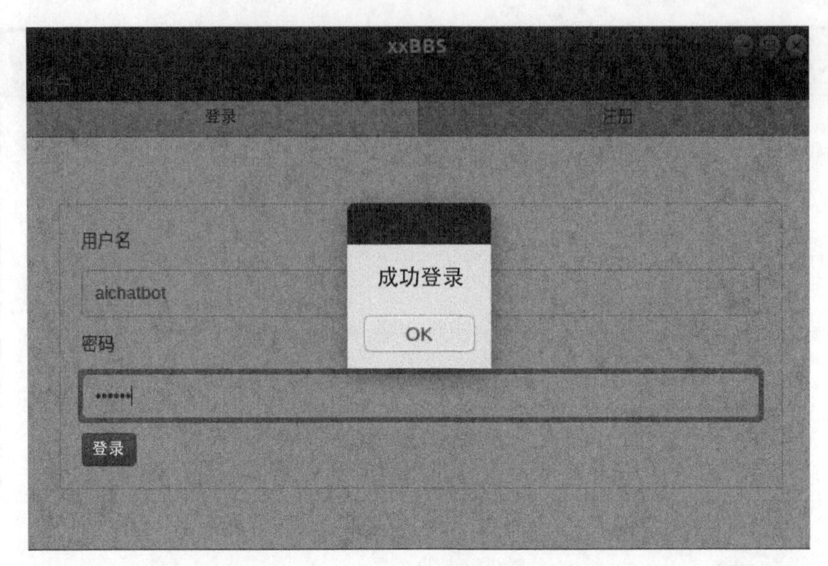

图 12.12　Linux 桌面端程序执行界面

至此，在所有桌面平台（Windows、Mac OS、Linux）上都完成了 BBS 项目的部署工作。

12.2.3　小结

本节主要学习了如何将 Electron 开发项目转换为跨平台桌面端。这个部署过程主要分为两步：第一步是将项目转换为对应平台的可执行文件；第二步是将可执行文件转换为可安装文件，以便发布。

可执行文件方面，使用跨平台打包器 Electron packager，它可以将 Electron 项目分别生成为 Windows、Mac OS 以及 Linux 上的可执行文件。

可安装文件基于上一步生成的可执行文件，需要在不同平台上，使用不同软件生成：在 Windows 上，选用了 Inno Setup，可完全用图形界面生成. exe 文件；在 Mac OS 上，使用 create-dmg 生成压缩镜像文件. dmg 文件；而在 Linux（Ubuntu）上，使用 electron-installer-debian 生成. deb 安装文件。

这三个平台上的 BBS 程序，在实际运行时都需要调用 Web 端的 API，因此，在分发安装文件前务必要确保 Web 端应用已经上线并开启服务（参见 12.1 节）。

视频讲解

12.3　移动端部署

在第 11 章完成了桌面端应用的开发工作。本节将基于这个项目，继续讲解如何将其打包为 iOS 应用的. ipa 文件和安卓应用的. apk 文件。

12.3.1　打包及发布

迄今为止，开发的移动客户端应用虽然都是在实机（iPhone 或安卓）上运行的，但毕竟还是要经由 Expo 的手机客户端，打包的目的就是让应用脱离 Expo 也可以运行在手机上。

iPhone 应用为.ipa 文件格式，即 iPhone Application 的缩写；安卓应用则为.apk 格式，即 Android Package 的缩写。本节的目的就是基于此前的移动端项目，生成这两种格式的文件。

首先还是修改项目根目录下的配置文件 config.js，修改 HOST 为此前购买的云主机 IP 地址，修改 PORT 为在该主机上开启 API 服务的端口。

随后，修改项目根目录下的 app.json（由 Expo 自动生成），添加如下代码：

```
...
    "ios": {
          "supportsTablet": true,
          "bundleIdentifier": "com.xiaoyi.bbs"                    //可替换成自己的
    },
    "android": {
          "package": "com.xiaoyi.bbs"                             //可替换成自己的
    }
...
```

在命令行工具中用 cd 进入项目根目录，执行如下命令开启 Expo 服务：

```
$ expo start
```

不要关闭窗口，在保持服务运行的情况下，另外打开一个命令行工具窗口再次进入项目根目录，执行如下命令：

```
$ expo build:android
```

系统会提示“Would you like to upload akeystore or have us generate one for you?”，选择“1”即可让 Expo 自动处理。回答后即可正式开始打包，打包所需时间比较长，期间可以另外打开一个命令行工具窗口，输入如下命令查看打包进度：

```
$ expo build:status
```

此外，打包途中，系统也会抛出一个类似

```
https://expo.io/builds/6c61965c-2ea8-4e7b-a1a8-42f22f6c3625
```

的地址，用浏览器打开后（需要登录 Expo），可监控到更详细的打包进度记录。打包完成后，可以在官方网站找到打包后的文件，如图 12.13 所示。

单击 DOWNLOAD 即可下载该.apk 文件。传入安卓手机后安装，应用会显示在桌面上，执行后便可以正常运行，并调用云主机上的 API 获取数据，如图 12.14 所示。

iOS 的打包与此大同小异，仅仅是换为如下命令而已：

```
$ expo build:ios
```

但需要注意的是，.ipa 文件的打包需要先在官方网站（https://developer.apple.com/

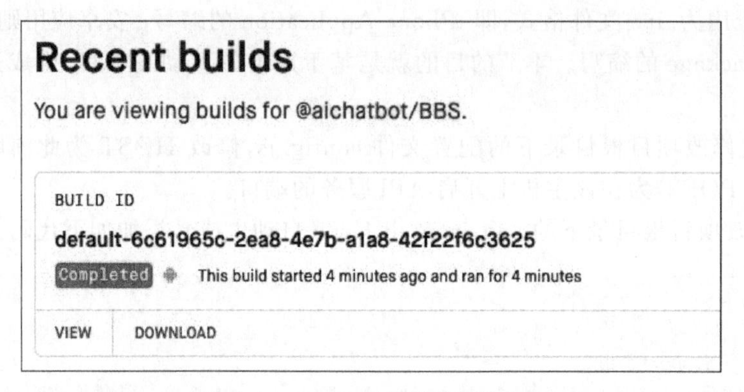

图 12.13 Expo 打包完成后的状态

图 12.14 安卓实机运行打包.apk 文件

cn/)申请苹果开发者账号(Apple Developer Account)，个人或公司费用为 99 美元/年，企业级账号的费用为 299 美元/年。申请好后，在命令行工具填写相应信息即可。

打包工作完成后，就只剩下发布工作了。当然，可以将安装文件直接挂在网站上供用户直接下载。但为了推广，有必要发布到商店。

iPhone 的.ipa 文件只可以发布在苹果应用商店(Apple App Store)，且有一个漫长的审核过程。相对来说，企业级的账号审核比较宽松。

安卓的.apk 文件的官方商店是谷歌的 Google Play，但目前访问受限。不过除了官方商店外，国内的安卓应用商店很多，比较有影响力的有 360 手机助手(http://dev.360.cn)、豌豆荚(http://developer.wandoujia.com)、腾讯应用宝(http://open.qq.com)和百度手机助手(http://app.baidu.com)等。在多个平台上发布，毫无疑问有助于提高产品的影响力。

12.3.2 小结

本节主要基于此前用 React Native 开发的移动客户端项目，讲解了如何使用 Expo 打包的方法。

移动端应用主要有两种平台：一个是苹果的 iOS 平台，需要.ipa 文件；另一个是谷歌的安卓平台，需要.apk 文件。

使用 Expo 工具，可以非常便捷地将同一个项目分别打包为在两个平台上完美运行的原生应用。

其中，安卓应用可以无条件直接打包、下载并安装，而苹果应用每年至少需要花费 99 美元方可申请苹果开发者账号。

打包后在尽可能多的平台上发布应用，将有助于产品的推广。

第 13 章

扩展案例

13.1 Web 端案例——在线中文分词系统

在前面章节中，已经学习了 Web 端开发的方方面面。本节将在此基础上，通过一个完整的小型案例的讲解，继续巩固并扩展此前学到的知识。

13.1.1 案例概述

分词(tokenization)是自然语言处理(natural language processing，NLP)的基本技术，具体任务是将一个句子切成一个个单词的序列。比如，“我们都是好孩子”这句话，经过分词处理之后，就变成了“我们”“都是”“好孩子”这三个词。

之所以说分词是自然语言处理的基本技术，是因为很多文本层面的高级处理必须以分词结果为基础，否则无从谈起。比如，想让计算机“理解”一句话的语义，就需要先解析出这个句子的语法结构，而要解析出语法结构，就需要先完成分词处理。再比如，用户常会在搜索引擎中输入诸如“美国总统是谁?”“辽宁队昨天赢了吗?”之类的整句，要从用户所输入的问句中提炼出关键词，并匹配到对应页面作为搜索结果显示，也同样需要分词技术。

如果说欧美诸语(比如英语)尚可以粗略地用空格作为切割符实现不甚精确的分词，那么像日文、中文这种句中没有空格的语言就需要使用特殊的分词算法。

中文分词的具体实现有很多种算法，但这些算法的原理及实现并不在本书的讨论范围之内。本书将采用现成的中文分词库，使之与 Web 应用完美结合，以达到开放在线分词服务的目的。

在分词方面，Python 语言有许多非常优秀的库，jieba 就是其中之一。然而在本书的技术路线中，后端采用的是 Node. js，无法直接运行 Python 代码，所以在本节中将学习的技术要点是如何让基于 Node. js 的 Web 应用调用 Python 程序，并获取其执行结果，再返回给前端显示。

13.1.2 基本框架的搭建

先按照 4.2 节所述方法新建一个名为 tokenization 的文件夹，在命令行工具中使用 cd 进入该文件夹并执行

```
$ npm init
```

以初始化项目。并使用

```
$ cnpm install express -- save
```

安装 Express 服务器。

在项目根目录下新建文件夹 src、build 以及 static，分别用来存放项目源文件、编译后文件以及静态文件。并在文件夹 src 下新建一个 server.js，作为服务器端入口文件：

```
import express from 'express';                          //引用 express
const app = express();                                  //实例化 app
app.use(express.static('static'));                      //开启静态文件夹
app.listen(3000);                                       //监听 3000 号端口
```

在 static 下新建入口页面文档 index.html：

```
<!DOCTYPE html>
<html>
    <head>
        <meta charset = "utf-8" />
        <title>在线分词系统</title>
    </head>
    <body>
        <div id = "root"></div>
    </body>
</html>
```

之后执行如下命令安装打包器 Webpack：

```
$ cnpm install webpack webpack-cli webpack-node-externals --save-dev
```

并在项目根目录 tokenization 下新建打包配置文件 webpack.config.js，内容如下：

```
const nodeExternals = require('webpack-node-externals');
module.exports = {
    mode: 'development',
    entry: './src/server.js',
    output: {
      path: `${__dirname}/build`,
      filename: 'server.js',
```

```
        },
        devtool: 'source-map',
        externals: nodeExternals(),
        resolve: {
          extensions: ['.js', '.jsx'],
        },
};
```

修改 package.json 文件的 scripts 键为：

```
...
"scripts": {
    "build": "webpack",
        "start": "node ./build/server.js",
        "dev": "npm run build && npm run start"
    },
...
```

在命令行工具中执行

```
$ npm run dev
```

即可编译并启动项目了。

13.1.3 UI的组建

在项目根目录下，先用如下命令安装好 React：

```
$ cnpm install react react-dom --save
```

再用如下命令安装语法转换器：

```
$ cnpm install babel-loader @babel/core @babel/preset-env @babel/preset-react @babel/plugin-transform-runtime @babel/runtime --save-dev
```

修改打包配置文件 webpack.config.js，为其追加客户端的打包配置：

```
const nodeExternals = require('webpack-node-externals');

module.exports = [{
    mode: 'development',
      ...
      resolve: {
        extensions: ['.js', '.jsx'],
    },
```

```
},
{
    mode: 'development',
    entry: './src/client.js',
    output: {
        path: `${__dirname}/static`,
        filename: 'client.js',
    },
    devtool: 'source-map',
    resolve: {
        extensions: ['.js', '.jsx'],
    },
    module: {
        rules: [{
          test: /\.(js|jsx)$/,
          exclude: /node_modules/,
          loader: 'babel-loader',
          options: {
            presets: ['@babel/preset-env', '@babel/preset-react'],
            plugins: ['@babel/plugin-transform-runtime'],
          },
        }],
    },
},
];
```

在文件夹 src 下新建客户端文件 client.js，内容如下：

```
import React from 'react';
import ReactDOM from 'react-dom';

import App from './App';                                    //引用 App 组件

const root = document.querySelector('#root');              //定位到挂载点
ReactDOM.render(<App />, root);                            //将 App 组件挂载到 root 元素
```

修改 static/index.html，为 body 追加引用编译后的客户端文件：

```
...
<body>
    <div id="root"></div>
    <script src="client.js"></script>
</body>
...
```

最后在文件夹 src 下新建文件 App.jsx，并完成组件 App 的具体实现：

```
import React, { useState } from 'react';
```

```
const App = () => {
    const [result, setResult] = useState('');
    return (
        <div>
            <h1>在线分词系统</h1>
            <form id="article">
                <textarea id="sentence" rows="10" cols="50" />
                <br />
                <button>提交</button>
            </form>
            <div>{`分词结果: ${result}`}</div>
        </div>
    );
};

export default App;
```

在组件 App 中，使用了钩子 useState 声明了一个名为 result 的状态，用来存储分词后的字符串，其初始值为空。界面方面由一个多行输入框加“提交”按钮的表单构成，表单下方则显示分词结果。执行如下命令后，效果如图 13.1 所示。

```
$ npm run dev
```

图 13.1 “在线分词系统”界面

此外，这个组件也可以借助 React Bootstrap（请参见 7.3 节）做进一步的界面美化，这并非本节重点，因此在本例中不再赘述。

13.1.4 API 的实现

为了解析请求体，需先安装 body-parser：

```
$ cnpm install body-parser --save
```

在服务器端入口文件 src/server.js 中引用并使用如下代码：

```
import express from 'express';
import bodyParser from 'body-parser';

const app = express();

app.use(bodyParser.json());                          //开启请求体解析器
app.use(express.static('static'));

app.listen(3000);
```

在文件夹 src 下新建名为 api.js 的文件：

```
const api = (app) => {
    app.post('/api/tokenization', async (req, res) => {
        try {
          const { sentence } = req.body;             //从请求中获取句子

          return res.json({
            message: '分词成功',
            data: sentence,                          //返回分词结果(暂为原句)
          });
        } catch (e) {                                //如果捕获到错误
          return res.status(400).json({
            message: e.message,
          });
        }
    });
};

export default api;
```

在 src/server.js 中引用 api.js 并传入 app 作为 api()函数的参数以开启接口服务：

```
import express from 'express';
import bodyParser from 'body-parser';
import api from './api';                             //引用接口

const app = express();

app.use(bodyParser.json());
app.use(express.static('static'));

api(app);                                            //开启接口服务

app.listen(3000);
```

修改 src/App.jsx，为按钮绑定事件：

```
...
    <button onClick={e => handleSubmit(e)}>提交</button>
...
```

并新增两个函数，分别是表单处理函数 handleSubmit()和接口请求函数 tokenize()：

```
...
const App = () => {
    const [result, setResult] = useState('');

    const tokenize = async (body) => {                          //接口请求函数
        try {
          const res = await fetch('http://localhost:3000/api/tokenization', {
            method: 'POST',
            headers: { 'Content-Type': 'application/json' },
            body: JSON.stringify(body),
          });
          const r = await res.json();
          if (res.ok) {                                        //如果请求成功
            setResult(r.data);                                 //修改 result 状态为分词结果
          } else {                                             //如果请求出错
            alert(result.message);                             //打印错误
          }
        } catch (err) {                                        //如果捕获到错误
          throw err.message;
        }
    };

    const handleSubmit = (e) => {                               //表单处理函数
        e.preventDefault();                                    //防止页面刷新
        const form = document.forms.article;                   //获取表单
        const sentence = form.sentence.value;                  //获取用户输入
        const body = { sentence };                             //存入 body
        tokenize(body);                                        //调用 tokenize 函数
    };

    return (
...
```

重启服务，随便输入一句话并单击“提交”按钮，效果如图 13.2 所示，可以看到用户输入的句子被原原本本地输出为“分词结果”。

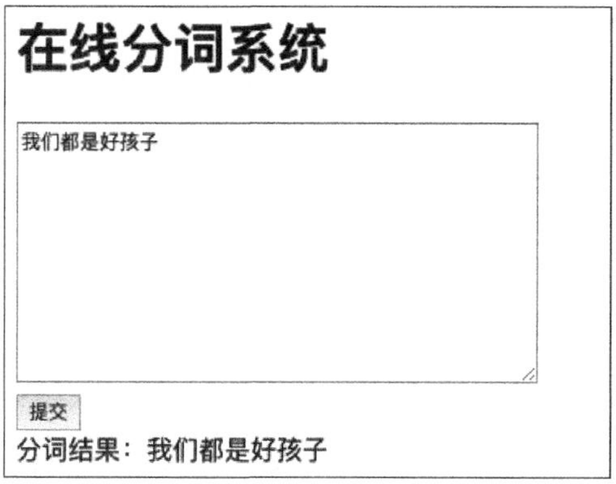

在线分词系统

我们都是好孩子

提交

分词结果：我们都是好孩子

图 13.2 在线分词系统调用后端接口

13.1.5 Python 脚本的调用

最后就是借助 Python 进一步完善接口，返回真正的分词结果。Python 分为 2.x 版本和 3.x 版本，3.x 版本并不完全向下兼容。因官方即将彻底停止对 2.x 版本的支持，推荐使用 3.x 版本。

在官方网站(https://www.python.org/)根据所使用的平台下载相应的版本并安装。如在安装界面看到 add to path 复选框，将其勾选上，这样可以自动将 Python 命令加入环境变量。

在命令行工具中安装 jieba 分词库，请注意这是 Python 而非 Node.js 的库，因此需使用 pip 命令而非 npm 安装：

```
$ pip install jieba
```

接下来在 src 目录下新建 Python 脚本文件 seg.py，内容如下：

```
import jieba    #引用 jieba 库
import json     #引用 json 库
from urllib.parse import unquote                #引用解码函数 unquote()

if __name__ == '__main__':
    sen = input('请输入一句话: ')                #获取用户输入句子
    sen = unquote(sen)                          #使用函数 unquote()对该句子解码
    words = jieba.cut(sen)                      #使用 jieba 对该句子分词
    result = {"result": ''.join(words)}         #将分词结果拼接为字符串
    print(json.dumps(result))                   #输出以 JSON 格式表示的字符串
```

这是一个非常简单的 Python 脚本，因为 Python 的学习并不在本书讲解范畴之内，照写即可。

为在 Node.js 中调用执行这个 Python 脚本，还需要在命令行工具中安装 Python Shell：

```
$ cnpm install python - shell  -- save
```

修改接口文件 src/api. js，首先追加引用 python-shell：

```
import { PythonShell } from 'python - shell';

const api = (app) = > {
…
```

然后在获取用户请求体后做如下处理：

```
…
    try {
          const { sentence } = req. body; //从请求体中获取用户输入的句子
          const pyshell = new PythonShell(
            'seg. py',
            { scriptPath: '/Users/aichatbot/tokenization/src' },
          ); //实例化一个 Python Shell，scriptPath 需要改成自己项目的绝对路径
          pyshell. send(encodeURI(sentence)); //把用户输入的句子编码后传给 Python 脚本
          pyshell. on('message', (message) = > {                //获取到 Python 脚本的输出
            const output = JSON. parse(message); //将输出解析为真正的 JSON 格式
            return res. json({                                  //返回响应体给前端
              message: '分词成功',
              data: output. result,
            });
          });
          pyshell. end((err) = > { if (err) throw err; });      //结束 Python 进程
    } catch (e) {
…
```

这里之所以使用函数 encodeURI()将用户输入的句子编码，并在 Python 脚本中使用函数 unquote()对其解码，是因为在 Windows 操作系统下，Node. js 与 Python 的通信可能会导致字符串乱码。通过 Node. js 将字符串编码后再发送，Python 脚本接收后再将其解码，就能够彻底避免通信过程中可能造成的乱码问题。

重启服务，随意输入一句话提交，如图 13. 3 所示，借助 Python 的分词脚本，可轻松获取到分词结果。

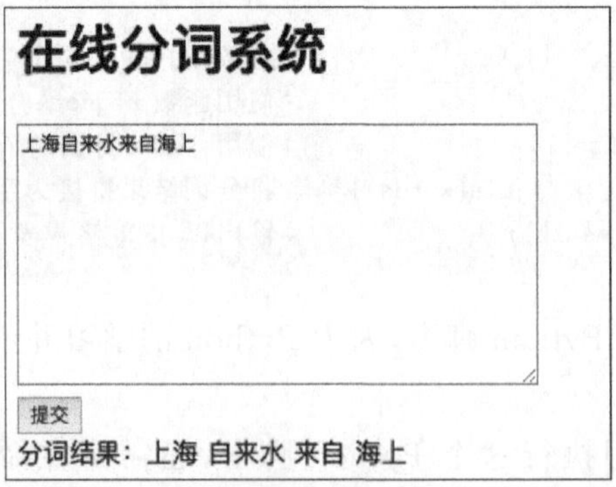

图 13. 3 在线分词系统调用 Python 分词脚本

13.1.6 小结

Python 是近年来非常热的一门编程语言，特别是在人工智能、数据分析以及自然语言处理领域，发挥着不可或缺的重要作用。因此，如何将 Node.js 在 Web 开发上的便利性与 Python 在数据处理上的优越性有机地结合起来是一个非常有趣的课题。

在本节中，借助一个在线中文分词系统的小型案例，一起学习了如何让基于 Node.js 的 Web 应用调用 Python 脚本程序，并获取其执行结果，再返回给前端显示。

因为 Python 及其应用并不在本书的讨论范围内，这个例子只作为抛砖引玉。倘若感兴趣，可阅读相关书籍。

13.2 桌面端案例——所见即所得的思维导图软件

在第 10 章中，学习了如何利用 Electron 开发桌面端程序。但和电子留言板这样的例子比起来，工具类软件其实更适合作为桌面端。本节将以实现一个所见即所得的思维导图软件为例，复习并巩固桌面端开发流程。

13.2.1 案例概述

思维导图(mind map)是一种将思维以图形化的方式表达出来的工具，由英国人东尼·博赞(Tony Buzan)所发明。

思维导图很好地将人大脑的发散性思维模式与树形结构图结合到了一起。相当于将大脑的处理进程进行了外部呈现。

思维导图主要有如下应用场景：

头脑风暴(brain storming)。在不受任何条件约束的前提下，发散思维、自由思考、激发新的观点，并在此基础上进一步发散新的观点和思路。

记忆。大脑的发散性思维模式决定了思维导图对记忆的促进作用。特别是对抽象思维较差的人，图像记忆更有助于知识在大脑皮层的反射刺激。

知识点梳理。可以作为读书笔记或上课笔记，多维度地梳理出点与点之间的关系，将知识彻底结构化、体系化，并进一步转换为自己的东西。

思维导图软件就是创建、管理思维导图的工具。市面上的思维导图软件很多，但软件质量参差不齐，而且大多收费。本节将一起学习如何根据自身需求打造一个完全属于自己的思维导图软件。

作为桌面端程序，本节学习的技术要点是：如何将经过处理后的数据持久化存储为本地文件，以便日后再次读取并做进一步处理。

13.2.2 基本框架的搭建

新建一个名为 MindMap 的文件夹，作为项目的根目录。在命令行工具中进入该文件夹后执行

```
$ npm init
```

初始化项目后，为 package. json 添加自定义命令：

```
...
    "scripts": {
        "build": "webpack",
        "start": "electron ./build/main.js",
        "dev": "npm run build && npm run start"
    },
...
```

接下来安装依赖库，首先是 Electron（如果此前没有全局安装过的话还要加个-g）：

```
$ cnpm install electron --save
```

除了 Electron 之外，还需安装打包器 Webpack：

```
$ cnpm install webpack webpack-cli webpack-node-externals --save-dev
```

以及前端框架 React：

```
$ cnpm install react react-dom react-bootstrap --save
```

和翻译器 Babel：

```
$ cnpm install babel-loader @babel/core @babel/preset-env @babel/preset-react @
babel/plugin-transform-runtime @babel/runtime --save-dev
```

安装完成后，从第 10 章完成的项目中，将 css、fonts 两个文件夹以及入口文件 index. html 和打包文件 webpack. config. js 直接复制到 MindMap 的根目录下，并新建两个空文件夹 build 和 src，分别用来存放编译后文件和源代码。

在 src 下再新建两个子文件夹 main 和 renderer，分别用来存放主进程和渲染进程的源文件，并将主进程文件夹下的 createWindow. js、index. js 和 menu. js 三个文件复制到本项目的 main 中。

在 renderer 中新建文件 index. jsx，内容如下：

```
import React from 'react';
import ReactDOM from 'react-dom';

const App = () => <h1>Mind Map</h1>


const root = document.querySelector('#root');
ReactDOM.render(<App />, root);
```

执行

```
$ npm run dev
```

命令后，程序启动画面如图 13.4 所示。

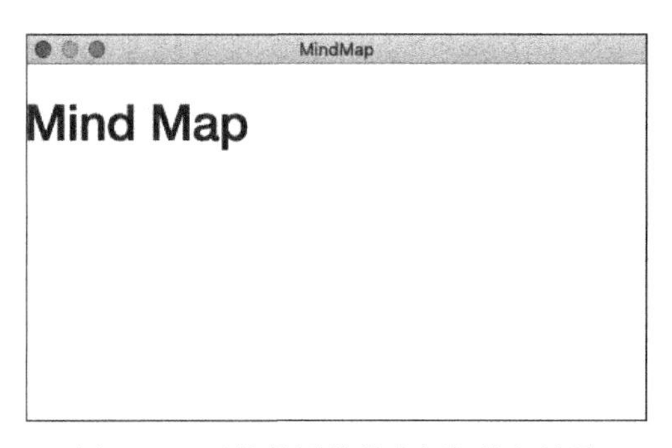

图 13.4　思维导图的基本框架执行效果

至此，整个项目的基本框架搭建完毕。

13.2.3　绘图库的使用

前端图形的绘制需要借助 HTML 5 的标签< canvas >，从节点到链接，完完全全地从头实现思维导图的绘制是一项非常大的工程，所幸 React 有一个现成的绘图第三方库——STORM React Diagrams（以下简称 SRD）。

SRD（官方网站为 https://projectstorm.gitbooks.io/react-diagrams/）是一个非常强大的绘图库，可以轻松绘制各种流程图，且该库受到 Blender、Unreal engine 等建模软件、游戏开发引擎的启发，在编辑和操作上非常直观、易用。

首先安装 SRD：

```
$ cnpm install storm-react-diagrams --save
```

在 node_modules/storm-react-diagrams/dist 中找到样式文件 style.min.css，将其复制到根目录下的文件夹 css 中。

并在文件夹 css 下新增名为 mindmap.css 的文件：

```
.dicCanvas{
    height: 100vh;
    background-color: rgb(60,60,60)
}
```

在入口文件 index.html 中追加引用这两个样式文件：

```
...
<link rel="stylesheet" href="./css/mindmap.css" />
<link rel="stylesheet" href="./css/style.min.css" />
...
```

在渲染进程文件夹 renderer 下新建文件 App.jsx：

```
import React from 'react';
import {
    DiagramEngine, DiagramModel, DefaultNodeModel, DiagramWidget,
} from 'storm-react-diagrams';                                  //从 SRD 中引用所需类和组件

const App = () => {
    const engine = new DiagramEngine();                         //实例化引擎
    engine.installDefaultFactories();                           //引擎初始化设置
    const model = new DiagramModel();                           //实例化模型
    engine.setDiagramModel(model);                              //将模型置入引擎

    const node = new DefaultNodeModel('测试节点', 'rgb(0,192,255)'); //实例化一个节点
    node.addInPort('');                                         //添加节点入口
    node.addOutPort('');                                        //添加节点出口
    model.addNode(node);                                        //将该节点置入模型

    return (
        <DiagramWidget
            className="dicCanvas"
            diagramEngine={engine}
        />
    );
}

export default App;
```

在组件 App 中，首先从 SRD 引用了引擎、图模型、节点模型以及 DiagramWidget 图组件。在 App 的渲染部分，为这个图组件添加了样式类 dicCanvas，也就是此前在 css/mindmap.css 中所定义的样式。在组件 App 被渲染时，进行了一系列初始化操作，并在画布中放置了一个测试节点。

在 renderer/index.jsx 中引用组件 App 并打包执行：

```
import React from 'react';
import ReactDOM from 'react-dom';
import App from './App'

const root = document.querySelector('#root');
ReactDOM.render(<App />, root);
```

可见程序主界面的画布上有一个名为"测试节点"的默认节点。不仅可以将该节点拖动到画布的任意位置，也可以从该节点的入口和出口处拉出链接线，如图 13.5 所示。

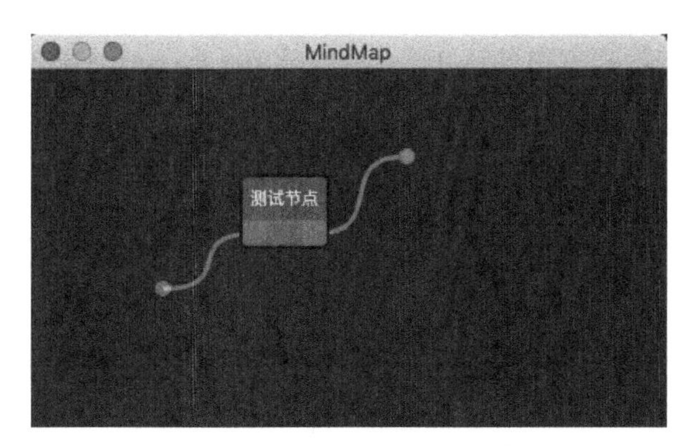

图 13.5 思维导图的测试节点效果图

13.2.4 工具栏的实现

工具栏方面，可以设置三个主要工具按钮：打开、保存以及新增节点。在文件 App.jsx 中追加引用：

```
...
import fs from 'fs';                                    //Node.js 的文件处理库
import electron from 'electron';                        //Electron 库
const { dialog } = electron.remote;                     //Electron 中的渲染进程对话框
...
```

并修改渲染部分为如下代码：

```
...
    return (
        <div>
          <div className="btn-group">
            <button type="button" className="btn btn-default" onClick={() => load()}>
              <span className="icon icon-folder" />
            </button>
            <button type="button" className="btn btn-default" onClick={() => save()}>
              <span className="icon icon-floppy" />
            </button>
          </div>

          <div style={{ display: 'inline', marginLeft: 10 }}>
            <input type="text" id="title" placeholder="请输入节点标题" style={{
              height: 24 }} />
            <button type="button" className="btn btn-default" onClick={() => plus()}>
              <span className="icon icon-lamp" />
            </button>
          </div>
```

```
            <DiagramWidget
              className = "dicCanvas"
              diagramEngine = {engine}
            />
          </div>
      );
...
```

其中，三个按钮都使用了 Photon 的样式类，在 10.1.5 节中已详细说明，这里不再赘述。值得说明的是，在第三个按钮前增加了一个标签<input>，这是因为新增节点的同时也要获取节点的标题信息。三个按钮分别绑定了三个函数 load()、save()和 plus()。以下分别是具体实现。

plus()函数。首先将此前的如下代码

```
...
    const node = new DefaultNodeModel('测试节点', 'rgb(0,192,255)');
    node.addInPort('');
    node.addOutPort('');
    model.addNode(node);
...
```

封装为新增节点函数 plus()：

```
...
    const plus = () => {
        const title = document.querySelector('#title').value;   //获取用户输入的节点标题
        const node = new DefaultNodeModel(title, 'rgb(0,192,255)'); //根据标题实例化新节点
        node.addInPort('');                                        //给节点添加入口
        node.addOutPort('');                                       //给节点添加出口
        model.addNode(node);                                       //将节点置入模型
        engine.repaintCanvas();                                    //重新绘制画布
    };
...
```

新增节点函数借助 document.querySelector 获取到 id 为 title 的元素的输入值，并根据这个值创建一个节点加载到画布之中。

save()函数。保存函数 save()的具体思路为先使用 SRD 模型的方法 serializeDiagram()将模型序列化为 JSON 格式，并保存为字符串。利用 Electron 打开保存对话框，获取用户的存储路径。将模型字符串写入存储路径即可。其具体实现如下：

```
...
    const save = async () => {
        const str = JSON.stringify(model.serializeDiagram());
        //将模型序列化为 JSON 格式，并转为字符串
```

```
        const filename = '新导图.mm';
        const filters = [
          {
            name: filename,
            extensions: ['mm'],
          },
        ];
        const result = await dialog.showSaveDialog({        //显示保存对话框,获取保存路径
          filters,
          defaultPath: filename,
          title: '导出',
          buttonLabel: '导出',
        });
        fs.writeFileSync(result.filePath, str, 'utf8');     //将模型字符串写入保存路径
    };
...
```

load()函数。最后是读取函数 load()。读取函数实现逻辑是,先利用 Electron 打开读取对话框,获取欲读取文件的路径。读取该文件内容,存为字符串,使用 SRD 模型的方法 deSerializeDiagram()将字符反序列化为 SRD 模型,并重绘画布。其具体实现如下:

```
...
    const load = async () => {
        const result = await dialog.showOpenDialog({        //显示读取对话框,获取文件路径
          filters: [
            {
              name: '思维导图文件',
              extensions: ['mm'],
            },
          ],
          properties: ['openFile'],
          message: '选择要导入的思维导图文件',
          buttonLabel: '导入',
        });
        const str = fs.readFileSync(result.filePaths[0], 'utf8'); //将文件内容读入为字符串
        model.deSerializeDiagram(JSON.parse(str), engine); //利用该字符串反序列化模型
        engine.repaintCanvas();                             //重新绘制画布
    };
...
```

重新打包执行,新增几个节点,拖动并调整位置,将所有节点连接起来构筑起思维导图。单击"保存"按钮另存为本地文件,重新打开软件可读取该文件。效果如图 13.6 所示。

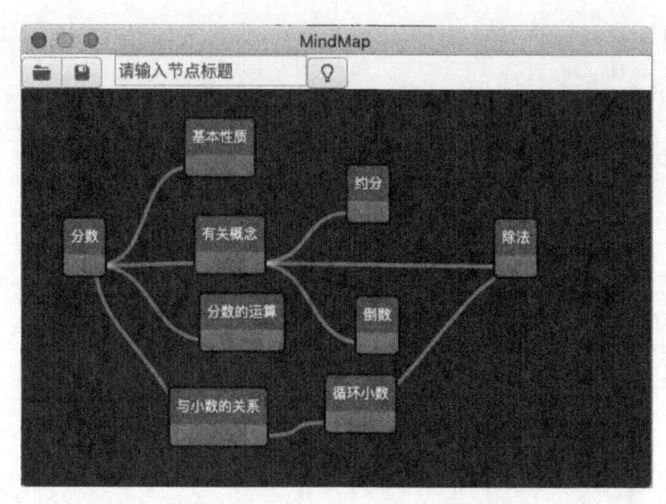

图 13.6 思维导图的保存与读取

13.2.5 菜单栏的改进

对于一个桌面端程序来说，除了工具栏之外，菜单栏也至关重要。修改主进程的菜单文件 main/menu.js，将常量 template 改为：

```
...
const template = [
    {
        label: '文件',
        submenu: [
          {
            label: '打开',
            click: load,
            accelerator: 'CmdOrCtrl + O',
            id: 'load',
          },
          {
            label: '另存为',
            click: save,
            accelerator: 'CmdOrCtrl + S',
            id: 'save',
          },
          { type: 'separator' },
          {
            role: 'close',
            label: '关闭',
          },
        ],
    }];
...
```

可以看到,“打开”和“另存为”两条菜单对应渲染进程的 load()和 save()两个函数,并分别加上了快捷键。由于菜单在主进程,调用渲染进程函数需要两个进程之间通信(详见 10.1.6 节),因此需要在 menu.js 中新增两个通信函数:

```
...
const load = () => {                                          //向 menu 频道发送信息'load'
    win.WebContents.send('menu', 'load');
};

const save = () => {
    win.WebContents.send('menu', 'save');                     //向 menu 频道发送信息'save'
};
const template = [
...
```

主进程传送过来的信息需要在渲染进程接收,重新编辑 renderer/App.jsx,修改

```
...
import electron from 'electron';
...
```

为

```
...
import electron, { ipcRenderer } from 'electron';
...
```

以追加引用 Electron 的 ipcRenderer 模块。

并使用 ipcRenderer 监听频道 menu,如果主进程发送过来的信息是 load,就调用读取函数。如果主进程发送过来的信息是 save,就调用保存函数:

```
...
    ipcRenderer.on('menu', (e, cmd) => {                     //监听'menu'频道
        if (cmd === 'load') {                                //如果接收到'load'
          load();                                            //调用读取函数
        } else if (cmd === 'save') {                         //如果接收到'save'
          save();                                            //调用保存函数
        }
    });

    return (
...
```

重新打包并执行,除了可以在菜单中单击菜单项之外,使用快捷键也可以读取或保存编辑好的思维导图。

13.2.6 小结

思维导图是一种将思维以图形化的方式表达出来的工具。通过将思维显性地外化，有利于增进记忆、整理知识点等。

在本节中，借助一个实现思维导图桌面程序的小型案例，学习了如何使用 React 的绘图库，以及如何保存并读取本地文件。

这个小型案例实现了思维导图的基本功能：所见即所得的编辑方式，思维导图数据的保存和读取。在此基础上还可以增加一些新的功能，比如节点的编辑功能，或是菜单项的不可用判定等。只要理解好 Electron 两个进程间的通信方式，都不难实现，读者可结合自己的需求继续完善。

13.3 移动端案例——实时通信的聊天室应用

移动端的出现大大提高了通信的便携性，将实时通信推向了新的水平。从 QQ 到微信，人们的社交方式也发生了巨大的改变。在本节，将通过一个小型聊天室的开发，学习实时通信的具体实现方法。

13.3.1 案例概述

实时通信也称即时通信(Instant Messaging，IM)，可以允许两人或多人使用网络实时地传递信息，促成双方或者多方的无延迟交流。

实时通信在 1996 年由三个以色列人所创，称作 ICQ(取 I seek you 之意)，最基本的功能就是实时地接收和发送信息。

早在第 1 章就曾经讲过 HTTP 请求/响应模型的基本通信原理：由客户端向服务器发起请求，服务器向客户端返回响应。基于这个原理，若要实时地获取服务器的信息，就意味着要不间断地向服务器发起请求。事实上，早期的实时通信就是通过这种方式实现的，即轮询(polling)。然而这种方式给服务器造成的压力和负担可想而知。因此在此基础上又出现了改良方案——长轮询(long-polling)。长轮询虽然在一定程度上缓解了对服务器造成的负担，但依旧要不断地建立关闭 HTTP 连接，并没有从根本上解决效率问题。

在 HTML 5 中，新增了 WebSocket 的 API，真正实现了浏览器和服务器之间原生的双全工跨域通信。只需一次 HTTP 请求，就可以在同一时刻实现客户端到服务器和服务器到客户端的数据发送。

虽然主流浏览器都支持 WebSocket，但仍然可能有不兼容的情况，为了兼容所有浏览器，Socket. IO 将 WebSocket 做了封装，不仅可以通过 Node. js 实现 WebSocket 服务器端，也提供了相应 JavaScript 库作为客户端，可以在任何平台上正常工作，而无须考虑兼容性的问题。

综上所述，本节将学习的技术要点是：如何借助 Socket. IO 的使用，真正实现浏览器和服务器间的实时双向通信。

13.3.2 基本框架的搭建

在安装好 expo(详见 11.1.2 节)的前提下，在命令行工具输入

```
$ expo init chatroom
```

初始化项目，并使用如下命令安装项目所需的导航器和组件库等：

```
$ expo install react - navigation native - base react - native - gesture - handler react - native
- reanimated react - navigation - stack react - navigation - drawer
```

从第 11 章完成的项目中，将配置文件 config. js 复制到 chatroom 项目的根目录，确保其中的 HOST 项为当前的局域网 IP 地址。

为了复用此前已经完成好的注册/登录系统，在 chatroom 下新建文件夹 screen，并从第 11 章项目的 screen 中复制 AuthLoadingScreen. js、LoginScreen. js、RegisterScreen. js 以及 SideDrawer. js 四个文件过来。

修改 App. js，首先完成引用：

```
import React from 'react';
import {
    createAppContainer, createSwitchNavigator,
} from 'react - navigation';
import { createDrawerNavigator } from 'react - navigation - drawer';
import { createStackNavigator } from 'react - navigation - stack';
import { Root } from 'native - base';
import AuthLoadingScreen from './screen/AuthLoadingScreen';
import LoginScreen from './screen/LoginScreen';
import RegisterScreen from './screen/RegisterScreen';
import SideDrawer from './screen/SideDrawer';
import ChatScreen from './screen/ChatScreen';
```

渲染部分的代码如下：

```
...
const AppContainer = createAppContainer(RootSwitch);
const App = () => <Root><AppContainer /></Root>;
export default App;
```

主路由 RootSwitch 的实现与此前基本一致：

```
...
const RootSwitch = createSwitchNavigator(
    {
        AuthLoading: AuthLoadingScreen,
        Auth: AuthStack,
        Main: HomeDrawer,
```

```
    },
    {
        initialRouteName: 'AuthLoading',
    },
);
...
```

它由读取画面 AuthLoadingScreen、注册登录堆栈导航 AuthStack 以及首页抽屉导航 HomeDrawer 构成。AuthStack 完全使用此前的实现即可：

```
...
const AuthStack = createStackNavigator({
    Login: {
        screen: LoginScreen,
        navigationOptions: { title: '登录' },
    },
    Register: {
        screen: RegisterScreen,
        navigationOptions: { title: '注册' },
    },
});
...
```

在 HomeDrawer 中将主画面改为聊天室的堆栈导航 ChatStack：

```
...
const HomeDrawer = createDrawerNavigator(
    {
        Chat: ChatStack,
    },
    {
        drawerWidth: 200,
        drawerPosition: 'left',
        contentOptions: {
          initialRouteName: 'Thread',
        },
        contentComponent: SideDrawer,
    },
);
...
```

堆栈组件 ChatStack 只包含一个页面 ChatScreen：

```
...
const ChatStack = createStackNavigator({
    User: {
        screen: ChatScreen,
        navigationOptions: { title: '聊天室' },
```

```
    },
});
...
```

在文件夹 screen 下新建文件 ChatScreen.js,其内容先简单写个组件占位就好:

```
...
import React from 'react';
import {
    Container, Content, Text,
} from 'native-base';

const ChatScreen = () => (
    <Container>
        <Content padder>
          <Text>聊天室</Text>
        </Content>
    </Container>
);

export default ChatScreen;
...
```

移动客户端基本完成,但要调用注册登录接口还需要开启服务器。在项目根目录下新建文件夹 server 和 mobile,分别存放服务器端和移动端文件。先将刚才根目录下所有文件移动到 mobile 内,再把第 9 章所完成项目的文件夹 BBS 下所有文件复制到本项目文件夹 server 中,用命令行工具 cd 到 server 路径下,执行

```
$ cnpm install
```

会根据 package.json 安装服务器端的所有依赖库,确认配置文件 src/config.js 中的 HOST 为当前局域网 IP 地址后,使用

```
$ npm run dev
```

打包执行,开启聊天室应用所需的注册登录接口服务(如果没有开启 MongoDB 服务的话还需要另开一个命令行工具执行 mongod)。

保持数据库与接口服务同时开启的状态下,再新打开一个命令行工具窗口,使用 cd 命令到文件夹 mobile 下输入

```
$ expo start
```

后用手机扫码编译应用执行。此前完成的注册/登录系统得以完美复用,成功登录后可切换至聊天室页面。至此,聊天室应用的基本框架搭建完毕,如图 13.7 所示。

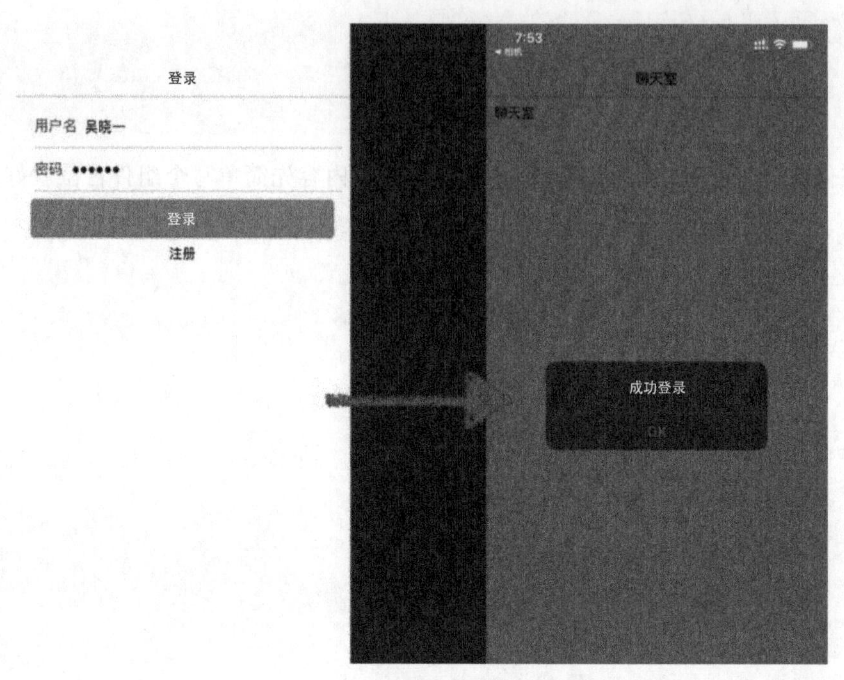

图 13.7 聊天室应用的基本框架

13.3.3 系统广播的实现

通过 13.3.2 节的工作，用户在成功登录后已经可以正常进入聊天室了。但如果想要在某个用户进入聊天室后，实时通知给所有聊天室内的人，就需要实现系统广播，也就需要借助 Socket.IO 的力量。

Socket.IO 分为服务器端和客户端两个版本，需要分别安装。

首先在文件夹 server 下执行

```
$ cnpm install socket.io --save
```

安装 Socket.IO 的服务器端。

并在文件夹 mobile 下执行

```
$ expo install socket.io-client
```

安装 Socket.IO 的客户端。

因为在服务器端运行 Socket.IO 需要用到 Node.js 的 HTTP 内置库，所以修改打包配置文件 server/webpack.config.js，为服务器端的打包配置补充一句，设置 target 为 node：

```
...
module.exports = [{
    target: 'node',                                    //新增的一句
    mode: 'development',
...
```

修改 src/server.js，为服务器端追加引用：

```
import http from 'http';                                    //引用内置的 http 库
import socketIO from 'socket.io';                           //引用 socket.io
```

并改原来的监听端口语句

```
...
    app.listen(3000);
...
```

为如下语句：

```
...
    const server = http.Server(app);
    const io = socketIO(server);
    server.listen(3000);
...
```

如此一来，就可以使用 socket 监听 3000 号端口了。监听的具体写法如下：

```
...
    server.listen(3000);

    io.on('connection', (socket) => {                       //如果连接上
      socket.on('join', (data) => {                         //监听 join 频道
        const { rid, username } = data;
        socket.join(rid);                                   //加入该房间
        io.to(rid).emit('system', `${username}进入了房间`);
      });
    });
...
```

连接上以后，就使用该 socket 监听频道 join，如果客户端向该频道传来数据，就从中解构出房间 ID(rid)和用户名(username)，并向该房间的频道系统(system)广播“该用户进入了房间”。

接下来是客户端。修改聊天屏幕文件 mobile/screen/ChatScreen.js，设置如下引用：

```
...
import React, { useEffect, useState } from 'react';
import {
    Container, Content, Text, Toast,
} from 'native-base';
import { AsyncStorage } from 'react-native';
import io from 'socket.io-client';
import { HOST, PORT } from '../config';
...
```

其中，组件 Toast 如其名，是类似多士炉一样的定时弹出对话框，非常适合显示系统广播类信息；AsyncStorage 是标准的 React Native 内置类，用来获取存储在手机本地的数据；从 Socket. IO 客户端中引用 io，并从配置文件 config. js 中获取主机的 IP 地址和端口。

修改聊天屏幕组件 ChatScreen：

```
...
const ChatScreen = () => {
    const socket = io(`${HOST}:${PORT}`);                    //Socket 客户端连接到服务器
    const [username, setUsername] = useState('');            //声明 username 状态

    useEffect(() => {                                        //组件加载后
        initSocket();                                        //执行 initSocket()函数
    }, []);

    return (
        <Container>
...
```

利用 io('主机地址:端口')的写法连接起 Socket 的客户端和服务器，并利用 React 的钩子 useEffect 在 ChatScreen 被加载后就执行 initSocket()函数，该函数的具体实现为：

```
...
    const [username, setUsername] = useState('');

    const initSocket = async () => {
        const name = await AsyncStorage.getItem('username');  //从本地获取用户名
        setUsername(name);                                     //修改 username 状态
        socket.emit('join', { rid: 'room1', username: name }); //向 join 频道发信
        socket.on('system', (data) => {                        //监听 system 频道
          Toast.show({                                         //监听到数据则弹出系统消息
            text: data,
            position: 'top',                                   //出现位置居顶部
            buttonText: '确定',
            duration: 3000,                                    //消息停留 3s
          });
        });
    };

    useEffect(() => {
...
```

首先从本地获取到用户成功登录后自动存储在手机中的用户名，并把用户名连同房间 ID 通过频道 join 发信给服务器，服务器接收到来自频道 join 的信息会向频道 system 发广播，所以在客户端需要使用 socket. on()监听频道 system，一旦传来数据，就借助组件 Toast 弹出系统消息。

重新执行，具体效果如图 13. 8 所示，在手机 B 先进入聊天室的状态下，手机 A 成功登录后，手机 B 也可以实时地获取到系统广播信息。

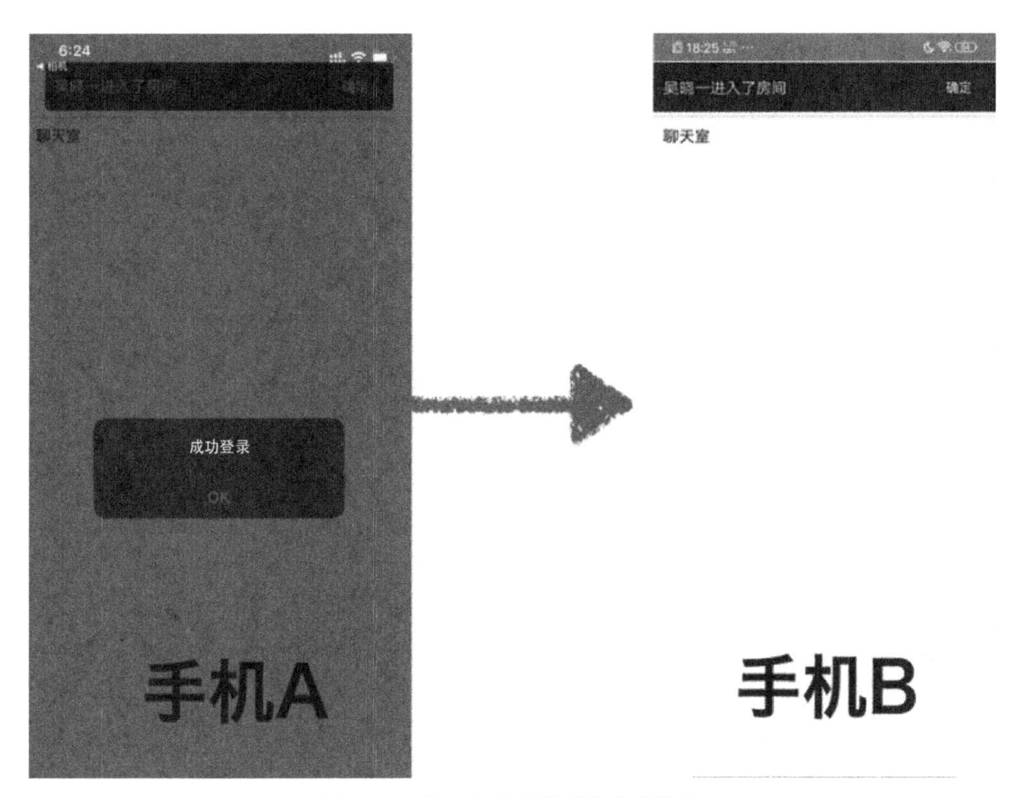

图 13.8 聊天室应用的系统广播效果

13.3.4 实时通信的实现

系统广播功能成功实现了，但聊天室的主要功能是聊天。聊天功能所需界面主要分为两部分：一部分是显示聊天记录的列表；另一部分是包含输入框和按钮的表单。因此需要将 ChatScreen.js 从 Native Base 引用的组件扩展为：

```
...
import {
    Container, Content, Text, Toast, List, ListItem, Body, Right, Footer, Input, Button,
} from 'native-base';
...
```

并在 ChatScreen.js 中新增一个组件 Comment，用来显示每条留言：

```
...
import { HOST, PORT } from '../config';

const Comment = (props) => {
    const { username, comment, posttime } = props.data;
    return (
        <ListItem avatar>
          <Body>
```

```
            <Text>{username}</Text>
            <Text note>{comment}</Text>
          </Body>
          <Right>
            <Text note>{new Date(posttime).toLocaleTimeString()}</Text>
          </Right>
        </ListItem>
    );
};

const ChatScreen = () => {
...
```

每条 Comment 又分为 Body 和 Right 两部分：Body 显示留言者和具体留言信息；Right 显示发布时间。

聊天屏幕组件 ChatScreen 的渲染部分也改为：

```
...
return (
    <Container>
          <Content padder>
            <List>
              {items}
            </List>
          </Content>
          <Footer style={{ backgroundColor: 'lightblue' }}>
            <Input
              placeholder="请输入留言"
              value={comment}
              onChangeText={(message) => setComment(message)}
            />
            <Button large success onPress={() => handleSubmit()}>
              <Text>发送</Text>
            </Button>
          </Footer>
    </Container>
    );
...
```

<Content>内的<List>用来表示留言列表，<Footer>则放置输入框和"提交"按钮。

继续修改组件 ChatScreen，使用钩子 useState 新增两个状态，分别管理单条留言和全部留言：

```
...
    const [username, setUsername] = useState('');
    const [comment, setComment] = useState('');          //单条留言状态,默认为空字符串
    const [comments, setComments] = useState([]);        //全部留言状态,默认为空数组
...
```

单条留言 comment 的状态随着<Input>的 onChangeText 改变而改变，而全部留言记录 comments 的状态应该在进入聊天室的同时就获取到，因此修改 initSocket()函数，新增监听频道 comments：

```
...
        duration: 3000,
          });
        });
        socket.on('comments', (data) => {                              //监听频道 comments
          setComments(data);                                           //修改聊天记录状态
        });
      };
...
```

此外，在用户提交留言的时候，触发的 handleSubmit()函数也会造成聊天记录状态的更新：

```
...
    const handleSubmit = () => {
        socket.emit('comments', { rid: 'room1', username, comment }); //向 comments 频道发送信息
    };

    useEffect(() => {
...
```

借由 comments 发送给服务器的信息包括了房间 ID、用户名以及留言。

最后，将聊天记录的状态 comments 映射成为一条条组件 Comment：

```
...
    const items = comments.map((c, key) => <Comment data = {c} key = {key} />);
    return (
...
```

客户端的编写就此彻底完成。

服务器端方面，需要新增一个数组，用来存储聊天记录，并监听频道 comments，每当客户端提交一条留言，就使用 unshift 加到数组的最前面。此外，在用户刚加入聊天室的时候，也需要把当前聊天记录发给客户端。因此修改文件 server.js 如下：

```
...
    server.listen(3000);

    const comments = []
    io.on('connection', (socket) => {
        socket.on('join', (data) => {
            const { rid, username } = data;
            socket.join(rid);
```

```
            io.to(rid).emit('system', `${username}进入了房间`);
            io.to(rid).emit('comments', comments);   //用户进入房间就发送当前聊天记录
        });

        socket.on('comments', (data) => {              //监听 comments 频道
            const { comment, username, rid } = data; //解构客户端发过来的对象
            comments.unshift({ comment, username, posttime: Date() });
                                                      //将该留言插入记录最前面
            if (comments.length > 30) comments.pop();
            //如果聊天记录超过 30 条,就删掉最早的记录
            io.to(rid).emit('comments', comments);   //将记录通过 comments 频道发给客户端
        });
    });
...
```

最终执行效果如图 13.9 所示。可见在 iPhone 和安卓手机之间，聊天信息也可以实时地传达给彼此。

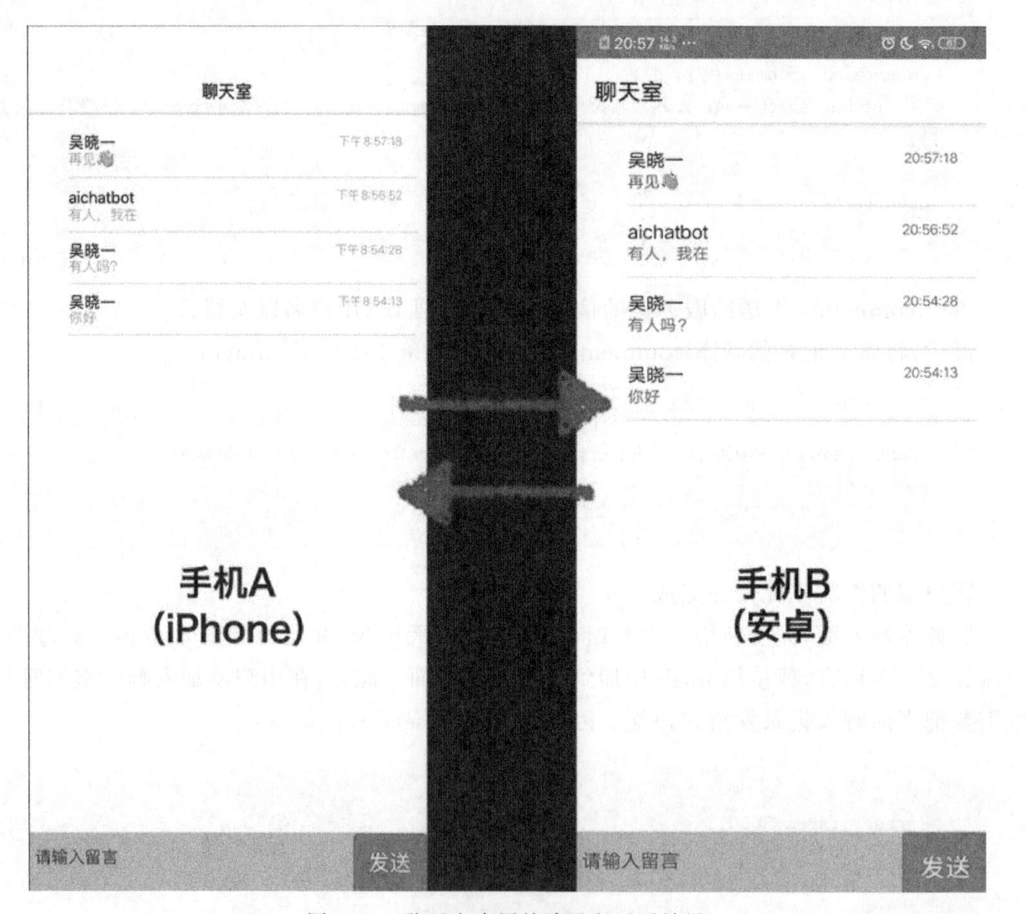

图 13.9　聊天室应用的跨设备对话效果

13.3.5 小结

实时通信是允许两人或多人使用网络实时传递信息的系统。其鼻祖为三个以色列人在1996年开发的ICQ。

HTTP请求/响应模型能够实现客户端与服务器的通信，但无法达到实时。为了解决这个问题，先后出现了轮询、长轮询等办法，但没有从根本上解决问题。

随着HTML 5新增了WebSocket的API，原生的实时跨域通信成为可能，Socket.IO就是对WebSocket的封装。

在本节中，借助一个小型多人聊天室的实现，学习了如何基于Socket.IO实现浏览器和服务器之间的实时双向通信。

读者可基于这个案例继续完善，比如增加房间数、为用户添加头像、像微信那样实现一对一私聊等。甚至还可以利用Socket.IO实现多人在线游戏。实时通信的实现确实为应用开发提供了无限宽广的可能性。

附录 A

HTML常用标签

HTML 常用标签如表 A.1 所示。

表 A.1　HTML 常用标签

标　签	语　意	示　例
		布局标签
div	分区、区块	<div>分区</div>
header	页头	<header>页头</header>
footer	页脚	<footer>页脚</footer>
aside	侧栏	<aside>侧栏</aside>
nav	导航栏	<nav>导航栏</nav>
section	小节	<section>小节</section>
article	文章	<article>文章</article>
		文本标签
h1～h6	六种不同大小的标题	<h3>3 号标题</h3>
p	段落	<p>段落</p>
strong	重要(加粗)	<strong>重要</strong>
em	强调(斜体)	<strong>强调</strong>
span	行内元素	<span>行内元素</span>
blockquote	引用	<blockquote>引用</blockquote>
		媒体标签
a	超链接	<a href="https://www.baidu.com">百度</a>
img	图片	<img src="test.jpeg" alt="测试图片"/>
audio	音频	<audio src="test.mp3">不支持 audio 标签</audio>
video	视频	<video src="test.mp4">不支持 video 标签</video>
		列表标签
li	列表项目	<li>项目</li>
ol	有序列表,需结合 li	<ol><li>项目 1 </li><li>项目 2 </li></ol>
ul	无序列表,需结合 li	<ul><li>项目 1 </li><li>项目 2 </li></ul

续表

标　签	语　意	示　例
		表格标签
td	单元格	<td>单元格 1</td><td>单元格 2</td>
th	表头	<th>表头 1</th><th>表头 2</th>
tr	表行，需结合 td 或 th	<tr><td>单元格 1</td><td>单元格 2</td></tr>
table	表，需结合 tr	<table><tr>...</tr><tr>...</tr></table>
		表单标签
input	输入	<input type="text" value="你好"/>
textarea	多行输入	<textarea cols="30" rows="10">多行输入</textarea>
button	按钮	<button type="submit">提交</button>
select	选择	<select><option value="m">男</option></select>
form	表单	<form>...<button type="submit">提交</button></form>

附录 B

CSS常用属性

CSS 常用属性如表 B.1 所示。

表 B.1 CSS 常用属性

属 性 名	语 意	示 例
盒子属性		
width	宽度	width:320px;
height	高度	height:320px;
margin	外边距(上右下左)	margin:1px 2px 1px 2px;
padding	填充距(上右下左)	padding:1px 2px 1px 2px;
border	边框	border:1px solid grey;
border-radius	圆角	border-radius:5px;
box-shadow	盒子阴影	box-shadow:5px 5px 5px grey;
文字属性		
font-family	字体	font-family:Courier;
font-style	样式	font-style:italic;
font-weight	粗细	font-weight:bold;
font-size	大小	font-size:18px;
text-align	对齐方式	text-align:center;
text-shadow	文本阴影	text-shadow:5px 5px 5px grey;
背景属性		
color	前景色	color:red;
background-color	背景色	background-color:red;
background-image	背景图片	background-image:url(test.jpeg);
background-repeat	背景图片重复方式	background-repeat:repeat-y;
background-attachment	背景图片滚动方式	background-attachment:scroll;
background-position	背景图片初始位置	background-position:50px 50px;

附录 C

Bootstrap主要预定义样式

Bootstrap 预先定义好的颜色有如下九种：primary、secondary、success、danger、warning、info、light、dark 和 white。

Bootstrap 预先定义好的盒子尺寸有 25、50、75 和 100，代表宽度或高度的百分比。

Bootstrap 预先定义好的边距有 m 和 p，分别代表外边距（margin）和内边距（padding）。

Bootstrap 预先定义好的方向有 t、b、l、r。分别代表上（top）、下（bottom）、左（left）和右（right）。

Bootstrap 预先定义好的边距等级有 0～5 共六个等级，以及 auto（自动边距）。因此，若将样式类设为 pt-5，则意为将上外边距设为五级，以此类推。

其他主要预定义样式类如表 C.1 所示。

表 C.1　Bootstrap 其他主要预定义样式

预定义类名	描　　述
	文本相关
text-muted	浅灰色文本，常用于表示时间等相对次要信息
display-显示级别	共四级，比普通标题标签要大，多用于首页展示、强调性信息
lead	让某个段落的信息更加突出
blockquote	引用某人话语
blockquote-footer	配合 blockquote 表示引用来源
text-文本对齐方向	可取 center（居中）、right（右对齐）和 left（左对齐）
text-预定义颜色	文本颜色
	图片相关
img-fluid	响应式图片，能够根据浏览器窗口尺寸自由伸缩
img-thumbnail	相框效果
rounded	圆角图片
float-漂移方向	漂移方向可取 left（左漂移）或 right（右漂移）

续表

预定义类名	描　述
表格相关	
table	表格基本样式类，必加
table-dark	深色表格
thead-light	浅色表头
thead-dark	深色表头
table-striped	斑马线（两行颜色交叉）
table-bordered	有边框表格
table-borderless	无边框表格
table-hover	鼠标指针悬停高亮
table-sm	紧凑型表格
盒子相关	
bg-预定义颜色	背景颜色
border	边框
border-预定义颜色	边框颜色
rounded	圆角边框
shadow	阴影效果
d-inline	内联显示
d-block	块级显示
fixed-top	固定在顶端
fixed-bottom	固定在底部
w-预定义尺寸	盒子宽度
h-预定义尺寸	盒子高度

参考文献

[1] MITHUN S, BRUNO J. Web Development with MongoDB and NodeJS: Build an interactive and full-featured Web application from scratch using Node. js and MongoDB[M]. 2nd Edition. Birmingham: Packt, 2015.

[2] ETHAN H. Pro MERNStack: Getting Started with React Native: Learn to build modern native iOS and Android applications using JavaScript and the incredible power of React, Express, React and Node[M]. Sebastopol: Packt, 2015.

[3] ALEX B. Learning React Functional Web Development with React and Redux[M]. Sebastopol: O'Reilly, 2016.

[4] AKSHAT P. React Native for iOS Development: Harness the power of React and JavaScript to build stunning iOS applications[M]. New York: Apress, 2016.

[5] BONNIE E. Learning React Native Building Native Mobile Apps with JavaScript[M]. Sebastopol: O'Reilly, 2016.

[6] 狩野佑東. HTML5&CSS3デザインきちんと入門[M]. Tokyo: SB Creative, 2016.

[7] SUBRAMANIAN V. Pro MERNStack: Full Stack Web App Development with Mongo, Express, React and Node[M]. New York: Apress, 2017.

[8] ERIC M. Mastering React Native[M]. Birmingham: Packt, 2017.

[9] NAKANO H. HTML5&JavaScriptでのWeb開発[M]. Tokyo: 中野屋書房, 2017.

[10] EDDY K. MERN Quick StartGuide: Build Web applications with MongoDB, Express. js, React, and Node[M]. Birmingham: Packt, 2018.

[11] JONATHN L. React Native Cookbook: Bringing the Web to Native Platforms[M]. Sebastopol: O'Reilly, 2018.

图书资源支持

感谢您一直以来对清华版图书的支持和爱护。为了配合本书的使用，本书提供配套的资源，有需求的读者请扫描下方的“书圈”微信公众号二维码，在图书专区下载，也可以拨打电话或发送电子邮件咨询。

如果您在使用本书的过程中遇到了什么问题，或者有相关图书出版计划，也请您发邮件告诉我们，以便我们更好地为您服务。

我们的联系方式：

地　　址：北京市海淀区双清路学研大厦 A 座 701

邮　　编：100084

电　　话：010-83470236　010-83470237

资源下载：http://www.tup.com.cn

客服邮箱：2301891038@qq.com

QQ：2301891038（请写明您的单位和姓名）

资源下载、样书申请

书圈

扫一扫，获取最新目录

课 程 直 播

用微信扫一扫右边的二维码，即可关注清华大学出版社公众号“书圈”。